W0295158

KAPITEL 1

# Was ist Heimat?

Die Wege, die wir in unserem täglichen Leben draußen zurücklegen, sind gesäumt von zahllosen Dingen, denen wir wenig Beachtung schenken. Sie gehören zur Ausstattung unseres Lebensraumes. Nehmen wir als Beispiel einen alten, krumm gewachsenen Baum, an dem wir auf dem Weg zur Arbeit oder zum Einkaufen häufig vorbeifahren. Ein Apfelbaum, der dort vielleicht schon seit 100 Jahren steht. Seitdem wir denken können, sehen wir ihn im Frühjahr weißrosa blühen. Im Sommer fallen uns die unzähligen kleinen grünen Kugeln auf, die an ihm hängen. Später, im Herbst, prangen Hunderte farbenfrohe Äpfel an seinen knorrigen Ästen, und man möchte am liebsten anhalten und einen davon pflücken und reinbeißen; so rotbackig und appetitlich, wie sie da hängen. Das Jahr schreitet voran, und der alte Baum bekommt buntes Laub. Die Vielfalt der Farben, die jetzt auftauchen, ist noch größer! Neben unzähligen Grün- und Rottönen kommen auch Orange und Violett in allen möglichen Nuancen zum Vorschein. Worüber wir uns angesichts dieses Kaleidoskops meist keine Gedanken machen, ist der Grund für die herbstliche Farbenpracht. Wie viele andere Baumarten auch zieht der Apfel das wertvolle, aufwendig von ihm produzierte Chlorophyll aus den Blättern ab, bevor er sie abstößt. Übrig bleiben einfacher herzustellende Karotinoide und Anthocyane, die als Schutz für das Blatt vor den ultravioletten Anteilen der Sonnenstrahlen dienen und jetzt für die Herbstfärbung des Laubes verantwortlich sind. Mit den ersten Frösten werden sie samt Blatt abgeworfen und vergehen im Falllaub. Die Herbstfarben waren also die ganze Zeit da, aber wir konnten sie wegen des dominanten Blattgrüns nicht sehen. Eines der unzähligen kleinen Naturwunder am Wegesrand. Wenn unser Apfelbaum im nächsten Frühjahr schließlich neu austreibt, wiederholt sich das Wechselspiel der Farben. Wenn er denn neu austreibt.

Eines Tages liegt der alte Baum in Stücke gesägt am Boden. Die Blätter welk, die Äste abgebrochen und wie hilflos ins Leere greifende Arme in die Höhe gereckt. Wir fahren an ihm vorbei, und uns beschleicht das traurige Gefühl, etwas verloren zu haben. Für diese Art subtiler Trauer ist nicht der Verstand verantwortlich, mit dessen Hilfe man sich zuvor vielleicht für den Erhalt des alten Baums eingesetzt hätte. Da fiele einem einiges ein! Etwa dass so ein Baum Insekten und Singvögeln einen wertvollen Lebensraum bietet. Oder dass man Respekt haben sollte vor einem Geschöpf, das vielleicht viel älter ist als jede(r) Einzelne von uns. Auch dass der Baum mit seiner rosa-weißen Blütenpracht, dem Behang aus rotbackigen Äpfeln oder dem violett-orangen Herbstlaub einfach schön ist, wäre ein Argument. Dann vielleicht noch, dass er eine Verbindung zur Geschichte darstellt, weil er uns daran erinnert, dass die Lebensmittel aus der Region einmal unsere Lebensgrundlage waren. Uns missfällt das Sterben der vertrauten Baumgestalt aber nicht, weil wir ökologische oder gesellschaftliche Konsequenzen befürchten. Es missfällt uns, weil es *hier* geschieht. Unsere Heimat ist so ein klein wenig ärmer geworden.

Was ist Heimat überhaupt? Der Ausdruck steckt in Begriffen wie »Heimatliebe«, »Heimatabend« und »Heimattümelei«. In Deutschland gibt es nach Zahlen des Instituts für Museumsforschung mehr als 2800 Volks- und Heimatkundemuseen, die meisten davon in Baden-Württemberg, gefolgt von Bayern. Das ist fast die Hälfte aller Museen im Land! Diese erstaunliche Zahl verrät zweierlei. Zum einen belegt sie, dass sich die Heimat fortlaufend verändert und es einen Bedarf gibt, das Alte, Verschwindende zu dokumentieren und exemplarisch zu erhalten. Zum anderen gibt es offensichtlich viele verschiedene Arten von Heimat. Ansonsten würde ja am Ende ein einziges Deutsches Heimatmuseum genügen. Heimat ist vielen von uns also irgendwie wichtig. Was aber noch nicht erklärt, was eine Heimat genau ist und wo das Gefühl für sie herkommt.

Hirnforscher sagen, dass das Heimatgefühl nicht mehr und nicht weniger ist als ein »Engramm«, eine Inschrift im Kopf. Alles, was wir erleben, was wir sehen, hören oder riechen, bewirkt nämlich Strukturänderungen in unserem Gehirn. Es hinterlässt Gedächtnisspuren, die sich im Nachhinein abrufen lassen. Den Ort, an dem wir heimisch sind, nehmen wir besonders oft und als besonders wichtig wahr. Die »Heimat« besteht genau genommen aus unzähligen Engrammen, die wiederum zusammen mit Millionen und Milliarden anderer Inschriften unser Gedächtnis darstellen. Auch der alte Apfelbaum am Wegrand ist unzählige Male in unseren grauen Zellen abgespeichert worden. Blühend, fruchtend, im Herbstkleid, winterkahl. Je mehr Engramme im Gehirn eingeschrieben werden und je öfter wir sie abrufen, desto stärker ist etwas verankert. Je schöner und emotionaler die Umstände eines Erlebens sind, umso nachhaltiger wird es als Erinnerungspfad im Gehirn abgelegt. Besonders leicht und tief prägen sich bei Kindern die meist positiv besetzten Erfahrungen in der heimatlichen Umgebung ein. Was aber nicht heißt, dass es nur darauf ankommt. Bereits das Deutsche Wörterbuch der Brüder Grimm definierte 1877 Heimat als »das Land oder auch nur den Landstrich, in dem man geboren ist oder bleibenden Aufenthalt hat«. Man legte also Wert auf die Feststellung, dass man eine Heimat auch aktiv annehmen kann. Eine vergleichsweise moderne Definition. In der Folgezeit wurde der Heimatbegriff zu oft untrennbar mit dem Ort verknüpft, an dem man geboren wurde. Die Zeiten, in denen »Heimat« politisch missbraucht wurde, sind hinlänglich bekannt. Die modernen Sozialwissenschaften gehen davon aus, dass man sich seine Heimat suchen kann. Wer lange an einem Ort lebt, sich dort gut zurechtfindet und sich wohlfühlt, entwickelt in der Regel auch ein Heimatgefühl. Ob da nun alte Apfelbäume stehen oder betagte Palmen.

Ein Bekannter ist vor einem halben Jahrhundert nach Australien ausgewandert. Gunther lebt bei Brisbane, im Osten des riesigen Landes, und beschäftigt sich intensiv mit den Fischen und Reptilien seiner Wahl-Heimat. Ich konnte ihn dort mehrmals besuchen, und unsere gemeinsamen »Bushing«-Touren durch das australische Outback habe ich als spektakulär in Erinnerung. Nie mehr in meinem Leben bin ich so vielen apart gezeichneten Geckoarten in so kurzer Zeit begegnet. Gunther hat schon Tierarten entdeckt, die der Wissenschaft zuvor unbekannt waren, und viele Spezies zum ersten Mal fotografiert und über sie in Aufsätzen und Büchern veröffentlicht. Er liebt die Reptilien seines Landes, und für ihn ist die australische Wasseragame vielleicht das, was für mich die Zauneidechse ist. Ein heimisches Tier, dem man gelegentlich begegnet und das jedes Mal das Herz höher schlagen lässt. Beide Echsenarten gehören für uns zur Ausstattung unserer jeweiligen Lebenswelten, sind Bestandteile unserer jeweiligen Heimat. Mein Bekannter von »Down Under« ebenso wie ich hier in Deutschland – beide würden wir uns jederzeit für »unsere« Echse einsetzen, sollte ihr Vorkommen bedroht sein. Gunther spricht noch Deutsch und interessiert sich für Deutschland. Er würde aber wohl keine Sekunde zögern, Australien (und Queensland und Brisbane) als seine Heimat zu bezeichnen. Bei mir ist es Deutschland (und Bayern und das Isental). Trotz Altersunterschied ticken er und ich ganz ähnlich. Wir beide knüpfen den Heimatbegriff im Kern nicht an den Geburtsort, aber dennoch an geografische Koordinaten. Heimat ist der Platz, an dem wir schon immer – oder eben ab irgendwann zu Hause waren. Es ist auch die Sprache, die wir täglich sprechen, und es sind die Gesetze, die unser Miteinander (und das Miteinander von Mensch und Natur) regeln. Wohl jeder Mensch kann, ohne lange darüber nachzudenken, sagen, wo seine Heimat ist. Für die meisten hat sie einen unbedingten Ortsbezug, und dazu gehört auch die Natur. Nun könnte man meinen, dass das nur gilt, wenn man draußen, auf dem Land wohnt. Dem ist aber keineswegs so! Sowieso dürften die meisten von uns die Grenzen der Heimat weit außerhalb der Ansiedlung ziehen, in der sie leben. Auch dann, wenn es sich um eine sehr große Ansiedlung, also eine Stadt, handelt. Dank Industriebrachen, Parks und Baustellen haben Großstädte heute ohnehin oft mehr Artenvielfalt zu bieten, als es die Kulturlandschaft vor den Toren der Stadt tut. Natur, so viel steht fest, gibt es überall!

Was genau »Natur« wiederum ist, darüber diskutieren Naturwissenschaftler und Philosophen seit der Antike. Klar ist, dass der Begriff impliziert, etwas sei nicht menschengemacht.

Wobei die Abgrenzung natürlich dennoch schwammig ist. Ein Kartoffelacker ist selbstredend Menschenwerk. Die Vorfahren der Kartoffelpflanze mit ihren komplexen Stoffwechselvorgängen, die Regenwürmer und Bakterien im Boden und der Regen, der die Pflanzen mit den unterirdischen Stärkeknollen versorgt, sind es nicht. Wohl deswegen bezeichnen wir gerne alles jenseits der Stadtgrenze als Natur. Ganz falsch ist das ja auch nicht. Würde man nur Natur nennen, was in gar keiner Weise vom *Homo sapiens* beeinflusst wurde, bräuchten wir den Begriff kaum noch. Ursprüngliche, zudem großflächige Natur existiert hierzulande schlechterdings nicht mehr. Für unsere Zwecke ist also ein pragmatischer Naturbegriff sinnvoll. Denn die Kräfte der Evolution wirken überall, und die Umwelt, in der wir unsere Heimat haben, ist ohne unser Zutun entstanden: Die Landschaft ist entweder eben oder hügelig, vielleicht gebirgig. Das Klima ist mild oder rau, feucht oder trocken. Je nachdem gibt es mehr Nadel- oder mehr Laubbäume. In Senken und Tälern glitzern Seen und Tümpel oder auch rauschende Bäche. Der Boden ist gelblich, rötlich oder schwarz – je nach Entstehungsgeschichte und Zusammensetzung. Wir können die Natur also, so wie Heimat auch, in einem engeren Rahmen betrachten oder in einem weiteren. Aber man verlöre sich in unendlich vielen Details, würde man die regionalen Unterschiede zu sehr in den Vordergrund rücken. Und wäre allzu oberflächlich, wenn der Bezugsraum für Natur und Heimat ganz Europa oder gar die ganze Erde ist. Also versuchen wir es mit einem Mittelweg: mit der Natur Deutschlands und den wichtigsten, grundsätzlichen Lebensräumen zwischen den Gipfeln der Alpen und den Untiefen von Ost- und Nordsee. Dabei ohne Anspruch auf Vollständigkeit.

Das Bundesamt für Naturschutz (BfN) hat jüngst den Erhaltungszustand der heimischen Lebensraumtypen untersucht.

Es kommt zu dem Ergebnis, dass nur ein Fünftel unserer Lebensräume außerhalb der Alpen in einem günstigen Erhaltungszustand ist. Das bedeutet, dass viele Habitate geschädigt sind. Kein Wunder, dass von den etwa 10 000 verschiedenen Pflanzen- und ungefähr 50 000 Tierarten je ein Drittel auf der Roten Liste der bedrohten Spezies steht. Hinzu kommt ein Fünftel aller Pilzarten. Und die Liste wird immer länger. Besonders schwerwiegend ist das Insektensterben, das nicht nur einzelne Arten betrifft, sondern die schiere Menge. Wo aber die Kerbtier-Biomasse fehlt, werden Singvögel, Fledermäuse und Eidechsen nicht mehr satt. Dadurch wird unsere Heimat, wie auch immer wir sie definieren und wo auch immer wir die Grenzen ziehen, immer ärmer. Gerade kleine Tiere wie die Käfer sind meist auf ganz bestimmte Bedingungen angewiesen. An spezielle Bodenbeschaffenheiten etwa oder gewisse Temperatur- und Feuchtigkeitsverhältnisse. Oder auf das Vorhandensein bestimmter Pflanzen, Pilze oder anderer Tiere. Ist also die heimische Biodiversität irreparabel geschädigt? Dagegen spricht, dass in den vergangenen Jahrzehnten viele bereits ausgerottete oder seltene Arten zurückkehrten. In meiner Kindheit gab es hierzulande keine Wölfe. Heute sind es wieder mehr als 1000 Exemplare. Einige Zehntausend Biber bereichern unsere fließenden und stehenden Gewässer. In den Wäldern brüten mit 1000 gezählten Horsten zehnmal so viele Schwarzstörche wie vor 50 Jahren. Auch Fischotter, Kranich, Wildkatze, Adler, Seehund und andere Arten vermehren sich wieder erfreulich und legen damit nahe, dass unsere Umwelt wieder ein Stück intakter geworden ist. Oder waren lediglich die intensiven Schutzbemühungen um diese Flaggschiffarten erfolgreich? Es fällt zumindest auf, dass all diese Rückkehrer einer intensiven Verfolgung durch den Menschen ausgesetzt waren. Sprich: so lange gejagt und getötet wurden, bis es irgendwann keine oder kaum mehr Vertreter dieser Spezies bei uns gab. Ob Biber oder Seeadler, Kegelrobbe oder Wolf – als das Schießen, Vergiften und Fallenstellen beendet war, begannen sich die Bestände der betreffenden Arten langsam zu erholen.

Selbst Elch und Wisent sind drauf und dran, von ganz alleine ihr angestammtes Territorium bei uns zurückzuerobern. Nachdem vor 250 Jahren der letzte Wisent in Deutschland geschossen worden war, kam 2017 ein Bulle über die deutsch-polnische Grenze gewandert. Er stammte aus einer Population im Verwaltungsbezirk Westpommern, der auf deutscher Seite an Mecklenburg-Vorpommern und Brandenburg grenzt. 300 Wisente leben dort in Freiheit. Der Bulle von 2017, der noch an dem Tag, als er über die Grenze zu uns kam, auf behördliche Anweisung abgeschossen wurde, war wohl nur ein erster Vorgeschmack. Denn der westpommersche Wisentbestand wächst und beansprucht immer mehr Raum. Eine baldige Ausbreitung der Halbtonner nach Deutschland halten viele Experten für so gut wie sicher. Deswegen fördert die EU seit 2019 ein länderübergreifendes Projekt namens »LosBonasus – Crossing«, das die natürliche Wiederausbreitung von Elch und Wisent nach Deutschland begleitet und fördert. Es ist jedoch wichtig, das Augenmerk nicht nur auf einzelne bedrohte Großtiere, sondern auf ganze Ökosysteme zu richten, sie zu schützen und dort natürliche Prozesse zu ermöglichen. Nur so genießen kleine und große, auffällige wie unscheinbare Arten gleichermaßen den Schutz, den sie verdienen.

Am Ende der »UN-Dekade Biologische Vielfalt« (2010–2020) treten wir also eine Reise durch Deutschland an. Stichpunktartig und anekdotisch wollen wir in den folgenden Kapiteln einen Blick auf unsere wichtigsten Großlebensräume werfen, vom Gebirge bis zum Wattenmeer. Wir wollen fragen, wie es den verschiedenen Ökosystemen geht; was zurzeit gut läuft und was nicht so gut. Und da sich kaum eine Landschaft in unserer Heimat nicht massiv durch den Menschen verändert hat, ist in vielen Fällen ein Rückblick auf die oft spannende Entstehungsgeschichte des jeweiligen Naturraumes geboten.

Eines sei vorweggeschickt. Nicht jeder Befund, nicht jede Prognose ist erbaulich. Wir lernen die Auswirkungen einer kaum bekannten Kraft kennen, die sich fast überall und zunehmend schädlich bemerkbar macht. Wir werden sehen, welchen Schaden moderne Technologien angerichtet haben. Aber auch, welch hoffnungsvoller Segen in ihnen liegen kann! Es kommt nicht darauf an, das Rad der Zeit zurückzudrehen. Es kommt darauf an, den Karren in die richtige Richtung zu lenken. Auch das will dieses Buch verdeutlichen. Selbst wenn wir Menschen gerade nachweislich dabei sind, das sechste Massenaussterben in der Geschichte der Erde herbeizuführen, an dessen Ende auch wir selbst betroffen sein könnten: Das Anthropozän, das Zeitalter des Menschen, muss keineswegs in eine Katastrophe münden!

Noch stehen viele alte Apfelbäume am Wegesrand und blühen im Frühling und fruchten im Sommer und verfärben sich im Herbst knallbunt. Noch dienen genügend von ihnen als Lebensraum, als Denkmal und als Schmuckstück in der Landschaft. Noch gibt es da draußen eine wunderbare Vielfalt, und es blüht und zwitschert und summt. Noch ist es für unsere Heimat Natur nicht zu spät.

## KAPITEL 2

# Grüne Regenwürmer

In unserer Umwelt leben zahlreiche Organismen, von denen viele von uns noch nie gehört haben. Obwohl ich quasi beruflich mit der Artenvielfalt zu tun habe, staune ich immer wieder, welche Kuriositäten in der Schatzkammer der heimischen Natur darauf warten, entdeckt und gefilmt zu werden.

Jeder kennt den Regenwurm. Seine Rolle bei der Beseitigung von Falllaub und anderem organischem Abfall ist legendär. Gartenbesitzer freuen sich über zusammengerollte Blätter, die nach dem Laubfall überall senkrecht im Boden stecken. Die nächste Regenwurmmahlzeit! Ein Dutzend Blätter zieht so ein Wurm jede Nacht in sein Gangsystem, wartet, bis Pilze und Bakterien das Laub vorverdaut haben, und macht sich dann über sie her. Irgendwann sind alle herabgefallenen Blätter unter dem Apfelbaum im Garten verschwunden. Regenwürmer sind Meister in Sachen Kompostierung und Bodenfruchtbarkeit. Sie graben um, durchlüften, verteilen Nährstoffe. Unsere Wertschätzung und Dankbarkeit diesen blinden, tauben und stummen Mitbewohnern gegenüber müssten eigentlich unendlich groß sein. Aber darum soll es hier nicht gehen, sondern um das Staunen über die Mannigfaltigkeit der Natur.

Die meisten Naturliebhaber können sich durchaus vorstellen, dass es mehrere heimische Regenwurmarten gibt. Die wenigsten machen sich jedoch Gedanken darüber, wie verschieden sie aussehen und leben. Wer kennt schon *Eiseniella tetraedra,* den vierkantigen Wasserregenwurm? Er bewohnt den Uferbereich und Gewässergrund von Bächen, Flüssen und Seen. Und sein Körperquerschnitt ist tatsächlich viereckig. So kann er sich unter Wasser, im reißend durchströmten Kiesbett, zwischen Kieseln und rundgeschliffenem Gestein besser festhalten und droht nicht so schnell fortgerissen und zur Mahlzeit für die nächstbeste Forelle zu werden.

Wer hat von *Lumbricus badensis* gehört, dem Badischen Riesenregenwurm? Der größte Regenwurm Europas bewohnt ein winziges Areal im Südschwarzwald, wo er im sauren Boden von Fichtenwäldern lebt. Kein anderer Regenwurm fühlt sich hier wohl. Der mehr als einen halben Meter lange Riesenregenwurm jedoch gleitet durch sein von ihm selbst austapeziertes Wohnlabyrinth und frisst Fichtennadeln. Diese Kost scheint ihm gutzutun. Riesenregenwürmer werden mit 20 Jahren Lebenserwartung älter als alle anderen der 40 heimischen Regenwurmarten.

Das für mich größte Bonbon aus der Regenwurmverwandtschaft lebt in den Bayerischen Alpen. *Aporrectodea smaragdina,* der Smaragdgrüne Regenwurm. Ich hatte von dem wundersamen Wurm erstmals vor 20 Jahren gehört, als ich einen Job als studentische Hilfskraft in der Zoologischen Staatssammlung München hatte und die Art beim Mittagessen auf den Tisch kam. Als Gesprächsthema, versteht sich. Dass ich zwei Jahrzehnte später am azurblauen Königssee den smaragdgrünen Wenigborster suchen, finden und filmen würde, konnte ich damals nicht ahnen. Aber es kam so. Im Frühjahr 2021 führte uns eine Mitarbeiterin des Nationalparks Berchtesgaden zu einem Ort, von dem aus wir einen guten Blick auf einen Steinadlerhorst hatten, in dem ein bereits großer, voll befiederter Jungvogel saß. Dank Fahrgenehmigung konnten wir mit der schweren Filmausrüstung kilometerlange steile Serpentinen einer Forststraße hinauffahren. Den Rest erledigten die Adlerfachfrau, meine beiden Kameraassistenten und ich zu Fuß. An der Kamera am Steilhang war aber nur einer von uns vonnöten. Das Teleobjektiv mit 1000 Millimetern Brennweite auf das Nest gerichtet, ging es darum, in aller Ruhe auszulösen, wenn der Altvogel mit Nahrung angeflogen kam. »In aller Ruhe« deswegen, weil viele digitale Filmkameras über einen Zwischenspeicher verfügen, der ununterbrochen vorne das Geschehen aufzeichnet, während hinten schon wieder gelöscht wird. Drückt der Kameramann auf den Auslöser, bleibt das bis dahin auf dem Zwischenspeicher aufgezeichnete Bild erhalten, und die Kamera zeichnet ab sofort alles auf, was neu dazukommt. Deswegen genügt es, den roten Knopf zu drücken, wenn der Adler bereits am Nest landet. Die Sekunden davor sind dank der »Ringbuffer-Technik« auch noch drauf. Während also einer meiner Mitarbeiter den Adlerhorst in der Felswand gegenüber im Blick behielt, machten unser Azubi Jonas und ich eine Exkursion und erkundeten den Bergwald. Seit 1978, dem Gründungsjahr des Nationalparks, ist hier kein Baum mehr gefällt worden. Was nicht heißt, dass kein Baum am Boden liegt. Ganz im Gegenteil. Überall liegen die Stämme von Fichten herum. Eine der Baumleichen zog unsere Aufmerksamkeit auf sich. Ein dicker Stamm, der sicher schon einige Jahre lang den Gang alles Irdischen geht – also hier verrottet. Offensichtlich hatte ein Specht viel Zeit damit verbracht, das vom Pilz verdaute, weiche Holz auseinanderzupflücken, um möglichst viele der zahlreichen Bewohner des rotfaulen Nadelholzes zu vertilgen. Aus meiner Zeit im Münchner Käferverein wusste ich, was es hier alles zu finden gab. Tolle Schnellkäfer mit karminroten Flügeldecken. Oder kleine Hirschkäfer wie den Rindenschröter. Der ist zwar viel kleiner als sein bekannter großer Verwandter, der im Flachland an alten, sonnenbeschienenen Eichen lebt. Aber auch der Rindenschröter hat kleine geweihartige Kieferzangen (mit denen er ordentlich kneifen kann). Neugierig und vorsichtig drehten wir ein paar der losen Holzstücke um. Und siehe da, vor Jonas und mir tauchten gleich zwei Smaragdgrüne Regenwürmer auf! Das war die Gelegenheit, diese sicher nicht seltene, aber schwer zu findende Regenwurmrarität auf Film zu bannen.

Eine weitere unvergessliche Begegnung mit Regenwürmern hatte ich nur einen Steinwurf weit weg, in der Salzgrabenhöhle. Sie gehört mit neun Kilometern erforschter Länge zu den längsten Höhlen Deutschlands. Der Nationalpark selbst hatte uns beauftragt, für ein geplantes Infozentrum die unterschiedlichen Gewässertypen im Park zu dokumentieren. Da durfte die Höhle nicht fehlen. Denn durch sie strömt das Wasser von höher gelegenen Gebirgsseen, namentlich von Grünsee und Funtensee. Etwa einen Kilometer weit drin, im Bauch des Simetsbergs, gibt es sogar einen richtigen Wasserfall, und den wollten wir unbedingt filmen. Der Höhlenforscher Benjamin Menne, mit dem wir schon mehrere spannende Filmtouren in die Welt unter Tage durchgeführt hatten, hatte sich bereit erklärt, uns beim Befahren und bei den Dreharbeiten in der Salzgrabenhöhle zu begleiten und zu besagtem Wasserfall zu führen. So verbrachten wir einen ganzen Tag im ewigen Dunkel und hörten das Hallen der Tropfen und das Rauschen des Karstwassers. Die einzigen Lebewesen, die wir hier unten antrafen, waren Regenwürmer. Sie gehören zur Art *Octolasium croaticum*, einer von vielen, die keinen deutschen Namen haben. Sie kriechen bei wenigen Grad über null und wassergesättigter Luft einfach auf dem nassen Karstgestein umher. Je weiter wir in die Höhle vordrangen, desto mehr Regenwürmer waren zu sehen. Schon weil wir einige Zeit für die Filmaufnahmen an dem schwer zugänglichen Wasserfall in der Höhle brauchten, konnten wir deren hinterste Regionen nicht besuchen. Dort soll es vor Höhlenregenwürmern nur so wimmeln. Höhlenforscher Benjamin erzählte, dass es Bereiche gebe, die sogar nach den Wenigborstern benannt wurden, wie der »Regenwurmkamin« oder der »Würmsee«. So häufig sollen sie dort sein: mehrere Kilometer tief drin im Berg, unter einer etwa 700 Meter dicken Kalksteindecke. Wie und warum die Höhlenregenwürmer in so großer Zahl hierherkommen und von was sie sich ernähren, ist bis heute ein Rätsel.

Die Alpen stellen unseren wildesten und vielleicht am wenigsten erforschten Naturraum dar, in dem es noch Vieles zu entdecken gibt. Hier warten noch jede Menge Überraschungen. Werfen wir also einen Blick auf die heimische Bergwelt und gehen auf Entdeckungsreise im Gebirge.

KAPITEL 3

# Lebensraum Alpen

Der Wind weht sanft und warm vom Tal herauf. Dabei nimmt er den harzigen Duft uralter Fichten mit, die weiter unten am Berghang stehen. Je nachdem, welcher Luftwirbel gerade an mir vorbeizieht, riecht es bald nach Bergwald, bald nach Honig. Vereinzelt erklingen die dumpfen Klänge der Kuhglocken mit einem leichten Hall vom Waldrand. Und eine Kakophonie von Insektenrufen dringt an meine Ohren. Allen voran das schnelle Zrrr-zrrr-zrrr der Warzenbeißer, einer Laubheuschreckenart. Die Almwiese um mich herum steht in voller Blüte: Ochsenauge, Berg-Flockenblume, Sterndolde, Alpen-Milchlattich, Meisterwurz, Eisenhut, Weißer Germer und viele andere. Im Gegenlicht schwirrend, leuchten die Flügel zahlloser Fliegen und Hautflügler, die auf der Almwiese dem uralten Tauschhandel nachgehen: Nektar gegen Bestäubung. Was mich betört, ist das süße und dann wieder herbe Aroma, das mir um die Nase spielt, *und* der Anblick des Insektengewimmels in der Luft. Wo ich auch hinschaue, sehe ich Schmetterlinge hangaufwärts flattern oder hangabwärts gleiten: Mohrenfalter, Gelblinge, Schwalbenschwänze, Perlmuttfalter und meine Favoriten, die Roten Apollos. Die Sonne heizt den

Südhang an diesem Julitag auf, und die Flugbewegungen der Falter werden schneller. Die Bergwiese, genau genommen die Almweide, ist in Teilen von den Rindern kurzgefressen, so dass die Sonnenstrahlen den Boden stark aufheizen können. So entsteht ein Hitzeflimmern, in dem, aus niedriger Perspektive und gegen den Berg betrachtet, die Abertausende vielfarbiger Kräuterblüten und die zahlreichen bunten Schmetterlinge zu einer wabernden Schicht verschwimmen. Ein impressionistisches Kunstwerk, geschaffen von der größten Künstlerin von allen, der Natur.

In den vergangenen 15 Jahren war ich oft in den Bergen, sehr oft. Schon als Kind ging ich mit meinen Eltern immer wieder bergsteigen, meist nicht ganz freiwillig. Erst die Arbeit mit der Kamera hat mir das schweißtreibende Bergauf und Bergab richtig nahegebracht, obwohl es beladen mit Filmausrüstung eigentlich kein Vergnügen ist, stundenlang entgegen der Schwerkraft einen Berg hinaufzusteigen. Aber Aufnahmen von mühsam erarbeiteten Motiven mit nach Hause zu bringen ist doppelt so schön. Kaum jemand hat so viele verschiedene Wandersteige in den Berchtesgadener Alpen beschritten wie mein Filmteam und ich. Kaum jemand hat allerdings so regelmäßig auf halber Strecke wieder kehrtgemacht. Das liegt jedoch nicht an fehlendem Willen, sondern an den Protagonisten unserer Filme. Die sind ja nur vereinzelt in der Umgebung der Gipfelkreuze zu finden. Meist haben die Tiere und Pflanzen, die wir uns ins Drehbuch geschrieben haben, ihr Zuhause auf halber Strecke, irgendwo an den Flanken des Watzmanns und seiner Nachbarberge. Mit 30 Kilogramm Kameragepäck auf dem Rücken kommt man aber auch weit unterhalb der Bergspitze in einen Zustand, der zwischen Erschöpfung und Euphorie hin- und herpendelt. Die kühle Bergluft, angereichert mit Abertausenden Aromen aus den

Blüten der Bergblumen, von Moos und Falllaub und von den Zweigen der Bäume, an denen wir entlangstreifen, ist wie ein magisches Parfüm. Ein Geruch, der uns in die Nase steigt, im limbischen System Emotionen erzeugt und uns positive Schwingungen beschert. Der Geruchssinn ist viel ursprünglicher und »primitiver« als etwa Sehsinn oder Gehör. Die Wirkung von Düften auf unser Befinden viel unmittelbarer als andere Sinneseindrücke. Zwar hängt die durch einen Geruch erzeugte Emotion von zuvor Erlebtem und Erlerntem ab. Aber wenn es einen Duft gibt, der bei den wenigsten Menschen auf Ablehnung stoßen dürfte, dann jener von üppig blühenden Bergwiesen. Und wer genau »hinriecht«, der entdeckt sogar ganz spezielle und besonders angenehme Gerüche, die es nur hier gibt.

So wächst auf den mageren Wiesen oberhalb der Baumgrenze, wo mal ein eisiger Bergwind durch die niedrige Vegetation bläst und dann wieder die sengende Sommersonne alles zu verbrennen scheint, ein Blümchen, das für mich zu den tollsten Gewächsen der Heimat gehört. Es ist klein, unscheinbar vom Laub her, besticht aber durch einen kompakten dunkelroten Blütenstand, der in Form und Farbe im Reich der heimischen Blütenpflanzen einmalig ist: das Kohlröschen, ein Vertreter der Orchideen. Als schwarzrote Kleckse springen die Kohlröschen im alpinen Trockenrasen ins Auge. Aber die optische Erscheinung ist nicht das Beste an diesen kleinen Pflanzen. Es ist ihr Duft. Wer sich mit dem Riechkolben zum Magerrasen bückt, der kann ein unvergleichliches Parfüm wahrnehmen. Ein Bukett von Schokolade, Kakao und Vanille. Man möchte hineinbeißen in die kleine (streng geschützte!) Orchidee; aber natürlich unterlässt man das. Kühe, die mit Heu von Kohlröschenwiesen gefüttert werden, bekommen in der Folge angeblich blaue Milch. Dies dürfte heute jedoch kaum mehr zu überprüfen sein; das Kohlröschen gilt als besonders empfindlich gegenüber Düngung. Seine Bestände auf den meisten Wirtschaftswiesen sind längst erloschen. Auf alpinen Matten wiederum, wo es noch vorkommt und keine Kühe grasen, sondern Gämsen und Steinböcke, wird kein Heu gemacht. Und ob deren Milch infolge des Kohlröschenverzehrs blau gefärbt ist, weiß nur der Wind.

In den Alpen wachsen noch mehr Pflanzen, die mit ungewöhnlichen Duftnoten Bestäuber anlocken. Das Buchsblättrige Kreuzkraut wirbt mit einer Pfirsichnote, die zartrosa Mehlprimel riecht nach Pferdeschweiß, und das berühmte Edelweiß lockt mit einem schweren Honigduft Fliegen als Bestäuber an. Die blendend weißen Blattzacken, die die Edelweißblüte bekränzen, sind dabei geruchlos, es sind ja auch nicht die eigentlichen Blüten. Die sind klein und gelb und sitzen in der Mitte. Aber auch der Stern aus filzig behaarten Hochblättern hat eine wichtige Funktion: Unzählige kleine Luftbläschen hängen im krausen Haar und reflektieren das Sonnenlicht, bringen die Blüte förmlich zum Leuchten und machen Insekten auf das Nektarangebot aufmerksam. Darüber hinaus schützt der Filz vor Hitze und Kälte auf 2000 oder mehr Metern Höhe über dem Meer. Und er hat noch eine weitere bemerkenswerte Funktion. Die weiße Haarschicht reflektiert durch ihre besondere Beschaffenheit ultraviolette Strahlen stärker als andere Wellenlängen im Lichtspektrum. Die einzelnen Härchen auf den Hochblättern haben einen Durchmesser von exakt 0,18 Mikrometern. Das entspricht in etwa der Wellenlänge ultravioletter Strahlung, die in dem Naturfaser-Wirrwarr abgelenkt und dadurch entschärft wird. So kann das Edelweiß unbeschadet die sengende Hochgebirgssonne als Energiequelle nutzen und ist dennoch vor den aggressiven Anteilen des Lichtes geschützt.

Das Leben in besonderen Lebensräumen erfordert besondere Anpassungen!

Die Alpen ragen auf einem Zwanzigstel der Landesfläche empor. Sie sind ein erdgeschichtlich junges Hochgebirge, das »erst« vor etwa 130 Millionen Jahren entstand, als die Afrikanische Kontinentalplatte nach Norden driftete und mit der Europäischen Platte zusammenstieß. Beim Zusammenprall verzahnten sich die beiden so sehr ineinander, dass der Boden regelrecht gefaltet wurde; ein Vorgang, verursacht durch schier unvorstellbare Kräfte. In einer späteren Phase wiederholte sich dieser massive Druck aus dem Zusammenstoß der Kontinente. Dabei wurde das zuvor gefaltete Gestein in die Höhe geschoben. So weit, bis die Alpen das höchste Gebirge Europas waren. Und sie wachsen noch immer! In einem rund 1200 Kilometer langen und 200 Kilometer breiten Bogen erstrecken sie sich vom Ligurischen Meer im Westen bis zum Pannonischen Becken im Osten; eine Fläche von rund 200 000 Quadratkilometern. Das Gebirge liegt im Herzen Europas und ist eine bedeutende Wetter- und Klimascheide. Es trennt das vom Atlantik und seinem milden und feuchten Klima beeinflusste Mitteleuropa vom Mittelmeerraum, der Hitze und Trockenheit bringt.

Nicht nur für das Klima, auch für die Wasserversorgung haben die Alpen eine zentrale Funktion, denn hier entspringen große Flüsse wie der Rhein und zahlreiche Nebenflüsse der Donau. Mehr als fünf Millionen Menschen sind über die Trinkwasserversorgung aus dem Bodensee vom Gebirgswasser der Alpen abhängig. Großstädte wie München beziehen ihr Trinkwasser fast vollständig aus den Alpen. Die hohen Niederschläge in den berühmten Staulagen, wo sich die Wolken abregnen, sorgen dafür, dass im Voralpenland Wasser immer zur Verfügung steht. Zum Vergleich: Die jährliche

Niederschlagsmenge am Südrand der Republik beträgt um die 2000 Millimeter. Im Großteil der Republik sind es dagegen unter 800, und je weiter man nach Osten kommt, desto weniger.

Im Eis der großen Gletscher in den Zentralalpen sind – zumindest derzeit noch – riesige Mengen Süßwasser gespeichert. Infolge des Klimawandels schwindet dieses Wasserreservoir allerdings allmählich dahin. Der Anstieg der Temperaturen in den Alpen betrug im vergangenen Jahrhundert knapp zwei Grad Celsius, beinahe doppelt so viel wie im globalen Durchschnitt. Klimatologen sagen einen Anstieg von weiteren zwei Grad für die nächsten 40 Jahre voraus. Nach Angaben der »Gesellschaft für Ökologische Forschung« verloren die Eismassen seit der massiv einsetzenden Industrialisierung im 19. Jahrhundert bis zum Jahr 1980 etwa ein Drittel ihrer Fläche und die Hälfte ihrer Masse. Seitdem schmolzen weitere 20 bis 30 Prozent des Eisvolumens ab. Schweizer Wissenschaftler rechnen mit dem Verlust von drei Vierteln der heutigen Alpengletscher bis zum Jahr 2050. Die Gletscher auf deutschem Staatsgebiet geben ein besonders dürftiges Bild ab, sie liegen sozusagen in ihren letzten Zügen. Fünf Stück sind es noch, drei an der Zugspitze und zwei in den Berchtesgadener Alpen. Allesamt Winzlinge im Vergleich zu jenen Gletschern, wie sie einst das Land formten und sich heute noch in schwindender, aber dennoch beeindruckender Dimension durch die Hochgebirgslandschaften Österreichs und der Schweiz winden.

An und neben den sterbenden Gletschern lassen sich faszinierende Bewohner dieser inselhaften Kältewüsten beobachten. Hier blühen Kräuter wie der Gletscher-Hahnenfuß oder der Gletscher-Petersbart, echte Spezialisten für die eisigen Geröllhalden am Rande der Eismassen. Als Schutz gegen

Steinschlag hüllt sich der Petersbart in seine abgestorbenen Blätter, die wie ein polsterndes Kissen die lebenden Teile der Pflanze vor Verletzungen bewahren. Der Gletscher-Hahnenfuß wiederum gehört zu den kälteresistentesten Pflanzen überhaupt. In den Alpen gedeiht er noch in einer Höhe von über 4000 Metern. Damit ist er die am höchsten aufsteigende Blütenpflanze Europas! Alle diese Gewächse bringen Leben und Farbe in diese scheinbar unwirtliche Landschaft.

Zwischen den bunten Blumen leben Schneeammer und Schneehuhn und hoch spezialisierte Gliedertiere. Der Gletscherfloh etwa entwickelt sich sogar im Bauch der Eispanzer und verbringt hier sein ganzes Leben. Seine Körperflüssigkeit enthält Zucker und verschiedene Alkohole, die sie zu einem natürlichen Frostschutzmittel machen. Damit können die Winzlinge problemlos Temperaturen von bis zu –20° C überstehen. Die »Wohlfühltemperatur« dieses Vertreters der Springschwänze liegt allerdings um den Gefrierpunkt. Ab 12° C stirbt das Tier an Überhitzung. Das spielt auch kaum eine Rolle, denn schon vorher flutet Schmelzwasser seine Höhlen und zwingt den Gletscherfloh an die Oberfläche. Dort lauern Fressfeinde wie der Gletscherweberknecht, selbst ein schneeliebendes Eiszeitrelikt.

Gletscher sterben unablässig, schon weil die Sonne ihre Oberfläche antaut und der Druck im Inneren das Eis schmilzt. Das flüssige Wasser läuft zusammen und verlässt den Eiskörper als Gletscherbach. An seinem Ursprung, dem Gletschertor, beträgt die Temperatur des Wassers weniger als 1° C. Diese extrem niedrige Wassertemperatur erträgt nur ein einziges Insekt: die Gletscherbachzuckmücke. Um zu überleben, haben ihre Larven besondere Anpassungen: kleine, kompakte Körper mit Stummelbeinen und großen Krallen, mit denen sie sich auch bei starker Strömung an Eis und Stein festhalten können. Sie besiedeln die Gletscherbäche vor allem im Winter, wenn der Wasserstand am niedrigsten ist. Im Frühjahr schlüpfen die geschlechtsreifen Insekten und verlassen den Bach, bevor er zu viel Schmelzwasser führt und reißend wird. Mehrere Tausend Larven leben bis dahin in einem Kubikmeter Gletscherwasser. Steigt die Wassertemperatur jedoch nur um ein paar Zehntelgrad, wird die Gletscherbachzuckmücke sogleich seltener.

Auch der Winterhaft ist an Temperaturen nahe dem Gefrierpunkt hervorragend angepasst und spaziert munter über das Eis, auf der Suche nach einem Geschlechtspartner. Fliegen kann das merkwürdige Insekt nicht. Es hat lange Beine, lange Fühler und einen lang gestreckten Kopf, der aussieht wie der einer Figur aus einem düsteren Science-Fiction-Film. Wird es gestört, kann es einen drittel Meter weit springen. Obwohl flugunfähig, braucht das Männchen seine verkümmerten Flügel dennoch: Sie sind zu Klammerorganen geworden, die dazu dienen, das Weibchen bei der Hochzeit auf dem Eis festzuhalten. Auf einer Gletscherzunge vielleicht, die aussieht, als habe jemand Himbeersirup verschüttet. Denn wo das ganze Jahr über Schnee liegt, färben manchmal merkwürdige Minipflanzen die Eislandschaft bunt. »Blutschnee« liegt dann auf den Gletscherzungen. Verursacher des roten Schnees sind einzellige Schneealgen. Die rote Pigmentierung in ihren Zellen dient dem Schutz vor der starken UV-Strahlung auf der Gletscheroberfläche.

Die steigenden Temperaturen führen in den Alpen aber zu noch mehr Veränderungen, als dass »nur« das Eis abschmilzt. Aus Tieflagen dringen immer mehr Flachlandarten in alpine Regionen und machen den Gewächsen der Berge den Lebensraum streitig. Ein Fünftel der Alpenpflanzen steht dadurch heute unter einem Konkurrenzdruck, den sie letztlich uns

Menschen zu verdanken haben. Bis zum Jahr 2100, schätzen Botaniker, werden sich die Verbreitungsgebiete von etwa 150 Alpenpflanzen halbieren. Besonders betroffen sind solche Arten, die nur in einem kleinen Areal existieren. Ihr Lebensraum schrumpft noch stärker. Gleiches gilt für die Tiere der Bergwelt. Arten, die es kühl brauchen, werden nach oben gedrängt. Und dabei schnell an die Wand. Der Alpensalamander ist so ein Kandidat. Er braucht hohe Luftfeuchtigkeit und niedrige Temperaturen. Schon ab 4° C wird er munter, oft erst weit nach Mitternacht. Am meisten sagen dem Alpensalamander felsige Almweiden als Wohnort zu. Hier leben 20-mal so viele Individuen wie im Bergwald. Steigende Durchschnittstemperaturen machen sich hier jedoch bemerkbar, indem die sengende Sonne den Boden immer mehr aufheizt. In der Folge zieht sich der schwarze Lurch in höhere Lagen zurück. Dieses Schicksal teilen viele Gebirgstiere: ob Schneemaus, Bergpieper oder Gletscherweberknecht. Sie alle müssen nach oben ausweichen, wenn es wärmer wird. Bis es nicht mehr weiter geht.

Die Klimaerwärmung ist nicht das Einzige, womit wir den Alpen den Stempel des Anthropozäns aufdrücken. Wenn wir genau hinsehen, erkennen wir: Die Bergwelt ist keine unberührte Natur. Seitdem vor rund 7000 Jahren die ersten Bauern die Berge besiedelten, verändert der Mensch den alpinen Naturraum nachhaltig. Der *Homo sapiens* drang in alle Alpentäler und selbst in die Hochlagen vor. Er schuf Bauwerke vom kleinen Heustadel bis hin zur riesigen Autobahnbrücke. Er legte Wege vom schmalen Bergpfad bis zur sechsspurigen Schnellstraße an. Und er prägte das Gesicht der alpinen Landschaft und ihrer Pflanzen- und Tierwelt auch abseits der Verkehrsachsen. In puncto Tierwelt bedeutete dies vor allem die Ausrottung der größeren Arten. Ähnlich wie im Flachland verschwanden im Zuge der Besiedelung durch den Menschen die großen Säugetiere und Vögel. Das Verschwinden oder auch nur Seltenwerden grasender und blätterfressender Säuger hat wiederum große Auswirkungen auf die Vegetation. Nur wenn ausreichend Pflanzenfresser da sind, gibt es dauerhaft Bergwiesen. Ganz einfach deswegen, weil dann hungrige Mäuler den Jungwuchs der Sträucher und Bäume in Schach halten. So bleiben die Freiflächen als Lebensraum für Murmeltier, Birkhuhn, Apollofalter oder Kohlröschen erhalten. Verschwinden die Pflanzenfresser, ergreift früher oder später der Bergwald Besitz von der Lichtung, schluckt das Licht und raubt den Bergwiesenbewohnern die Lebensgrundlage.

Niemand weiß, wie es hier oben aussehen würde, hätte es den Menschen und seinen Erfindergeist nicht gegeben. Als Modell für diese hypothetische ursprüngliche Alpennatur könnte die letzte Warmzeit dienen, das Eem, das von 126000 bis 115000 Jahre vor unserer Zeit dauerte. Damals lebten zwar bereits Menschen in Gestalt des Neandertalers in Europa und im Alpenraum. Allerdings in mutmaßlich so geringer Bevölkerungsdichte, dass ihr Einfluss auf Natur und Landschaft noch nicht so gravierend gewesen sein dürfte. Die großen Tiere, die es im Eem im Gebiet des heutigen Deutschlands gab, sind von Ausgrabungen weitgehend bekannt. Und ihre potenzielle Bedeutung als Landschaftsgestalter wird zunehmend erkannt. Welche Arten in welchem Ausmaß jedoch die Hochlagen der Alpen besiedelten und wie groß ihr Einfluss auf die Landschaft letztlich war, bleibt wohl für immer Gegenstand von Spekulationen.

Um die Natur der Alpen, wie wir sie heute vorfinden, zu verstehen, werfen wir am besten einen Blick noch etwas weiter zurück in die Vergangenheit. Vor rund 1,2 Millionen Jahren setzten die ersten Menschen ihre Füße auf den europäischen Subkontinent. Die frühesten menschlichen Funde in den Alpen haben ein Alter von rund einer Million Jahre. Sie wurden nahe Menton in Höhlen der französischen Seealpen am Mittelmeer entdeckt. Seit dieser Zeit wechselten sich in Europa mehrfach kürzere Warmzeiten mit längeren Kaltzeiten ab. Die Menschen lebten damals ja – so wie wir heute noch – im Eiszeitalter. Während der Warmzeiten drangen Jäger und Sammler bis in die höchsten Gebirgsregionen vor, da die waldfreien Matten im Sommer besonders reich an Jagdwild waren. Wahrscheinlich folgten die Menschen, vom Alpenrand im Winter zu den Hochlagen der Berge im Sommer, den großräumigen Weidewechseln der Tiere: verschiedener Hirscharten, Wildrinder und in den weniger steilen Lagen sicher auch Elefanten, Nashörner und anderer. Dass selbst zu Zeiten größter Vergletscherung menschliche Jäger in den Alpen unterwegs waren, belegen Funde von Steinwerkzeugen, die mehrere Zehntausend Jahre alt sind. Zahlreiche Knochenfunde aus Höhlen wie dem »Drachenloch«, dem »Wildenmannlisloch« oder dem »Wildkirchli« in der Schweiz sprechen Bände. Sicher jagten die Menschen aber bevorzugt in den eisfreien Regionen im Alpenvorland.

Nach dem letzten Rückzug der Gletscher, ab etwa 8000 vor der Zeitenwende, drangen die Jäger und Sammler wieder von allen Seiten – dem Wild folgend – in das Kerngebiet der Alpen vor. Es waren aber nicht mehr so viele für die Jagd attraktive Arten da. In dieser Zeit erfand der Mensch im Vorderen Orient Ackerbau und Viehwirtschaft, die geradezu revolutionäre Wirtschaftsweise des Bauerntums. Diese neue Lebensart der Landwirtschaft erreichte den Alpenraum um etwa 6500 v. d. Z.

Das Zeitalter war ideal dafür, denn es brach eine milde Klimaperiode an, die etwa 4000 Jahre andauern sollte. In Deutschland breiteten sich in dieser Zeit wärmeliebende

Tier- und Pflanzenarten aus, die wir heute noch in »Wärmeinseln« finden, wie Weinhähnchen, Smaragdeidechse, Flaumeiche und viele andere. In dieser Zeit waren die Berge der Alpen gletscherfrei, und dank des milden Klimas war noch in einer Höhe von 1500 Metern der Anbau von Getreide möglich. Forscher konnten für diese Periode auch die Spuren der ältesten Brandrodungen im Almbereich nachweisen. Die bäuerliche Kultur drang also schon relativ früh von zwei Seiten in die Bergwelt vor: zum einen mit der Viehwirtschaft in das Stockwerk der Almen, zum anderen mit dem Ackerbau in die tieferen Tallagen. Mit der Zeit entwickelten die frühen Bauern des Alpenraums auch die Transhumanz, eine Wanderweidewirtschaft, bei der die Tiere den Sommer in der Höhe und den Winter im Tal verbringen. Schafe und Ziegen überstanden einen sommerlichen Kälteeinbruch mit Schneefall meist unbeschadet. Anders die altertümlichen Getreidesorten: Da sie im warmen und trockenen Klima des Vorderen Orients entstanden waren, reagierten sie sehr empfindlich auf Nässe und Kälte. Der kühle und feuchtere Nordrand der Alpen blieb daher länger von der Bauernkultur unberührt, weil die Tallagen für den Ackerbau nicht so gut geeignet waren. Die Nordalpen wurden zum Rückzugsgebiet von Jägern und Sammlern, die ihrerseits von den »modernen« Bauern aus den klimatisch günstigeren Gebieten verdrängt wurden. Die im gesamten nördlichen Alpenraum verbreiteten Sagen von »Wildleuten« könnten ein Hinweis auf diesen uralten Konflikt sein.

Insgesamt führte die Entwicklung der Menschen im Laufe der Jahrtausende zu einer starken Veränderung der ursprünglichen Naturlandschaft der Alpen: Jäger und Sammler beeinflussten Pflanzenbestände direkt oder indirekt durch das

Bejagen des Wildes, dessen Einfluss auf die Vegetation immer mehr abnahm. Die bäuerliche Nutzung bedeutete einen fundamentalen Eingriff in die natürlichen Gegebenheiten. Um Ackerbau betreiben sowie Gärten und Siedlungen anlegen zu können, musste der Wald gerodet werden. Für die Viehwirtschaft wurden Weiden angelegt. Als Schutz vor Lawinen, Murenabgängen, Steinschlag und Hochwasser ließ man den Wald in bestimmten Lagen als »Bannwald« stehen. So entstand auf den oberen Berghängen ein Mosaik aus Wald- und Offenflächen.

Von circa 3800 bis etwa 2000 v. d. Z. herrschte in den Alpen die »Kupfersteinzeit«. Damals verfügten die Bewohner der Alpen bereits über erste Kenntnisse in der Metallverarbeitung. Am Fuß des Hochkönigs, in den Berchtesgadener Alpen, wurde schon seit rund 5000 Jahren Kupferbergbau betrieben, was sage und schreibe bis in das Jahr 1977 andauerte. In der »Kupfersteinzeit« lebte auch der wohl berühmteste Alpenbewohner dieses Zeitalters: »Ötzi«, dessen Gletschermumie auf eine schon erstaunlich weit entwickelte Gesellschaft und Wirtschaft deutet. Während der nun folgenden »Bronzezeit«, die von 2000 bis 750 v. d. Z. dauerte, wurde der Abbau von Kupfererzen intensiviert, oft sogar in Höhen von 2000 Metern und mehr. Auch die Landwirtschaft wurde in dieser Zeit immer mehr ausgeweitet, und zwar bis in die entlegensten Täler, in denen Kupfererz abgebaut wurde. Viele hoch gelegene Seitentäler wurden zum ersten Mal durch »Bergwerkssiedlungen« erschlossen. Es folgt eine erste Blütezeit der Almwirtschaft mit ihren nur während der Sommersaison genutzten Hochweiden. In der folgenden »Eisenzeit«, ab 750 v. d. Z., kam der Abbau von Eisenerz auf. Gleichzeitig erreichte die Salzgewinnung immer mehr an Bedeutung. Im

Jahr 1734 stürzte in einem Hohlraum im Salzbergwerk von Hallstatt (im oberösterreichischen Salzkammergut) die Decke ein. Dabei fanden Bergleute einen durch Salz und Luftabschluss mumifizierten Kollegen, der wahrscheinlich bei einer Katastrophe im Jahr 350 v. d. Z. ums Leben kam – ein früher Zeuge des Salzabbaus in den Berchtesgadener Alpen. Kurz vor der Zeitenwende endete die »Eisenzeit« in den Alpen. Die Römer eroberten den gesamten Alpenraum und integrierten ihn in das Römische Reich. Während der nun anbrechenden, 500 Jahre währenden Friedenszeit, der »Pax Romana«, blühte die Wirtschaft auf. Um den südlichen Alpenraum mit dem nördlichen zu verbinden, legten die Römer quer durch die Alpen führende Straßen an, auf denen Handelsgüter und die römische Reichspost transportiert wurden. Die Via Claudia Augusta war eine der wichtigsten Römerstraßen: Sie verband Norditalien mit dem süddeutschen Raum, führte vom Po bis an die Donau und bot damit bereits in der Antike eine Möglichkeit zur Überquerung der Alpen. Mit dem Ausbau der Via Raetia, die über den Brennerpass führte, verlor die Via Claudia ab dem zweiten Jahrhundert n. d. Z. ihre Bedeutung als Alpenübergang. Trotzdem war sie ein bis ins Mittelalter bestehender Verkehrsweg. In den Alpentälern errichteten die Römer Militärlager und Reisestationen, was zur Gründung von alpinen Städten wie zum Beispiel Partenkirchen (Partanum), Füssen (Foetes), Rosenheim (Pons Aeni) oder Bad Reichenhall (Ad Salinas) führte.

Die römischen Städte bezogen im großen Stil Nahrungsmittel wie Käse oder Fleisch aus den Alpen. Aus den hoch gelegenen Bergregionen holten die Römer sogar Eis, um die Lebensmittel zu kühlen. So mancher Bauer gab damals die Landwirtschaft auf, um den lukrativeren Beruf eines Händlers zu ergreifen.

Mit dem Untergang des Weströmischen Reiches im 5. Jahrhundert endete die Präsenz der Römer im Alpenraum, und die Bergregionen entvölkerten sich. Jetzt drangen alemannische und bairische Stämme von Norden aus in die Berge vor. Sie siedelten sich in den kühlen und feuchten Nordalpen an, die zuvor nur dünn besiedelt waren. Da die germanischen Stämme lediglich in begrenztem Umfang Ackerbau und hauptsächlich Viehwirtschaft betrieben, konnten sie diese Region der Alpen erfolgreich nutzen. Die Unterschiede in der Wirtschaftsweise nördlich und südlich der Alpen hinterließen bis heute ihre Spuren: Im germanischen Raum dominiert die Viehzucht, im romanischen Raum dagegen der Ackerbau. So entstanden unterschiedliche Ernährungsweisen und regionale Küchen sowie Familien- und Siedlungsstrukturen.

Ab dem Jahr 800 kam es in Mitteleuropa zu einem sogenannten mittelalterlichen Klimaoptimum, das etwa 500 Jahre andauerte. Währenddessen herrschten stabile und milde Wetterlagen mit Temperaturen, die denen der Gegenwart ähnelten. Dank dieser warmen Klimaphase konnten die Siedlungs- und Anbauflächen ausgedehnt werden. Verlässliche Ernten begünstigten ein starkes Bevölkerungs- und Städtewachstum. Im 13. und 14. Jahrhundert fand die bis heute letzte Phase der bäuerlichen Alpenerschließung statt. Nun wurden in dem bisherigen Almgebiet ganzjährig bewohnte Bauernhöfe angelegt, die ausschließlich Viehwirtschaft betrieben. Die räumliche Erschließung der Alpen durch Bauerngesellschaften war damit abgeschlossen. Mit der industriellen Revolution schließlich begann auch in den Alpen die Technisierung der Landwirtschaft. Das Wirtschaften konzentrierte sich jedoch auf günstig gelegene Gebiete, die immer intensiver genutzt wurden. Ungünstig gelegene Flächen wurden dagegen aufgegeben. Ende des 19. Jahrhunderts kam es dadurch zu folgenschweren Veränderungen im Alpenraum. Die Berglandwirtschaft, vor allem die Nutzung der Hochlagen, ging zurück. Das hoch gelegene Offenland schrumpfte, Bergwälder breiteten sich aus. In den Tälern wuchsen jedoch Orte und Städte weiter an. Nun wurden die Talauen der großen Alpenflüsse »melioriert«, also in ihrem Wert erhöht, um Platz für Siedlungs-, Gewerbe- und Verkehrsflächen zu schaffen. Flüsse wurden begradigt, eingedämmt und tiefer gelegt. Ganze Auenlandschaften wurden entwässert, die Auwälder gerodet und die Talböden immer intensiver genutzt.

Die Alpen entvölkerten sich aber im Zuge dessen keinesfalls. Jetzt tauchte ein vollkommen neues Phänomen in den Bergen auf: Aufklärung und Naturwissenschaften sorgten dafür, dass die moderne Gesellschaft ihre Angst vor der Bedrohung durch die Kräfte der Natur verlor. So brachten die Menschen nun den Alpen erstmals ihre Bewunderung als einer »schrecklich-schönen« Landschaft entgegen und konnten sie gleichzeitig genießen. Das war die Grundlage für die Entwicklung des Alpentourismus. Zunächst konnte die bäuerliche Bevölkerung kaum begreifen, warum sich Großstädter für die unwirtliche und schroffe Natur der Bergwelt begeisterten, denn ihr eigenes Interesse an den Bergen endete für gewöhnlich an der Vegetationsgrenze. Doch schon bald erkannten die Einheimischen, dass mit den Fremden auch Geld zu verdienen war: Bereits am Ende des 18. Jahrhunderts beklagte sich der deutsche Philosoph Georg Wilhelm Friedrich Hegel über die hohen Preise in den Alpenregionen.

Die Errichtung von Seilbahnen war ein gewaltiger Schub für den Alpentourismus. Die älteste Standseilbahn Deutschlands ist die Predigtstuhlbahn, die Bad Reichenhall mit dem Gipfel des Predigtstuhls im Berchtesgadener Land verbindet. Sie wurde am 1. Juli 1928 eingeweiht und ist die älteste original erhaltene Großkabinenbahn der Welt. Immer weitere Seilbahnen wurden errichtet, um Wintersportler auf die bisher nur schwer erreichbaren Skipisten hinaufzutransportieren. Und immer mehr Menschen wollten jetzt Urlaub in den Bergen machen. Heute warten Seilbahnen mit immer neuen Rekorden auf: Die im Jahr 2017 neu eröffnete Zugspitz-Seilbahn bietet ihrer gleich drei. Der Prospekt verspricht, »bis zu 580 Personen pro Stunde ohne Wartezeiten auf den Gipfel zu befördern, dabei die mit 127 Metern weltweit höchste Stahlbaustütze für Pendelbahnen zu passieren und den weltweit größten Gesamthöhenunterschied von 1945 Metern in einer Sektion sowie das weltweit längste freie Spannfeld mit 3213 Metern zu überwinden«. So schaufeln die Bergbahnen immer mehr Touristen auf die Gipfel der Berge und fördern den Massentourismus. Mussten sich die Bergtouristen den Aufstieg früher mühsam mit Muskelkraft erkämpfen, erreichen sie heute die Region der Alpengipfel ohne jede körperliche Anstrengung, wie mit einem Hochhauslift. Ob diese Art, die Berge zu besuchen, die Achtung vor der Natur fördert, ist fraglich. Nach dem Zweiten Weltkrieg setzte in den Alpen ein intensiver Straßenausbau ein. Immer mehr Tunnels und Brücken entstanden. Im Jahr 1959 wurde der Grundstein für den Bau der ersten alpinen Autobahn über den Brenner gelegt. Durch den Bau immer weiterer Straßennetze und Wohngebiete werden die Böden zusehends versiegelt. Schmelz- und Regenwasser können so schlechter versickern. Durch den raschen oberirdischen Wasserabfluss kommt es häufiger zu Überschwemmungen. Umweltschützer, aber auch zunehmend Einheimische bemängeln die Schäden, die der Massentourismus in den Alpen mit sich bringt, und weisen auf die Grenzen der touristischen Nutzung der Alpen hin.

Klingt wie eine einzige abschüssige Bahn zulasten der Natur. Es gibt aber auch positive Entwicklungen. Seit der Jahrtausendwende steigt die Beliebtheit von Wanderurlauben in den Alpen rapide an. Wanderurlaub gilt als Musterbeispiel für ökologisch verträglichen – »sanften« – Tourismus, weil er auch in abgelegene, von Abwanderung bedrohte Talregionen führt und dazu beiträgt, der einheimischen Bevölkerung eine Einkommensquelle zu sichern. Den positiven Effekt auf die Natur, auf die Tiere und Pflanzen der Berge, erschließt sich hier erst auf den zweiten Blick. Lebten im Jahr 1870 knapp acht Millionen Menschen in den Alpen, waren es 1950 fast elf. Heute hat der Raum etwa 14 Millionen Bewohner. Es mag angesichts dieser Zahlen überraschen, aber die landwirtschaftliche Nutzung der Berge ist rückläufig. Und das ist, wie bereits angedeutet, nicht in jedem Fall ein Segen für die Natur. Denn wenn die Flächen im Gebirgsraum verbuschen und verwalden, bedeutet dies das Aus für die Vielfalt an Alpenblumen. Die Mehrheit der Alpentiere ist ebenfalls auf mehr oder weniger offene Bereiche angewiesen, vom Birkhuhn über den Schneehasen bis zu Bergeidechse, Apollofalter und Gebirgsschrecke. Zwar gibt es Arten, die in einem dicht geschlossenen, dunklen Bergwald leben, und auch solche, die nur hier vorkommen. Allerdings findet man gleich daneben Arten, die ausschließlich in völlig baumfreien Lebensräumen existieren können. Die Mehrheit der Arten braucht etwas dazwischen. Einen Lebensraumtyp, der mit einer naturnahen Almwirtschaft perfekt nachgebildet wird. Hier wechseln sich stark und weniger stark beweidete Flächen mit unberührten und mit verbissenen Sträuchern ab. Mit Einzelbäumen und Gebüschriegeln, daneben dichter Bergwald. Der Boden weist Trittsiegel und Suhlen auf; ist hier von den Ausscheidungen der Haustiere stark gedüngt, dort durch das Beweiden und den damit verbundenen Nährstoffaustrag ganz mager. Dazu der Wanderweg, eine vor sich hin pritschelnde Tränke … Mehr Strukturreichtum und Lebensraumvielfalt geht kaum. Mehr gab es wahrscheinlich auch nicht, bevor der Mensch die Bergwelt besiedelte. Horn- und Geweihträger und andere wilde Großtiere hatten damals von Natur aus die Rolle von Landschaftsgestaltern inne. Heute sind es die Haustiere der Bergbauern, besonders das Rind. Einen gravierenden Unterschied aber gibt es doch: Die Kadaver verendeter Tiere waren einst eine bedeutende Nahrungsquelle für Hunderte Tierarten. Darunter auch solche, bei denen man gar nicht erwarten würde, dass sie Aas als Nahrung nutzen.

Schon öfters saß ich in einem Tarnversteck vor einem toten Tier und beobachtete das Geschehen. Meist wartete ich mehr oder weniger lange, gelegentlich auch vergeblich, auf Raubtiere oder Greifvögel und hatte jede Menge Zeit, mich auf das Geschehen zu konzentrieren. Da kamen mitunter Rötelmäuse, Hornissen, Eichelhäher und Haubenmeisen an einen toten Hirsch und holten sich ihre Portion Fleisch und Fett. Nur wenn man sich in der Nähe eines Kadavers perfekt tarnt, sich ganz ruhig verhält und lange zu warten bereit ist, kann man auch die Kolkraben überlisten und sogar den »König der Berge«, den Steinadler.

Der Steinadler ist eigentlich gar kein spezieller Alpenvogel. Ursprünglich kam er in Deutschland wohl mehr oder weniger flächendeckend vor. Der Steinadler war überall dort zu Hause, wo die Landschaft Bäume oder Felsen für die Brut bot, aber offen genug war für die Jagd. Im geschlossenen Wald kann der Steinadler keine Beute machen. Auch an Fallwild traut sich der Adler nur heran, wenn es in der freien Landschaft liegt und nicht versteckt zwischen Bäumen. Nachdem der große Greifvogel schon vor langer Zeit aus dem Flachland verdrängt worden war, rottete ihn der Mensch ab dem 17. Jahrhundert auch in den Mittelgebirgen wie Harz und Schwäbischer Alb aus. Heute unvorstellbar, doch damals war den Menschen jedes Mittel recht, um den »Schädling« zu bekämpfen: Abschuss, Giftköder, Schlageisen und die Zerstörung der Brutplätze. In den steilen Felswänden der Alpen war das nicht so einfach, und deswegen brüteten in den 1960er Jahren immerhin noch um die 15 Adlerpaare in den Bayerischen Alpen. Der Steinadler hat in dieser Zeit eine vollkommene Verwandlung durchgemacht: vom verhassten Schädling zum vom Naturschutz gehätschelten Liebling. Heute ziehen in Bayern wieder etwas mehr als 50 Paare ihre Jungen groß; es geht mit den Adlern also langsam, aber stetig wieder bergauf.

Die Parade-Aasfresser sind aber natürlich die Geier, die eigentlich ebenfalls fester Bestandteil der heimischen Fauna wären, nicht nur in den Alpen. Nur sind sie hierzulande vollkommen verschwunden: ebenfalls ausgerottet mit Pulver und Blei. Besonders krass ist der Fall des Bartgeiers. Als Lämmer- und sogar Kindsmörder war er verschrien und wurde getötet, wo man ihn antraf. Aus Bayern und damit aus Deutschland verschwand der Bartgeier vor etwa 150 Jahren. 1914 war er dann im gesamten Alpenraum ausgerottet. Was demonstriert, wie groß der Einfluss des Menschen auf die vermeintliche Bergwildnis schon seit Langem ist. Es gibt zahlreiche Quellen, die besagen, dass der Bartgeier ursprünglich keine Seltenheit in den deutschen Alpen war. Eines der berühmtesten Zeugnisse hängt in Form eines Gemäldes in der Klostergaststätte auf der Halbinsel St. Bartholomä, am Königssee. Darauf sind zwei lebensgroße Bartgeier zu sehen, die möglicherweise ein Brutpaar des Gebietes darstellen. Die beiden wurden, der

Inschrift des Bildes zufolge, von dem Klosterjäger Hans Duxner getötet, der zwischen 1640 und 1670 sage und schreibe 127 Bartgeier (und Steinadler) geschossen haben will. Und er war nicht der Letzte, der in der Region Jagd auf die riesigen Vögel machte.

Ab 1986 wurden in Österreich und der Schweiz in Zoos gezüchtete Bartgeier ausgesetzt, um die Art wieder in den Alpen heimisch zu machen. Und seit den 1990er Jahren ziehen tatsächlich wild lebende Bartgeier wieder Junge groß. Noch nicht in Deutschland, aber das dürfte nur eine Frage der Zeit sein. 2021 gab es in den Berchtesgadener Alpen eine Auswilderungsaktion, dort, wo das erlegte Bartgeierpaar aus dem 17. Jahrhundert in einem Wirtshausgemälde verewigt ist. Zunächst will man so die Alpenpopulation insgesamt stützen und nicht unbedingt gleich eine Wiederbesiedelung der Bayerischen Alpen erreichen. Aber irgendwann werden die Bartgeier auch hier wieder horsten und Wanderer und Naturfreunde begeistern. Das legt eine Studie nahe, die der Landesbund für Vogelschutz 2019 in Auftrag gegeben hat und die ermitteln sollte, ob und wo Geier-Auswilderungen in den deutschen Alpen sinnvoll sind. Die Studie schlüsselt auch die zu erwartenden Kosten von mehreren Zehntausend Euro pro ausgewildertem Geier auf. Und es müssen viele Tiere ausgewildert werden, um das Projekt erfolgreich zu machen. Nicht, dass das Geld hier schlecht angelegt wäre. Ganz im Gegenteil! Aber es zeigt, wie teuer es kommt, menschengemachte Schäden an der Natur wieder zu reparieren. Als ich unlängst im österreichischen Nationalpark Hohe Tauern war, gar nicht so weit von der Landesgrenze entfernt, um Bartgeier, Gänsegeier und Mönchsgeier zu filmen, wurde mir wieder bewusst, was für große und großartige Vogelarten da über mir ihre Kreise in der Thermik zogen. Und auch, warum. Man ist dort bei der Entsorgung verendeter Weidetiere nicht so rigoros. Wenn keine Gefahr droht, etwa die Verunreinigung eines Gewässers, dürfen zu Tode gekommene Schafe oder Kühe am Berghang verbleiben. Die Geier haben deswegen schlichtweg mehr zu fressen. Dass nach deutschem Recht solche Kadaver entfernt werden müssen, ist natürlich dem hehren Ziel zu verdanken, Krankheitsherde in der Landschaft zu beseitigen. Allerdings gelten die entsprechenden Gesetze erst, seitdem es bei uns keine Geier mehr gibt.

Die Sorge, dass man künftig zum Schutz der rückkehrenden Geier überall tote Tiere herumliegen lassen müsste, ist unbegründet. In den Hohen Tauern zeigt sich, dass Geier angefallene Tierkadaver binnen Stunden oder spätestens weniger Tage wegräumen. Ob sie nun von verendeten Wildtieren stammen, vor allem Gämsen und Steinböcken, oder von gealpten Haustieren. Natürlich können vereinzelte Bartgeier-Brutpaare nicht die ganzen Kadaver wegräumen, die etwa nach einem schnee- und lawinenreichen Winter anfallen. Zumal der Bartgeier, außer bei der Aufzucht des Kükens, fast ausschließlich Röhrenknochen frisst, also das, was die anderen Aasfresser übrig lassen. Wie ich in den Hohen Tauern aber eindrucksvoll erleben konnte, sind schnell mal ein oder zwei Dutzend Gänsegeier und Mönchsgeier zur Stelle, wenn »frisches« Aas auftaucht. Dann geht alles ganz schnell. Und dann wären da ja noch die Adler und Kolkraben sowie die erwähnten Eichelhäher und Haubenmeisen. Dazu Säugetiere wie Fuchs und Bär. Und nicht zu vergessen das Heer der oft hoch spezialisierten, aasfressenden Insekten. Sprich: Wenn das Arteninventar in einer intakten Alpennatur annähernd vollständig ist, wird die Nahrungsquelle Tierkadaver so gründlich genutzt, dass sie für uns Menschen weder schädlich noch lästig wird. Ganz im Gegenteil: Es entfallen die aufwendigen und teuren Beseitigungen der verendeten Tiere aus der Landschaft.

Mehrere Hundert Male wurden in den letzten Jahren in Deutschland Sichtungen von Bart- und Gänsegeiern registriert. Vor allem natürlich im Alpenraum, aber auch bis hinauf an die Küsten von Nord- und Ostsee. Dennoch tun sich die Vögel schwer, bei uns zu brüten, selbst wenn sie genug zu fressen finden. Die Dinge sind, wie so oft, etwas komplizierter. Nach wie vor spielt nämlich das Blei eine unrühmliche Rolle. Wurde es früher als Geschoss auf die majestätischen Vögel abgefeuert, bringt es sie auch heute noch ums Leben. Allerdings indirekt. Jagdmunition hat traditionell einen Bleianteil, und beim Erlegen etwa einer Gams verteilt sich ein Teil des Bleis aus dem Projektil im Wildkörper. Bleiben nun Teile des erlegten Tieres draußen in der Natur, was regelmäßig vorkommt, nehmen Aasfresser diese Bleipartikel mit der Nahrung auf. Säugetiere reagieren darauf eher unempfindlich. Wenn wir Menschen gelegentlich mit Bleimunition erlegtes Wildbret essen, reichert sich das Blei zwar im Körper an, aber es kommt kaum zu Symptomen. Anders beim Vogelorganismus. Adler und Geier erleiden nach der Aufnahme kleinster Bleimengen Störungen des Nervensystems und der Muskulatur. Sie verenden reihenweise qualvoll. Wissenschaftler vom Institut für Zoo- und Wildtierforschung in Berlin haben ausführlich die Zusammenhänge zwischen bleihaltiger Munition und dem Sterben der Greifvögel untersucht. Bleifreie Munition ist längst auf dem Markt, und verantwortungsvolle Jagdinhaber haben auch schon umgestellt. Jüngste vorsichtige Schritte zum Verbot bleihaltiger Jagdmunition auf europäischer Ebene wurden gerade erst von Deutschlands Landwirtschaftspolitik blockiert. Man muss nicht allzu misstrauisch sein, um hier einen Fall von Lobbyismus zum Schaden der Natur zu sehen. Aber es ist Bewegung in die Sache gekommen, und irgendwann wird der Kampf gegen das umweltschädliche Munitionsblei gewonnen sein. Dann wird auch die Rückkehr der Bartgeier in die deutschen Alpen einen neuerlichen Aufschwung erleben.

Geier und Adler sind nicht die einzigen Rückkehrer ins heimische Hochgebirge. Der Alpensteinbock war wie der Bartgeier in Deutschland bis zur völligen Ausrottung gejagt worden. Und nicht nur in Deutschland! Zu Beginn des 19. Jahrhunderts lebten noch gerade einmal 100 Tiere im gesamten Alpenraum. Stand 2019 waren es wieder 800 Exemplare – allein in Bayern. Oder der Waldrapp: Bis ins 17. Jahrhundert war er bei uns heimisch. Bis die letzten dieser skurrilen Ibisse mit dem nackten Kopf erlegt waren. Seit 2007 läuft ein Wiederansiedlungsprojekt, und zwar erfolgreich: In den letzten Jahren brüten immer mehr Waldrappe im Freiland und pendeln unbeschadet zwischen ihrem Winterquartier in Italien und dem Brutgebiet im Osten Bayerns.

Zusammenfassend kann man sagen, dass viele Arten, die der Mensch in den letzten Jahrhunderten durch direkte Verfolgung ausgerottet hatte, zurück sind und wohl auch bald wieder heimisch. Sogar Wolf, Luchs und Braunbär wagen sich immer mehr in die Alpenregionen Süddeutschlands vor. Gut möglich, dass die drei irgendwann wieder ganz selbstverständlich zur Tierwelt der Berge zählen. Andere Regionen in Europa, etwa die slowakischen Karpaten, machen uns vor, dass Almwirtschaft, Tourismus und eine Population von mehreren Hundert Raubtieren zusammenpassen.

Die Arten, die bereits vor ganz langer Zeit verschwanden, als eiszeitliche Jäger mit Speeren und Pfeil und Bogen auf sie Jagd machten, sind freilich unwiederbringlich verloren. Es gibt an dieser Stelle jedoch ein großes *Aber:* Die Haustiere des Menschen sind ein – ökologisch gesehen – brauchbarer Ersatz! Sei es als Nahrung für die Geier oder als gras- und blätterfressende Landschaftspfleger. Die seit Jahrtausenden bäuerlich geprägte Kulturlandschaft der Alpen unterscheidet sich also vielleicht gar nicht so sehr von der ursprünglichen Naturlandschaft des Gebirges. Möglicherweise wurde sie erst durch den Menschen offener und zugleich kleinräumiger. Vielleicht gab es jedoch auch schon solch ein kleinräumiges und vielfältiges Lebensraum-Mosaik, bevor der Mensch zu wirken begann – geformt durch das Äsen und Knabbern der verschiedenen Weidegänger. Niemand weiß es. Eines dürfte jedoch klar sein: Die Alpen waren wohl niemals bis zur klimatisch begründeten Obergrenze dicht bewaldet. Einen Beleg dafür liefern die montanen Pflanzengesellschaften selbst. Die größte Artenvielfalt weisen die alpinen Rasengesellschaften auf, wo die dunkelroten Blütenköpfchen der Kohlröschen ihren Schokolade- und Vanilleduft verströmen. Wären die Berge jemals komplett bewaldet gewesen, gäbe es diese bunten Gebirgswiesen und ihre Bewohner nicht.

Deswegen müssen wir die extensive Almwirtschaft fördern und erhalten. Für die Bergbauern, für uns Erholungssuchende, für die glücklichen Kühe und für die Natur der Alpen, die in ihrer Vielfalt und in ihrem Artenreichtum darauf angewiesen ist, dass es sowohl den dichten Bergwald gibt als auch die baumfreien Matten und Almwiesen gleich daneben. Damit die Sommersonne auch künftig den Südhang aufheizen kann und der Warzenbeißer sein schnelles Zrrr-zrrr-zrrr ertönen lässt. Damit weiterhin die unzähligen Blüten der Bergblumen und die hundertfach über die Almweide flatternden Schmetterlinge, aus niedriger Perspektive und zum Berg hin betrachtet, wie ein impressionistisches Kunstwerk wirken.

## KAPITEL 4

# Das Phantom

In der heimischen Natur leben Monster und Phantome. Monster, zumindest wenn man sich kleinmacht und die Perspektive ihrer Opfer einnimmt. Phantome, wenn man ihnen jahrelang erfolglos nachjagt, so wie in diesem Fall ich.

Mein Lieblingsmonster bewohnt einen besonders merkwürdigen Lebensraum. Kalt ist es dort, unbequem und unübersichtlich: Alte Wälder mit Laub- und Nadelbäumen braucht das schwarz glänzend gepanzerte Tier, aber das ist nicht alles. Möglichst viel Totholz sollte herumliegen: umgestürzte Baumstämme und herabgefallene Äste und am besten noch viele große Gesteinsbrocken. Strukturreichtum würde man so etwas »auf Ökologisch« nennen. »Märchenwald« trifft es aber auch, denn in solchen Wäldern mit hoher Luftfeuchte wachsen meist zahlreiche Farne, und am Boden ist alles von den unterschiedlichsten Moosen überzogen. Ein Bild wie aus einer Szene von *Herr der Ringe*. Meist sitzt das gesuchte Tier mit seiner wie aufpoliert wirkenden Rüstung unter Fels oder Holz und bewegt sich nicht. Dann wird es plötzlich munter und macht seinem Namen alle Ehre: Der Schneckenkanker, der größte und beeindruckendste aller heimischen Weberknechte, hat mächtige Scheren an seinen riesigen Mundwerkzeugen, die im Verhältnis zum Körper jeden Hummer blass aussehen lassen. Und er hat sie nicht umsonst!

Weberknechte sind keine Spinnen im herkömmlichen Sinne. Sie gehören zwar mit ihren acht Beinen durchaus zu deren Verwandtschaft, aber es gibt einige fundamentale Unterschiede zwischen den beiden Tiergruppen. So haben Weberknechte keine Gift- und auch keine Spinndrüsen, können also keine Netze bauen. Außerdem sind Vorder- und Hinterkörper nicht wie bei den Spinnen deutlich voneinander abgesetzt. Die Länge der Beine dagegen reicht zur Unterscheidung nicht aus. Wenn ich vor meinem Computer sitzend nach links schaue, sehe ich die Dogge Simba in ihrem Körbchen. Wenn dann mein Blick nach oben zur Zimmerdecke wandert, entdecke ich hinter Zeitschriftenstapeln und alten Diakästen lauter winzig kleine, kompakte Körper mit enorm langen Beinen. Diese Tiere sitzen jedoch in selbst gewobenen Netzkonstruktionen und entlarven sich dadurch sofort als Mitglied der zoologischen Ordnung der Webspinnen. Es sind Zitterspinnen, die irgendwann aus dem trockenwarmen Mittelmeerraum nach Zentraleuropa eingeschleppt wurden und bei uns auch in sehr reinlichen Haushalten ein Auskommen finden. Den Namen »Zitterspinne« verdienen nicht alle Arten, die man bei uns antrifft. Aber eine der häufigsten fängt an wie verrückt hin- und herzuschwingen, wenn sie sich bedroht fühlt. Gegen ein Staubsaugerrohr hilft ihr dieses Verhalten nicht. Für Fressfeinde werden zitternde Zitterspinnen durch das wilde Pendeln aber so gut wie unsichtbar. Man kann das leicht beobachten, wenn man auf einen Stuhl steigt und ein Exemplar unter der Zimmerdecke anpustet. In den meisten Häusern dürften Zitterspinnen zu finden sein, so dass das

Experiment praktisch jede(r) machen kann. Doch zurück zu den Weberknechten. Die bauen wie erwähnt keine Gespinste und leben auch nicht gerne im Hausinneren, denn hier ist es ihnen zu trocken, insbesondere wenn geheizt wird. Fast alle der etwa 50 bei uns heimischen Arten brauchen viel Feuchtigkeit und vermehren sich an schattigen Orten. Das trifft in ganz besonderem Maße auf den Schneckenkanker zu.

Ich mag Weberknechte, nicht nur wegen ihrer Vielgestaltigkeit. Manche sind flach und passen unter jedes Stück totes Holz am Boden, so wie der Brettkanker. Andere sind lebhaft gezeichnet und haben bizarre Auswüchse. So wie das Diadem-Riesenauge, ein wunderschöner Weberknecht mit einem riesigen, zyklopenartigen und stachelbekränzten Augenhügel oben auf dem Körper. Ich hatte diese Art vor einigen Jahren in den Regenwäldern Westnorwegens gesucht und gefunden. In unserem Film *Magie der Fjorde* war er eine hübsche und den meisten Zuschauern wohl unbekannte Überraschung zwischen Orcas, Auerhühnern und anderen wohlbekannten Tieren der Fjordlandschaft.

Mir gefiel an den Weberknechten immer, dass man es bei ihnen mit einer Sippe zu tun haben schien, die im Großen und Ganzen nicht bedroht ist. Bei den meisten Organismen-Gruppen steht ja heute ein erklecklicher Teil auf der Roten Liste. Nicht bei den Weberknechten! So dachte ich bis vor Kurzem. Zwar ist bislang keine einzige Art hierzulande ausgestorben. Allerdings stellt sich immer mehr heraus, dass die Weberknechte zu Unrecht lange als weitgehend ungefährdet galten. Es ist lediglich zu wenig über sie bekannt. Von manchen Arten weiß man nicht einmal, was sie fressen. Beim Schneckenkanker ist allerdings gut bekannt, was ihm schmeckt: Gehäuseschnecken. Zwar ist der Kanker ein träger Geselle, der sich fast in Zeitlupe fortbewegt. Aber schneller als eine Schnecke ist er allemal, und er holt sein Opfer auf dessen silbrig schimmernder selbst gebauter Straße aus Schleim stets ein. Dann entbrennt ein ungleicher Kampf ums Überleben. Während sich die angegriffene Schnecke immer tiefer in ihr Gehäuse zurückzieht, bricht der Schneckenkanker das Häuschen von der Mündung her einfach auf. Dazu benutzt er seine monströs wirkenden Scheren. Er bricht so lange Stücke heraus, bis er an den Körper des Weichtiers gelangt und es Stück für Stück auffressen kann. Nicht schön für die kleinen Schleimer, aber so faszinierend, dass ich das unbedingt einmal filmen wollte, seitdem ich darüber gelesen hatte.

Immer wenn mich unsere Dreharbeiten in Gebiete führen, in denen der Schneckenkanker vorkommen könnte, suche ich nach ihm. Luge in Spalten und Ritzen, scanne den Waldboden ab, drehe hie und da einen Stein oder einen Baumstamm um (und bringe diese anschließend in die Ausgangslage zurück; schließlich sind es immer auch Wohnstätten zahlloser anderer kleiner Tiere). Ich bin auch schon ein paarmal mit Familie oder Mitarbeitern unserer Filmfirma gezielt aufgebrochen, um das merkwürdige Tier zu finden. Vor ein paar Jahren suchten wir Rat bei einem renommierten Weberknechtspezialisten, dem Österreicher Albert Ausobsky. Ein ebenso betagter wie erfahrener Kenner der Opilioniden, der mehrere bis dato unbekannte Weberknechtarten entdeckt hat. Um seinen Einsatz für diese Tiergruppe zu würdigen, haben Wissenschaftler auch schon neu entdeckte Weberknechte nach ihm benannt. Eine ganze Gattung trägt seinen Namen: *Ausobskya.* Man hat es als Biologe im eigenen Fachgebiet weit gebracht, wenn einem eine solche Ehre zuteilwird.

Ein Rechercheur aus unserem Team hatte irgendwann elektronisch den Kontakt zu Albert Ausobsky hergestellt und den Spezialisten nach einem vielversprechenden Vorkommen in der näheren oder weiteren Umgebung unseres Firmensitzes gefragt. Bei Salzburg, kam die Antwort, gebe es einen Bergwald, in dem er schon mehrfach Schneckenkanker gefunden habe. Hier werde sich das Suchen lohnen. Außerdem war er willens, mit uns gemeinsam nach dem achtbeinigen Minimonster zu stöbern. So fuhren wir an einem Montag im Jahr 2010 los in Richtung Alpen. Anderthalb Stunden später waren wir in Österreich und noch einmal eine halbe Stunde später am Treffpunkt. Ich malte mir unterwegs aus, wie der Weberknechtmann wohl aussehen werde. Wie stellt man sich so jemanden vor? Man sagt ja, dass Menschen, die sich viel mit einem bestimmten Tier befassen, oft eine gewisse Ähnlichkeit mit ihm entwickeln, was die Physiognomie, also das äußere Erscheinungsbild, betrifft. Wie gut, denke ich mir dann jedes Mal, dass ich zwar immer eine Deutsche Dogge habe, mich aber je nach Filmprojekt auch mit den verschiedensten anderen Tieren umgebe.

Albert Ausobsky stieg am Waldrand aus seinem Auto und entpuppte sich sofort als ebenso freundlicher wie unaufgeregter Zeitgenosse. Er hatte natürlich vier Gliedmaßen und nicht acht wie ein Weberknecht. Einzige Gemeinsamkeit: Er war ebenfalls schlank und rank. Zu viert gingen wir ans Werk und suchten stundenlang den Wald ab. Nichts. Wir fanden allerhand tolle Käfer und Schnecken und was man sonst noch in so einem Lebensraum entdecken kann. Aber einen Schneckenkanker bekamen wir nicht zu Gesicht.

Als Jugendlicher erhielt ich meinen ersten Job beim Tierfilm, weil mir der Ruf vorauseilte, viele Tiere aufspüren zu können. Und es ist bis heute eines meiner größten Vergnügen, etwa Reptilien zu entdecken, die sich gut getarnt in ihrem Lebensraum sonnen. Der Schneckenkanker hat mich jedoch in die Schranken verwiesen, bis heute. Ob ich deswegen frustriert bin? Keineswegs! Würde man jede Art immer sofort finden und filmen können, wäre der Reiz der Sache nicht so groß und die Freude viel kleiner, wenn es dann irgendwann doch klappt. Ich bin mir sicher: Eines Tages wird ein riesengroßer, lackschwarzer und wie poliert aussehender Schneckenkanker vor meinem Objektiv über ein Moospolster marschieren und entlang einer silbrig glänzenden Schneckenstraße auf Jagd gehen. Vielleicht wird er dann ein paar Monate später groß auf dem Fernsehbildschirm oder sogar auf der Kinoleinwand zu sehen sein.

Und selbst wenn ich ihn niemals zu Gesicht bekommen sollte, dann war dennoch keine Sekunde der Beschäftigung mit dem Minimonster, das ein Phantom ist, verschwendet. Schon der Kontakt zu neuen interessanten Menschen lohnt die Beschäftigung mit dem Schneckenkanker. Albert Ausobsky kennenzulernen war eine Bereicherung, ebenso den Grazer Ökologen und Weberknechtexperten Christian Komposch. Er war es, der feststellte, dass die Roten Listen bislang ein falsches Bild von der Häufigkeit der Weberknechte abgeben. Der international anerkannte Fachmann erarbeitete beispielsweise unlängst eine neue, realistischere Liste für das Land Sachsen-Anhalt. Demnach muss die Hälfte aller hier lebenden Spezies als in ihrem Bestand bedroht gelten. In den anderen deutschen Bundesländern dürfte es nicht viel besser um die Langbeiner bestellt sein.

Dank Christian Komposch habe ich mehrere Weberknechte zum ersten Mal in meinem Leben gesehen. Er zeigte mir den Krümelkanker, den Zwergweberknecht und, als Glanzlicht, den Kleinen Scherenkanker. Er ist ebenfalls ein beeindruckender, zangenbewehrter Weichtierfresser und hat nun eine kleine Rolle in unserem aktuellen Kinofilm *Heimat Natur*. Der Kleine Scherenkanker gehört – wie der Schneckenkanker – zu jenen Arten, die einen dichten und feuchten Wald zum Überleben brauchen und die Trockenheit und Sonne meiden wie der sprichwörtliche Teufel das Weihwasser. Andere Tiere, die in unseren Wäldern leben, verschwinden dagegen, wenn es zu kühl und zu schattig wird. Was ist das für ein Lebensraum, in dem Liebhaber von Licht und Dunkelheit gleichermaßen zu Hause sind? Zeit, sich den deutschen Wald einmal näher anzusehen.

KAPITEL 5

# Lebensraum Wald

Ein aufmerksam absolvierter Waldspaziergang bedient alle unsere Sinne. Besonders wenn wir sie herausfordern, weil wir bei windigem Wetter oder in der Dämmerung unterwegs sind. Unser Puls schlägt schneller, und immer wieder lassen wir den Blick über das Heer der Stämme schweifen. Als wollten wir sichergehen, dass sich kein gefährliches Tier nähert. Knackst es irgendwo hinter uns, können wir am Ohransatz spüren, wie ein Millionen Jahre altes neurologisches System vergeblich versucht, die Ohrmuscheln auf die Geräuschquelle auszurichten. Um herauszufinden, *was* das Knacksen erzeugt hat, drehen wir uns um. Nur um zu erkennen, dass da nichts ist.

Gehen wir nach einem Sommergewitter im Wald spazieren, kommt es zu einem ganz anderen Sinneseindruck der besonderen Art. Die Laubbäume haben das Regenwasser über ihre wie hochgereckte Arme in den Himmel ragenden Äste zu ihrem Stamm geleitet, wo auch nach dem Regen das Wasser in Rinnsalen den Stamm hinab und in Richtung Wurzelwerk fließt. Von den Zweigspitzen fallen noch schwere Tropfen herab. Sie schlagen hörbar auf dem Teppich aus

Falllaub ein und auf dem Kiesweg, der unter unseren Schritten knirscht. Nach wochenlanger Trockenheit ist der Boden auf einmal wieder feucht. Wir atmen tief ein und schließen unwillkürlich die Augen. Dieser Duft! Gibt man »Waldduft« in eine Suchmaschine ein, spuckt das Internet mehrere Zehntausend Ergebnisse aus. Mehr als die Suche nach dem Duft aller anderen Lebensräume. Die meisten Ergebnisse preisen Produkte wie Badeschaum, Tee, Matratzen oder Räucherkerzen an. Aber woraus speist sich der Waldduft, insbesondere nach einem Sommerregen? Aus der Essenz der Nadeln, Blätter und Pilze? Oder aus dem geheimen Leben der Bäume? Wie so oft ist auch hier die Erklärung für ein sinnliches Erlebnis ganz profan. Aber dennoch faszinierend! Was wir auf unserem Spaziergang als Regenduft wahrnehmen, sind zum einen Öle, die von Pflanzen an den Boden abgegeben werden. Sie sollen verhindern, dass ihre Samen bei zu geringer Bodenfeuchte keimen. Nur nach lang anhaltenden oder starken Regenfällen hat der Baumnachwuchs eine Überlebenschance und vertrocknet nicht gleich wieder. Zum anderen besteht der Regenduft aus den Petrichor genannten Ausscheidungen bestimmter Bodenbakterien. Schlagen Regentropfen auf dem Boden auf, werden jedes Mal das Pflanzenöl sowie das als Geosmin bekannte Bakterienprodukt aufgewirbelt. Beides schwebt, in winzigen Wassertröpfchen gelöst, myriadenfach als Aerosole durch die Luft. Für den erdigen Geruch der Bakterienausscheidungen sind unsere Nasen besonders empfindlich. Wir können ein Geosmin-Molekül aus zehn Millionen Luftmolekülen herausriechen! Der Grund dafür ist noch nicht erforscht. Diese Fähigkeit mag in die Zeit zurückreichen, in der wir noch die Ohrmuscheln nach hinten drehen konnten. Regen bedeutet Pilzwachstum, blühende Pflanzen und weidende Säugetiere. Vielleicht hat uns der Duft in grauer Vorzeit zu üppigen Nahrungsgründen geführt, auch wenn diese viele Hügel und Täler entfernt waren …

Der Wald hat uns seit jeher ernährt. Er ist unser angestammter Lebensraum. Für viele ist der deutsche Wald auch heute noch der Inbegriff von Heimat und von heimatlicher Natur. Aber was genau ist Wald? Einfach möglichst viele Bäume, die möglichst dicht beieinanderstehen? Und – für unsere Betrachtungen noch viel interessanter – was ist ein Urwald? Möglichst viele dicke, alte Bäume und möglichst viel totes Holz auf dem Waldboden? Da es bei uns keine Urwälder mehr gibt, sind wir auf Rekonstruktionen angewiesen. Dabei ist es hilfreich, sich die Entstehungsgeschichte unserer Wälder vor Augen zu führen. Werfen wir aber zunächst einen Blick auf den Wald, wie wir ihn kennen und lieben.

In Deutschland wachsen gegenwärtig 90 Milliarden Bäume, so viele wie vielleicht nie zuvor. Sie stehen auf einer Fläche von mehr als 11 Millionen Hektar, etwa einem Drittel des Landes. Davon ist wiederum etwas mehr als die Hälfte Nadelwald, der Rest ist Laub- und Mischwald. Knapp die Hälfte befindet sich in Privatbesitz, die andere Hälfte gehört Bund und Kommunen. Die letzte Bundeswaldinventur ergab, dass ein Viertel der deutschen Waldbäume Fichten sind. Die Baumarten auf Platz zwei und drei sind Waldkiefer und Buche.

Der Deutsche Wald wächst. Allein im ersten Jahrzehnt des neuen Jahrtausends um 50 000 Hektar. Zudem kehren viele selten gewordene Tiere des Waldes zurück, etwa der Schwarzstorch, von dem es in den 1970er Jahren nur noch 50 Brutpaare in Deutschland gab und dessen Bestand bis heute wieder auf etwa 600 Paare angewachsen ist. Oder der Kolkrabe, der zu Beginn des letzten Jahrhunderts in Deutschland mit Gift und Tellereisen nahezu ausgerottet worden war. 1940 markiert die geringste Ausdehnung seiner Verbreitung. Heute brüten wieder 9000 Kolkrabenpaare im Land. Dann die Wildkatze: 1935 fast ausgerottet; heute wieder mit bis zu 7000 Exemplaren im Wald vertreten. Das mögen bei Weitem nicht die Bestände sein, die all diese Arten einmal hatten. Aber es sind dennoch gute und beruhigende Zahlen. Überhaupt geht es den großen Waldtieren in Deutschland so gut wie seit Jahrzehnten oder sogar Jahrhunderten nicht mehr. Seeadler, Wolf, Uhu, Fischotter und andere, die zumindest Teile ihres Lebens im Wald verbringen, verzeichnen steigende Bestandszahlen. Nur mit dem Bären tun wir uns schwer in unserem dicht besiedelten Land. Es kommt ja auch nur ganz vereinzelt zu Einwanderungen, die zu einer Wiederbesiedelung führen könnten. Am 26. Oktober 2006 wurde Bär »Bruno« im Wald am Spitzingsee erschossen, nachdem er zahlreiche Schafe gerissen hatte und als Problembär eingeschätzt worden war. Im Herbst 2019 tauchte dann erneut ein Braunbär auf, im Landkreis Garmisch-Partenkirchen in den Bayerischen Alpen. Von ihm fehlt heute jede Spur. Aber wer weiß, vielleicht gibt es irgendwann wieder einen kleinen heimischen Bärenbestand. Die Ampeln dafür stehn jedenfalls auf Grün.

Neben diesen guten Nachrichten aus dem deutschen Wald gibt es aber auch schlechte. Die Auswirkungen des Klimawandels sind auch im Wald deutlich zu spüren. So wird es im Reich der Bäume nicht nur wärmer, sondern es kommt auch hier zu ausgedehnten Trockenperioden. Hitze und Trockenheit schwächen viele Bäume, besonders in den Monokulturen und Plantagen, in denen die Bäume abseits ihres natürlichen Standorts wachsen. Bestes Beispiel ist hier die Fichte, die von Haus aus in unseren Tieflandwäldern gar nicht vorkommt. Heimische und eingeschleppte Schädlinge haben dann leichtes Spiel und können die unterschiedlichen Bäume befallen. Beispiele dafür sind das Falsche Weiße Stängelbecherchen, das für das Eschentriebsterben verantwortlich ist, oder die Eipilze, die das Erlensterben verursachen. Der mit Abstand verhassteste Schädling dürfte aber »der Käfer« sein, wobei in diesem Zusammenhang stets vom Borkenkäfer die Rede ist. Auf der Welt leben 6000 verschiedene Borkenkäferarten; in Europa kommen davon knapp 300 vor, und in Deutschland heimisch ist davon ein gutes Drittel. Es gibt unter ihnen viele Spezialisten für ganz bestimmte Baumarten. Andere bedienen sich unterschiedlicher Hölzer für die Vermehrung. Manche legen ihre Brutkammern in der Rinde der Bäume an, andere bohren sich tief in den Stamm und vermehren sich dort. Besonders Letztere haben einen schier unglaublichen Trick, um das harte und nährstoffarme Holz verdauen zu können. Sie bringen bereits beim Anflug an ihren Wirtsbaum in speziellen Organen Pilze mit, die sie in den befallenen Baumstamm einimpfen. Der Pilz verdaut anschließend das Holz, und die Käfer ernten regelmäßig wie kleine Gärtner ihre Pilzzucht ab. Diese Partnerschaft ist bei manchen Borkenkäferarten so eng, dass weder der Pilz noch der Käfer ohne den jeweils anderen überleben kann.

Die bei Forstleuten am meisten gefürchteten Borkenkäfer sind der Buchdrucker und der Kupferstecher. Merkwürdige Namen für solch kleine und unscheinbare Käfer, die mit Kunst und Literatur natürlich nichts am Hut haben. Die Namen rühren von den zeilenartig und symmetrisch angeordneten Brutgängen in der Rinde her. Beide Arten vermehren sich bevorzugt in der Fichte: der größere Buchdrucker in stärkeren Stämmen und der kaum drei Millimeter messende Kupferstecher auch in Jungbäumen und Zweigen mit dünner Rinde. Gefürchtet sind die beiden Winzlinge, weil sie sich enorm schnell und stark vermehren können. Ab Ende April schwärmen die Tiere, fliegen einem für sie unwiderstehlichen Duft folgend in geschwächte, aber noch gesunde Fichtenbestände ein und vermehren sich, ganz wie von »Mutter Natur« vorgesehen. Ihre Vermehrungsfreude ist dabei kein Versehen der Evolution. Viele Waldtiere lieben Borkenkäfer und manche, wie der Dreizehenspecht, lassen sich dabei beobachten, wie sie stundenlang Borkenplättchen von befallenen Bäumen hebeln, um an die kleinen madenartigen Borkenkäferlarven und ihre Eltern zu gelangen. Rotkehlchen, Waldeidechsen und Erdkröten haben schon vor befallenen Fichten gesessen und vor unseren laufenden Kameras Borkenkäfer gefressen. Auch im natürlichen Verbreitungsgebiet der Fichte leben Borkenkäfer, dort haben sie sich ja schließlich auf diese Baumart spezialisiert, und es kann auch hier zu Massenvermehrungen kommen. Wenn etwa nach einem ungewöhnlich trockenen Jahr ein Fichtenbestand, sagen wir: am sonnigen Südhang eines Berges, kränkelt, dann legen die kleinen Käfer den Wald dort binnen weniger Jahre um, und es entsteht eine neuer Wald mit vielen Fichten, die vielleicht noch ein kleines bisschen besser an die Standortbedingungen an diesem Hang angepasst sind und die so lange unangefochten wachsen, bis irgendwann vielleicht erneut Prozesse dafür sorgen, dass die Bäume geschwächt werden und »der Käfer« wieder zuschlagen kann.

Im Wirtschaftswald sieht die Sache anders aus. Hier steht die Fichte auf einem Boden, den sie selbst nicht besiedelt hätte. In kühleren Zeiten war das für den Nadelbaum, der wie alle Bäume in seinem Rahmen recht anpassungsfähig ist, kein Problem. Zumindest solange die Förster die Entwicklung der Borkenkäfer im Blick behielten und bei Bedarf durchforsteten, sprich: möglichst viele befallene Bäume aus dem Wald holten, um der Vermehrung des Schädlings Grenzen zu setzen. Nun wird es aber immer wärmer. Und trockener. Überall schwächelnde Fichten! Ein Paradies für die Käfer und für die

Waldbauern ein immer schwerer in den Griff zu bekommendes Problem. Seit den Orkanen »Vivian«, »Wibke« (beide 1990) und »Kyrill« (2007) ist sie zwar als Forstbaum in Verruf geraten, denn als die Stürme über Deutschland hinwegfegten, kippten unzählige der flach wurzelnden Fichten einfach um. Vor allem »Kyrill« sorgte für einen regelrechten Kahlschlag in der deutschen Landschaft. Trotzdem wird an der Fichte festgehalten. Zu groß ist ihr Anteil am deutschen Wald, der fast passender »deutscher Forst« hieße. Denn nur ein Viertel unserer Waldbäume ist älter als 100 Jahre, die Hälfte ist gerade einmal halb so alt. Lediglich ein Vierzigstel der Laubbäume erreicht mehr als 160 Jahre. Der deutsche Wald ist dauerhaft jugendlich. Voll ausgewachsene Buchen und Eichen mit einem Alter von 300 oder 400 Jahren findet man kaum, und wenn, dann in den Nationalparks. Im Wald nebenan haben sie anscheinend nichts mehr verloren. Trotz alledem ist eines sicher: Auch wenn einzelne Baumarten aus dem gewohnten Waldbild verschwinden werden, der deutsche Wald wird bleiben! Zum einen werden in Privat- und Staatswald längst die Laubbäume gefördert. Zum anderen kann sich der Wald auch ganz alleine an veränderte Bedingungen anpassen, allerdings in sehr, sehr langen Zeiträumen.

Auf der Erde gibt es heute gut 60 000 Baumarten. Etwa ein Tausendstel davon wächst von Natur aus in unserer mitteleuropäischen Heimat. Manche Bäume gedeihen in dichten Beständen aus Hunderten oder auch Zehntausenden Exemplaren. Andere als Solitäre oder in lockeren Beständen. Aber ab wann steht ein Baum eigentlich im Wald? Laut einer Definition der Vereinten Nationen gilt eine Fläche als Wald, wenn sie mehr als einen halben Hektar groß und mindestens zu zehn Prozent mit Bäumen bestanden ist. Diese Bestimmung erscheint aus ökologischer Sicht etwas willkürlich. Leben doch in einem Mischbestand, der ein paar Quadratmeter kleiner ist, nicht unbedingt weniger Pflanzen, Tiere und Pilze. Und es gibt noch mehr Kriterien, die einen Wald per definitionem zu einem Wald machen: In winterkalten Gebieten müssen die Bäume eine Höhe von mindestens drei, in Gebieten mit gemäßigtem Klima eine Höhe von sieben Metern erreichen. Der Hintergrund für diese scheinbar aus der Luft gegriffenen Maße: Schon in einem solch dürftigen Wäldchen zeigen sich Ansätze eines Waldklimas. Schatten und Luftfeuchtigkeit befördern die Existenz bestimmter Arten, die deswegen als »Waldarten« gelten. Ein Begriff, den wir noch genauer untersuchen werden.

Sobald der Mensch den Wald in irgendeiner Form plant und nutzt und dadurch verändert, gilt der Wald als Forst. Ziele der forstlichen Bewirtschaftung sind üblicherweise Holzerträge. Es können aber auch ganz andere Dinge im Vordergrund stehen, etwa der Naturschutz. Eine Rückführung in einen möglichst naturnahen Zustand zum Beispiel. Womit wir beim schwierigsten und zugleich interessantesten Feld wären bei der Betrachtung unserer Wälder: Wie sähe der Wald aus, wenn es den planenden und sägenden Menschen nie gegeben hätte? Im ersten Moment erscheint es ganz logisch, dass ein Wald ohne Bewirtschaftung mit der Zeit zum Urwald wird, wenn auch nach vielen Jahrzehnten oder sogar Jahrhunderten. Müsste man dann im Umkehrschluss nach Waldflächen suchen, die seit sehr langer Zeit nicht bewirtschaftet wurden, und hätte dann einen Urwald vor sich? Auf der Insel Vilm im Greifswalder Bodden steht ein solcher Wald, eine Art Kronjuwel im deutschen Naturschatz. Wie so oft hatte ich als Filmemacher das Privileg, ausgerüstet mit einer behördlichen Genehmigung und mit der Kamera diesen alten Wald betreten zu dürfen, um dort zu filmen. Wir hatten uns beim Bundesamt für Naturschutz offiziell angemeldet und Transfer auf die Insel sowie Übernachtungsmöglichkeiten zugesagt bekommen. Im Herbst 2018 bestiegen wir die Elektrofähre in Lauterbach bei Putbus auf Rügen und setzten über. Eine Viertelstunde später waren wir dann auf dem Inselchen, einen knappen Quadratkilometer groß und bedeckt mit Wald, an den seit fast 500 Jahren kein Förster Hand und Axt angelegt hat. Mittendrin eine Lichtung mit elf kleinen Häuschen darauf, die ab den 1960er Jahren als Feriendomizile für DDR-Funktionäre dienten. Seit 1990 hat die Akademie des Bundesamtes für Naturschutz hier ihren Sitz.

Der Wald ringsum sieht aus wie einem Märchen entsprungen. Wohin man schaut, betagte Baum-Methusalems, die mit ihren Ästen, die selbst so dick sind wie Bäume, in alle Richtungen greifen. Der einzige Wanderweg führt mal durch dichteren Bewuchs aus Sträuchern und Jungbäumen, dann wieder durch hallenartige Altbestände, in denen man sich wie ein Zwerg vorkommt. Immer wieder zieht sich der Weg an Kreideklippen über dem Ufer der Ostsee entlang. Das bietet nicht nur einen traumhaften Ausblick auf das häufig spiegelglatte Meer. Als Naturfilmer habe ich gleich beim ersten Rundgang erspäht, was hier später passieren könnte: Die Lage des Waldes auf einem Inselplateau, das an der Küste vielfach steil abbricht, ermöglicht es den Strahlen der Abend- und Morgensonne, tief in den Wald einzudringen. Und tatsächlich war der Urwald von Vilm schon am ersten Abend von einem herbstlichen, goldenen »Zauberlicht« durchflutet.

Auf Vilm wurde also seit Jahrhunderten kaum mehr ein Baum gefällt. Aber dennoch waren immer Menschen da und haben der Landschaft ihren Stempel aufgedrückt. Die Insel wurde nämlich beweidet. Eichen und Buchen dienten als Schatten- und Futterspender, und weil sie nicht so dicht beieinanderstanden und die Sonnenstrahlen sich ihren Weg bis auf den Boden bahnen konnten, wuchsen dazwischen reichlich nahrhafte Gräser und Kräuter als Futter für Rinder und andere Haustiere. Die Baumriesen standen auf einer Hutweide, bildeten einen Hutewald, in dem ein Hirte das Vieh der Dorfbewohner hütete. Wer heutzutage an einer der täglichen Führungen durch die Inselnatur teilnimmt, kann die Spuren dieser historischen Nutzungsform noch erkennen: ein Netz von uralten, oftmals mehr als 500 Jahre alten Hutebäumen. Dazwischen ein relativ dichter Jungwuchs, der einen deutlichen Altersunterschied aufweist. Lange Zeit standen die Alten alleine da; nur vereinzelt und dort, wo die gefräßigen Mäuler der Haustiere nicht hinkamen, gab es Verjüngung. Im Zuge der Landreformen und des Verbots der Waldweide verschwanden die Haustiere aus dem Hutewald auf Vilm. Jetzt konnten überall Buchen, Eichen und andere Bäume in großer Zahl emporkommen. Bis heute. Der Wald auf Vilm wächst also langsam immer weiter zu, wird dichter, dunkler, feuchter. Ob er aber damit immer mehr zu einem Urwald wird, einem Abbild jener Wälder, die es hierzulande gab und noch gäbe, wenn der Mensch nicht existierte? Ich würde sagen: Nein.

Vilm ist in seiner Ungestörtheit keine einsame Ausnahme im deutschen Wald. Bundesweit sind ungefähr 750 Waldparzellen aus der Nutzung genommen und entwickeln sich frei von menschlicher Einflussnahme. Viele dieser »Urwäldchen« sind weniger als 100 oder sogar nur 50 Jahre ungenutzt geblieben. Das betrifft übrigens auch unsere Waldnationalparks, ob Bayerischer Wald, Hainich oder Berchtesgaden. Dass sie (noch) kein Abbild von Urnatur bieten, ist klar. Um zu verstehen, warum auch der alte Wald auf Vilm, der seit fast 500 Jahren von Axthieben verschont wächst, kein europäischer Primärwald ist, bedarf es eines kurzen Ausflugs in die Erdgeschichte.

Das Erdzeitalter, in dem wir heute leben, ist das Eiszeitalter oder Quartär. Seit zweieinhalb Millionen geht das so: Die Temperaturen sinken für mehrere Zehntausend Jahre um ein paar Grad ab und steigen dann wieder für ein paar Tausend Jahre mehr oder weniger stark an. Die letzte Kaltphase heißt in Süddeutschland Würm-Kaltzeit und in Norddeutschland Weichsel-Kaltzeit (jeweils benannt nach dem Flüsschen, bis zu dem der Eispanzer der Gletscher von Norden bzw. Süden heranreichte). In dieser letzten Kaltphase also, die auf einen Zeitraum von etwa 115 000 bis 10 000 Jahre vor heute datiert wird, gab es in Deutschland keine Wälder. Bereits vor etwa 18 000 Jahren stiegen die Temperaturen allmählich an, und das Eis der Gletscher begann abzuschmelzen. Einige Jahrtausende später breiteten sich bei uns die Pionierbaumarten Birke und Kiefer aus, als Vorboten des zurückkehrenden Waldes. Doch diesmal verlief die Waldentwicklung anders als in den vorangegangenen Warmzeiten. Nun lebten moderne Menschen auf dem Gebiet des späteren Deutschlands und nutzten Wald und Wild. Möglicherweise pflanzten sie schon früh Gehölze, die Haselnuss etwa, wodurch sich ihre rasche und weite Ausbreitung in dieser Zeit erklären ließe. Im Gegensatz zu Birken und Kiefern, deren Samen vom Wind verbreitet werden, müssen die schweren Haselnüsse von Tieren (oder vom Menschen) transportiert werden, damit sich der Strauch ausbreiten kann. Und auch nur dann, wenn die Nüsse unter die Erdoberfläche gelangen, z. B. bei der Anlage von Wintervorräten durch Eichhörnchen und Eichelhäher, können sie keimen. Da sich die Haselnuss aber in relativ kurzer Zeit im gesamten Gebiet zwischen den Alpen und in weiten Teilen Skandinaviens stark ausbreitete, vermuten Paläobotaniker, dass auch der Mensch eine wichtige Rolle bei der Verbreitung des Haselnussstrauchs spielte, denn seine Früchte sind nahr- und schmackhaft und zudem gut zu lagern. Belegt ist dagegen, dass der *Homo sapiens* mit ausgeklügelten Waffen intensiv Jagd machte auf alle möglichen Großtiere. Besonders tückisch (aus Sicht der Tiere) waren Fernwaffen, also Speere und Pfeile, die aus Schleudern und Bögen abgefeuert wurden. Beide Waffensysteme kamen vor etwa 20 000 Jahren auf und verbreiteten sich rasch über den ganzen Kontinent. Mit ihrer Hilfe konnten die Jäger auch das wehrhafteste Wild erlegen, das nichts entgegenzusetzen hatte.

Die Rückkehr des Waldes war für die Jäger und Sammler ein Problem. Viele der Tierarten, auf die ihre Vorfahren Jagd gemacht hatten, waren inzwischen ausgerottet oder nach Norden und Osten abgewandert, als der Wald sich immer mehr schloss. Die meisten heimischen Tierarten, groß und klein, leben und lebten nämlich nicht im Dämmerlicht geschlossener Baumbestände, sondern in lichten, halboffenen Landschaften. Die Vernichtung der großen Pflanzenfresser durch die nacheiszeitlichen Jäger dürfte die zunehmende »Verwaldung« der Landschaft stark gefördert, wenn nicht erst möglich gemacht haben. Aufkommende Baumschösslinge wurden nur noch von wenigen verbliebenen und zudem kleineren Blätterfressern kurzgehalten und damit längst nicht mehr so effektiv zurückgedrängt wie zuvor. Ein dicht geschlossener mitteleuropäischer Wald bietet jedenfalls relativ wenig Jagdbeute, weil diese selbst nicht besonders viel zu fressen findet, sieht man einmal vom Regen der Baumsamen im Herbst ab. Deshalb siedelten die Nachfahren der Eiszeitjäger wohl gerne in der Nähe von Gewässern. Ihre Hauptbeute waren dort Fische und Wasservögel. Prähistoriker sehen einen engen Zusammenhang zwischen der Ausbreitung des Waldes nach der letzten Kaltzeit und dem stattfindenden Kulturwandel in der Mittleren Steinzeit.

Nach der Würm-Kaltzeit verlief die Entwicklung des Waldes in unseren Breiten also anders als in den vorangegangenen Warmzeiten, den sogenannten Interglazialen. Den Birken und Kiefern folgten viele andere Baumarten, und im Laufe der nächsten Jahrtausende wurde Deutschland zu einem Land der Laubwälder. Tierische Gegenspieler waren nicht mehr da oder sehr selten geworden, und im feuchten Klima der gemäßigten Zonen können Laubbäume wegen ihres effektiveren Wassertransports im Stamm rascher wachsen als Nadelbäume. Die Wasserleitbahnen der Nadelbäume haben alle etwa den gleichen, relativ geringen Durchmesser. Laubbäume verfügen über deutlich größere Wasserleitbahnen, die weit mehr Wasser in die Baumwipfel leiten können. So können Laubbäume mehr Fotosynthese betreiben als Nadelbäume – ein Grund, weshalb sich Eichen, Linden, Ulmen und Eschen leicht gegenüber den Kiefern in den Wäldern des Tieflands durchsetzen.

In Gebirgsregionen mit ungünstigeren Klimabedingungen waren die »sparsamen« Nadelbäume den Laubbäumen dagegen überlegen und konnten sich dort ausbreiten. Die Tanne beherrschte vor allem die Vogesen, den Schwarzwald, die südwestliche Schwäbische Alb und die Alpen. Vereinzelt eroberten Tannen später auch den Bayerischen Wald und einige nordbayerische Mittelgebirge. In den östlichen Gebirgen breitete sich dagegen die Fichte stärker aus: In den Ostalpen, im Bayerischen Wald, in den nordbayerischen Mittelgebirgen wie etwa dem passend benamten Fichtelgebirge, im Thüringer Wald, im Erz- und Elbsandsteingebirge sowie im Harz wurde die Fichte zur vorherrschenden Baumart. In der Rhön und den weiter westlich gelegenen Mittelgebirgen konnte die Fichte dagegen nie richtig Fuß fassen. Wer übrigens Schwierigkeiten hat, Tanne und Fichte voneinander zu unterscheiden, der fasse ihre Zweige einfach mal an. Der dazu passende Merkspruch lautet: »Die Fichte sticht, die Tanne nicht.«

Mit dem Übergang von den Jäger- und Sammlergesellschaften zu Bauern und Hirten in der Jungsteinzeit ging eine immer intensivere Nutzung des Waldes einher. Etwa 5000 Jahre vor der Zeitenwende begannen die Bauern der bandkeramischen Kultur auch in Mitteleuropa mit Ackerbau und Viehhaltung. Auf gerodeten Waldflächen wurden nun Felder zum Anbau von Getreide und anderen Kulturpflanzen angelegt. Darauf bauten sie Einkorn, Emmer, Gerste, Erbsen, Lein und anderes an. Ihr Vieh – Rinder, Schafe und Ziegen – trieben sie zum Weiden in die Wälder. Eine Tradition, die sich noch mehrere Jahrtausende bei uns halten sollte. Doch schon nach wenigen Jahrzehnten gaben diese ersten Bauern ihre Siedlungen oft wieder auf. Der Grund dafür war möglicherweise ein Nachlassen der Erträge auf den Feldern, wahrscheinlicher aber war der zunehmende Mangel an Holz dafür verantwortlich. Nun konnte sich der Wald das verlassene Gebiet der Siedlung und die aufgegebenen Nutzflächen wieder zurückerobern. Zuerst wuchs Gebüsch auf den Brachflächen, dann folgten die Pionierarten – Birken und Kiefern. Im Laufe der Jahre gesellten sich dann auch wieder Eichen und andere Laubbäume zu den Erstbesiedlern, um dieselben schließlich zu verdrängen. Da auf den vom Menschen geschaffenen Freiflächen immer wieder Wald neu entstand, also nicht überall geschlossene Wälder existierten, profitierten unzählige Tier- und Pflanzenarten. Das Land war zwar bewaldet, aber gleichzeitig auch übersät von Lichtungen, Waldrändern, Wiesen, Hochstaudenfluren, verbuschten Bereichen usw. Ein gewaltiges Mosaik aus Teillebensräumen, in dem jede heimische Art ihre Nische finden konnte: ob offene, der prallen Sonne ausgesetzte Böden mit niedriger Vegetation für Insekten, Reptilien und Singvögel oder feuchtes Totholz im Schatten alter Baumbestände als Substrat für Pilze, Schnecken und Weberknechte. Eine Aufschlüsselung aller Biotoptypen in dieser Landschaft würde ein eigenes Buch füllen!

Im Laufe der Jahrtausende, während derer immer wieder neue Siedlungen gegründet und andere verlassen wurden, konnte an immer mehr Orten auch die Buche aufkommen. Besonders dort, wo nicht zu viele Wildtiere (oder Haustiere) den Boden nach den schmackhaften Bucheckern absuchten. Um in einer ursprünglichen Welt voller gefräßiger Mäuler überleben zu können, haben Bäume wie die Buche, die kaum Giftstoffe und andere Abwehrmaßnahmen gegen Fressfeinde besitzt, im Laufe ihrer Evolution eine einfache Strategie entwickelt, um sich dennoch vermehren und verbreiten zu können: Sie setzen auf Masse. Eine große Buche kann mehrere Hunderttausend Bucheckern produzieren – pro Jahr! Und das mehrere Hundert Jahre lang. Ziel des Ganzen ist nicht mehr, als dass lediglich ein einzelner Baum der nächsten Generation groß wird und das Erbgut seinerzeit weitergibt. Dann bleibt der Bestand gleich. Schaffen es weniger als einer, geht die Baumart ihrem Aussterben entgegen. Schaffen es mehr, breitet sie sich aus, bis sich ein Gegenspieler einfindet, um diesen Überfluss als Nahrungsquelle zu nutzen. Unter natürlichen Bedingungen, also ohne Mensch, wären das im Falle der Buche in erster Linie Säugetiere, die ihre Samen oder gleich den ganzen Jungbaum auffressen. Andere Gehölze haben andere Strategien, schützen ihre Samen durch bestimmte Inhaltsstoffe oder eine äußere Beschaffenheit, die Fressfeinden den Appetit vermiesen sollen. Fehlen die Gegenspieler im Wald, sprich: die großen Pflanzenfresser, sind Arten wie die Buche im Vorteil, weil sie sich jetzt stärker vermehren können als jene, die weniger, aber gegen das Anknabbern besser geschützte Samen haben.

Die Interaktion zwischen Mensch und Wald beeinflusste die Geschichte des Waldes in unserem Land also schon sehr früh und tiefgreifend. Als die Römer um das Jahr 15 vor der Zeitenwende weite Teile des Rheinlandes und des heutigen Süddeutschlands eroberten, brachten sie eine neue Lebensweise nach Mitteleuropa. Siedlungen und Wirtschaftsflächen wurden jetzt nicht mehr ständig verlagert, sondern blieben dauerhaft bestehen. Regionen, in denen die neue, römische Siedlungsweise Fuß gefasst hatte, grenzten nun an andere, in denen – wie in den vielen Jahrtausenden zuvor – Siedlungen gegründet und wieder aufgegeben wurden. Die Grenze zwischen den beiden so unterschiedlichen Welten war der Limes, die befestigte Grenze des Römischen Reiches, die quer durch Mitteleuropa verlief.

Der römische Historiker Tacitus berichtet, dass die Germanen im Wald lebten. Tacitus erwähnt zwar auch, dass die Germanen Ackerbauern waren, berichtet aber nicht, dass ständig Wald gerodet werden musste. Die Germanen lebten jedoch nicht in einer Landschaft, die unseren heutigen Wäldern entsprach. Es gab keine feste Grenze zwischen Wald und Offenland, deshalb muss das Gebiet damals ganz anders ausgesehen haben als heute, wo es eine scharfe Abgrenzung zwischen Wiesen und Wäldern gibt. Wie groß der Anteil der Waldflächen zu Beginn der Zeitenrechnung war, lässt sich kaum ermitteln – auch nicht für die von den Römern besiedelten Regionen. Dort gab es zwar dauerhaft bearbeitete Ackerflächen, aber keine abgegrenzten Viehweiden. Zur Weide wurden die Tiere deshalb, wie bei den germanischen Nachbarn, in den Wald getrieben.

Im Mittelalter kam es im Gebiet des heutigen Deutschlands zur weiteren Fixierung der Siedlungen. Um sie herum lag üblicherweise eine Markung mit den Flächen für den Ackerbau. Um diese Feldflur bestand eine mehr oder weniger feste Außengrenze, jenseits derer die Allmende lag. Die Allmende durfte von allen Bauern eines Dorfes gemeinsam als Viehweide und für die Gewinnung von Holz, Streu und anderen Ressourcen genutzt werden. Eine Art Niemandsland oder besser gesagt Jedermannsland. In einem deutschen Volkslied heißt es: »Schäfer, sag, wo tust du weiden? Draußen im Wald und auf der Heiden« – ein Hinweis darauf, dass das von einem Hirten beaufsichtigte Vieh, vielleicht mehr als je zuvor, zum Weiden in die Flächen jenseits der Äcker getrieben wurde, die man als Wald bezeichnen kann.

Gleichzeitig stieg die Nachfrage nach Bauholz immer weiter an. Der zunehmende Holzeinschlag und die Abnahme der Holzvorräte in den Wäldern beunruhigten die Menschen. Ob und wann es tatsächlich zu einem Holzmangel kam, ist eine viel diskutierte Frage, die sich nicht abschließend beantworten lässt. Die Angst davor führte zumindest so weit, dass die Bürger einer Stadt dazu verpflichtet wurden, in der Nähe ihrer Wohnorte Bäume zu pflanzen, wie beispielweise in Dortmund. So wurden schon im Hoch- und Spätmittelalter erstmals Waldflächen aufgeforstet. Im Jahr 1368 befasste sich Peter Stromer, ein Nürnberger Unternehmer, erstmals mit dem »Tannensäen« in der Nähe seiner Heimatstadt. Diese Erfindung, bei der vor allem Kiefern eingesät wurden, prägt noch bis heute auf weiten Flächen das Bild des Nürnberger Reichswaldes. Auch in anderen Städten machte die Erfindung von Peter Stromer Schule. Etwa im Frankfurter Stadtwald und in vielen weiteren Gegenden Mitteleuropas schuf man nach Stromers Vorbild künstliche Wälder.

Staat und Grundbesitzer erließen erste Regelungen, die die vorherrschenden Widersprüche zwischen den verschiedenen Waldnutzungen aufheben sollten. Denn Flächen, auf denen Bäume als Quelle für hochwertiges Nutz- und Bauholz aufwachsen sollten, konnten nicht gleichzeitig als Viehweiden dienen. Da in der Allmende keine Grenze zwischen Wald und Offenland existierte, gingen offenere und von Bäumen bestandene Bereiche ohne klar definierten Waldrand ineinander über. Und der mittelalterliche Wald selbst sah vollkommen anders aus als der uns vertraute Wald von heute. Gehölzbestände, in denen sich nach dem Fällen der Bäume Sekundärtriebe aus den Baumstümpfen wieder zu neuen Bäumen entwickelten, wurden vielerorts zu »Niederwäldern«. Sie dienten vor allem der Gewinnung von Brennholz, das in kurzen Abständen von einigen Jahren immer wieder geerntet wurde. Niederwälder waren auch die Energielieferanten, um Erze und Glas zu schmelzen. Mancherorts entstanden auch »Mittelwälder«, in denen man einzelne Stämme in die Höhe wachsen ließ. So entstanden zwei Schichten von Bäumen übereinander: einzelne hochgewachsene Bäume, meist Eichen, die zum Hausbau verwendet wurden, und darunter andere, niedere Gehölze, die weiterhin zur Gewinnung von Brennholz dienten. Manchmal ließ man die Niederwälder aber auch durchwachsen. Dabei entstanden mit der Zeit jede Menge dickere Stämme, die zwar meist krumm gewachsen waren, aber trotzdem als Bauholz dienen konnten. Denn für den Bau der damals in Deutschland weitverbreiteten Fachwerkhäuser waren gerade gewachsene Stämme nicht unbedingt nötig. Nach der Konstruktion des Fachwerks füllte man die einzelnen Gefache mit Lehm, Getreidespreu oder anderem Material auf. Gebogene Stützen und Streben erscheinen uns heute romantisch. Ihre Verwendung ist aber nicht dem ästhetischen Empfinden der

Menschen damals geschuldet, sondern schlicht dem Umstand, dass die Hölzer aus dem Nutzwald nicht gerade gewachsen waren. In Regionen, in denen Nadelhölzer wuchsen, sahen die Hauskonstruktionen ganz anders aus, denn hier konnte man aus den gerade gewachsenen Stämmen der Nadelbäume massive Blockbauten errichten. Da Koniferen nach dem Fällen meist nicht wieder ausschlagen, lassen sich Nadelbäume – anders als viele Laubbäume – nicht im Stockausschlagbetrieb bewirtschaften. Noch heute ist zu erkennen, wo vor Jahrhunderten Nadel- oder aber Laubbäume dominierten: Massive Blockbauten herrschen in den Alpen vor, im Schwarzwald, im Bayerischen Wald und im Harz. In den anderen Regionen Deutschlands dominieren in den Dörfern dagegen Fachwerkhäuser. Und nicht nur hier! Im Laufe des Mittelalters wurden zahlreiche neue Städte gegründet. Zwar verfügten sie meist über eigene Stadtwälder, trotzdem mussten sie noch zusätzlich mit Holz von außerhalb versorgt werden. Im Vorteil waren dabei Städte, die an Flüssen lagen: Ihr zusätzlicher Holzbedarf wurde durch die Trift von Einzelstämmen oder durch die Flößerei gedeckt. Bei dieser wurden mehrere nebeneinanderliegende Stämme zu einer Plattform verknüpft. Nadelholz ließ sich besonders gut auf dem Wasser transportieren, da es ein geringes spezifisches Gewicht hat und deshalb auf dem Wasser schwimmt. Das schwerere Laubholz zu flößen war viel schwieriger – es war, wie die Flößer sagten, »senk«. Um dem Floß ausreichend Auftrieb zu verleihen, mussten die Flößer leere Tonnen zwischen die Stämme binden oder abwechselnd Laub- und Nadelholzstämme aneinanderbinden. Besonders groß war der Bedarf an Holz natürlich in den Hafenstädten, wegen des Schiffsbaus. Für die Konstruktion der Schiffsrümpfe war vor allem Eichenholz wichtig. Durch seinen hohen Gehalt an Gerbstoffen ist es besonders haltbar und garantierte eine lange Lebensdauer der Schiffe. Für die Beplankung der Decks und die Masten verwendete man dagegen das gerade gewachsene und leichtere Nadelholz.

Ab dem späten 17. Jahrhundert kam es zu umfassenden Reformen, die dafür sorgten, dass das gesamte System der Landnutzung umgestellt wurde. Diese Landreformen, die bis in das 19. Jahrhundert andauerten, wurden größtenteils von den Grundherren oder den Fürsten geprägt. In den lutheranisch-reformierten Bergbauregionen, wie etwa in Teilen des Harzes oder im sächsischen Erzgebirge, setzten sich die Landreformen besonders gut durch. Um die Schmelzöfen zu befeuern, wurden in diesen Regionen große Mengen an Holz benötigt. Deshalb setzte man sich dort schon seit dem späten 17. Jahrhundert für eine nachhaltige Waldnutzung ein. 1713 beschrieb der Oberberghauptmann Hans Carl von Carlowitz, der für den Betrieb der Erzgruben im sächsischen Erzgebirge zuständig war, in seinem Werk *Sylvicultura oeconomica* das Prinzip der nachhaltigen Nutzung von Wäldern. In seiner Schrift formulierte er zum ersten Mal den Gedanken der Nachhaltigkeit und forderte eine kontinuierliche und beständige Nutzung des Waldes: Für jeden Baum, der gefällt wurde, sollte ein neuer nachgepflanzt werden. Da Holz damals der einzige Rohstoff war, mit dem sich Erz oder Glas schmelzen ließ, forderte Carlowitz nicht nur, die Wälder zu schützen, sondern sogar, sie neu aufzubauen, um die von Tacitus beschriebenen alten Wälder Germaniens wiederherzustellen. Allerdings hatten Carlowitz' Überlegungen nicht allzu viel Erfolg: Solange Holz der zentrale Brennstoff für viele Wirtschaftszweige war, holzten Schiffbauer, Bergleute und Köhler – die Hersteller von Holzkohle – gnadenlos ab, was der Wald hergab. Gleichzeitig mussten immer mehr Waldgebiete dem Ackerbau weichen.

Erst als den Städten das Bauholz ausging, verfestigte sich in Deutschland die Idee, die Wälder bewusst zu bewirtschaften. Wälder, die schon längst nicht mehr natürlichen Gesetzen gehorchend gewachsen, sondern von ressourcenhungrigen Menschen geformt waren.

Gleichzeitig gab es immer mehr Vieh, und das musste ernährt werden. Alte Aufzeichnungen über den Eintrieb des Viehs in die Wälder machen die Dimensionen deutlich. So ist vom Anfang des 18. Jahrhunderts aus dem nordhessischen Reinhardswald überliefert, dass auf einer Fläche von grob 20 mal 10 Kilometern mehr als 5000 Schweine, 3000 Pferde, fast 6000 Rinder, 20 000 Schafe und Hunderte Ziegen eingetrieben wurden. Noch heute erinnern dort alte Buchen und Eichen, die wegen ihrer nahrhaften Früchte bevorzugte Hutebäume waren, an diese Zeit. Der Mist der Haustiere wurde von einer Armada von Käfern aufgearbeitet, die wiederum unzähligen Fledermäusen und Vögeln als Nahrung gedient haben dürften. Man kann getrost davon ausgehen, dass es im Reinhardswald damals von Wildtieren nur so wimmelte. Eine geregelte Waldbewirtschaftung ließ sich jedoch nur dort durchsetzen, wo keine Tiere mehr zur Weide in die Wälder getrieben wurden. Darum wurde eine klare Nutzungsgrenze zwischen Wald und Offenland gezogen. Die von Wald frei bleibenden Gemeindeflächen wurden unter den Berechtigten aufgeteilt und wie die Ackerländer mit Wällen und Hecken umzogen. Nur dort durfte die Landbevölkerung noch Holz schlagen. Im eigentlichen Wald, wo jetzt allein der Grundherr und sein Förster über den Einschlag von Holz bestimmten, war ihr das nun verboten. Der sich ab da herausbildende scharfe Waldrand wurde zur Grenze zwischen den Einflussbereichen von Land- und Forstwirtschaft. Natürlich hatte man bei den Erlassen zum Verbot der Waldweide nicht den Wald als Lebensraum im Sinn, sondern einen »gesunden« Forst mit reichem Holzertrag. Sicher hat sich damals auch kaum jemand Gedanken darüber gemacht, wie drastisch sich die Auswirkungen des Verbots der Waldweide auf unsere Natur auswirken würden. Vielleicht zum ersten Mal in der Geschichte unserer Heimat wuchsen jetzt großflächige geschlossene Waldgebiete heran. Immer noch durchzogen von Wegen und Wiesen, Äckern und Siedlungen. Da aber die Bausteine des Mosaiks der Habitate wesentlich größer geworden waren und die Trennlinien viel schärfer als zuvor, ist so auch unermesslich viel Lebensraum verloren gegangen.

Im 18. und 19. Jahrhundert wurden immer mehr Fichtenreinbestände angelegt, und die Fichte erhielt, besonders in Norddeutschland, den Beinamen »Preußenbaum«. Die straff organisierte preußische Forstverwaltung bewirtschaftete und bewachte die Plantagen. Weitab der Gebiete, die für die Fichte ein günstiges Klima haben, war die rasch wachsende Baumart dabei, zur unangefochtenen Nummer 1 im deutschen Wald und zum Brotbaum der Forstwirtschaft zu werden. 1763 entstand in Wernigerode im Harz eine erste Meisterschule für Förster. Ab sofort war das Pflanzen und Ernten von Bäumen institutionalisiert. Gleichzeitig nahm der Nutzungsdruck auf die Wälder ab, da zunehmend Kohle anstelle von Holz zum wichtigsten Brennstoff wurde.

Seit 250 Jahren nehmen Deutschlands Waldbestände, abgesehen von Rückschlägen durch die Weltkriege, stetig zu. Aber immer herrschte auch in dieser Zeit in Deutschland die Angst, der Wald könnte übernutzt und zerstört werden. Die im Ausland mitunter belächelte Sorge um das Waldsterben im späten 20. Jahrhundert mag darin begründet liegen. Und auch die Angst um den Wald, der vom Schalenwild übermäßig verbissen wird. Eine Sorge, die merkwürdigerweise vom Naturschutz übernommen wurde. Als Schalenwild werden in der Jägersprache Paarhufer wie Reh und Rothirsch und auch das Wildschwein bezeichnet. Tatsächlich verursachen knabbernde und beißende Tiere enorme Schäden. Einer Studie der Technischen Universität München zufolge ist der Schaden durch Wildverbiss im gesamtdeutschen Wald mit einem dreistelligen Millionenbetrag zu beziffern.

Wie passen diese Millionenschäden und die weiter oben beschriebenen Tierparadiese vergangener Zeiten voller hungriger Pflanzenfresser zusammen? Erträge und Schäden gibt es nur auf Produktionsflächen. Verbiss ist ein Problem für den Waldbesitzer, nicht für die Natur. In den Urlandschaften voller Bäume und Großtiere war das Wechselspiel zwischen Ausbreitung und Zurückdrängung der Gehölze Grundlage für die biologische Vielfalt. Im Wirtschaftswald, wo die meisten Bäume nicht dort wachsen, wo es der Zufall will, sondern möglichst zahlreich in Reih' und Glied stehen, sind diese Prozesse natürlich unerwünscht, weil sie die Produktivität stören. Unsere heutigen Wälder haben mit ursprünglicher Natur schlichtweg nicht viel gemeinsam. Sie sind dicht, dunkel und im Vergleich einförmig, während sie einst offen, lichtdurchflutet und extrem strukturreich gewesen sein müssen. Und vollertierischen Lebens, das den Wald erst zu dem machte, was er war: ein Paradies der Bäume *und* der Tiere. Der Vollständigkeit halber seien an dieser Stelle auch die Pilze erwähnt. Letztere spielen im Wald eine besonders wichtige Rolle und werden gerne vergessen. Vielleicht weil sie für uns nur dann zu sehen sind, wenn sie ihre Fruchtkörper ausbilden. Die tauchen wie aus dem Nichts auf, und manche von ihnen sprießen sogar aus noch lebenden Bäumen, wie der Buchen-Schleimrübling. Die Pilze stellen sogar ein eigenes Reich in der Natur dar und sind näher mit den Tieren verwandt als mit den Pflanzen, denen sie mit rund 14 000 heimischen Arten zahlenmäßig auch weit überlegen sind.

Stellen wir uns vor, es gäbe heute neben den erwähnten Pilzen, Insekten, Vögeln und kleinen bis mittelgroßen Säugern noch die Großtiere, die in früheren Warmzeiten bei uns lebten. Die eigentlich in unsere heutige Landschaft, in unser heutiges Klima und auch in unsere gegenwärtige erdgeschichtliche Epoche gehören: ein bis zwei Elefantenarten; mindestens eine Nashornart; mehrere, teils riesige Hirschverwandte; zwei oder mehr Pferdeartige; dann noch Büffel und Auerochse sowie das Flusspferd, und zwar exakt dieselbe Art, die wir heute beim Safariurlaub im tropischen Afrika aus dem Geländefahrzeug heraus knipsen können (siehe Bildtafel Großtiere). Warum sie alle nicht mehr da sind, sprich: ob sie einfach ausgestorben sind oder ausgerottet wurden, ist hier nicht weiter von Belang. Überall auf der Welt fällt zwar das Erscheinen des modernen Menschen zeitlich mit dem Verschwinden der Megafauna zusammen, und die Knochen der Großtiere finden sich in Höhlen rund um die steinzeitlichen Feuerstellen. Dennoch soll uns hier vornehmlich beschäftigen, wie sich die großen Pflanzenfresser auf die Urnatur ausgewirkt haben und wie sie sich heute auswirken würden, wenn sie noch da wären. Lediglich das kleine Reh ist heute noch im ganzen Land unterwegs. Schon der Rothirsch, als wenigstens etwas größerer Pflanzenfresser, darf sich in Deutschland nicht überall frei bewegen. Im Süden und Südwesten der Republik wurden dem »König der Wälder« im letzten Jahrhundert Rotwildgebiete zugewiesen, jenseits derer jedes Exemplar, das sich blicken lässt, abgeschossen wird. Das führt dazu, dass man außerhalb dieser Gebiete, die in Bayern nur 14 Prozent der Landesfläche ausmachen und in Baden-Württemberg gar nur vier, keinen Hirsch zu Gesicht bekommt, obwohl er hierher gehört.

Einst zogen Herden von Großtieren auf festen oder wechselnden Wegen übers Land, blieben an einem Ort, solange etwas zu fressen da war, und wanderten anschließend weiter. Sie hinterließen – mutmaßlich – ein Mosaik aus Lebensräumen, in denen von kahl gefressenen und aufgescharrten Flächen bis zum dichten, dunklen Wäldchen alles vorhanden war. Das legen auch die zahlreichen Versuche nahe, bei denen Naturschutzgebiete mit verschiedenen, wildtierähnlichen Haustieren beweidet werden. Das Resultat ist stets dasselbe: Die Artenvielfalt profitiert. Nicht umsonst gelten die alten Hutewälder, sofern überhaupt noch vorhanden, als enorm artenreich. »Hotspots der Artenvielfalt« werden sie gerne genannt. Je lichter und strukturell vielfältiger, desto besser. Es gibt natürlich Organismen, die dicht gewachsene Wälder als Lebensraum brauchen: Spezialisten für feuchte und kühle Böden, für bestimmte Moose und Pilze oder für beschattetes Totholz. Der Glatte Laufkäfer ist so ein Waldbewohner, der in kühlen Mischwäldern zwischen morschem Holz lebt. Dort macht er Jagd auf Würmer und Schnecken. Die Mehrheit der Insekten braucht jedoch Wärme und Sonnenlicht. Wohlbekannte Arten wie der Hirschkäfer gehören dazu. Und weniger bekannte, aber nicht weniger schöne, wie der Achtfleckige Augenbock. Viele Organismen gelten zwar als Waldarten, können aber in unseren modernen Forsten kaum leben, weil es hier schlichtweg zu dunkel ist. Kein Wunder, dass lichthungrige Arten wie der Frauenschuh, unsere größte und prächtigste Orchidee, so selten ist. Wahrscheinlich entspricht es dem Urzustand am ehesten, wenn eine Waldlandschaft beides hat: sonnige und schattige Bereiche, eng miteinander verwoben.

Die Anwesenheit von Großtieren hat nicht nur zur Folge, dass Licht und Wärme ins Waldesinnere dringen können. Im Dung der Kolosse leben Mistkäfer, die anderen Waldbewohnern als Nahrung dienen. In ihren Suhlen vermehren sich Unken und Molche, die auf solch schlammige Flachgewässer angewiesen sind. Auf umgeworfenen Baumstämmen entwickeln sich Insekten, die in stehendem Holz nicht leben können. In Trittsiegeln und an anderen Stellen, wo die Hufe der mächtigen Pflanzenfresser den Boden aufreißen, haben Wildbienen ihre Brutröhren. Diese Aufzählung ließe sich noch lange fortsetzen. Müsste man also fordern, die Forstwirtschaft umzukrempeln und alle Pferde und Rinder in die Wälder zu treiben? Nein! Das heißt, vereinzelt schon. Unser Wald ist gut und schön, so wie er ist. Er dient nun mal der nachhaltigen Produktion eines unserer wichtigsten Rohstoffe. Und erfüllt gleichzeitig seinen Zweck als Erholungsort für uns Menschen und als Lebensraum. Die meisten Waldbesitzer nehmen heute viel Rücksicht auf die Natur im Wald. Überall werden Höhlenbäume kartiert und als »Habitatbaum« stehen gelassen. Bruten von Schwarzstorch oder Seeadler führen zum Aussparen ganzer Waldbereiche aus der Nutzung. Im Staatswald sind mitunter Harvester unterwegs, nicht um Baumstämme zu rücken, sondern um Vertiefungen am Rand der Waldwege zu schaffen, die nach dem nächsten Regen den Gelbbauchunken als Wohnpfütze dienen. Die Liste der Naturschutzmaßnahmen im Wald ließe sich schier endlos fortsetzen, und die Landwirtschaft, jenseits der Waldränder, könnte sich von der Forstwirtschaft eine riesengroße Scheibe abschneiden.

Im Jahr 2007 verabschiedete das Bundeskabinett die Gesetzesvorlage, bis zum Jahr 2020 bis zu fünf Prozent des deutschen Waldes ohne jeglichen Eingriff des Menschen wachsen zu lassen. Dieses Ziel ist zwar weit verfehlt worden; es sind nicht einmal zwei Prozent des Waldes aus der Nutzung genommen. Obwohl es einen Wildnisfonds der Bundesregierung gibt, der mit jährlich zehn Millionen Euro gespeist wird, um Waldbesitzern die Nutzungsrechte abzulösen und den ökonomischen Verlust auf diesen Waldflächen zu kompensieren. Aber immerhin zeigt das Fünf-Prozent-Ziel, dass Wildnis eine große Bedeutung beigemessen wird. Auch wenn, wie oben ausgeführt, ein sich selbst überlassener Wald ohne den regulierenden Einfluss großer Pflanzenfresser kaum eine wirklich ursprüngliche Wildnis sein kann.

Ein Hinderungsgrund für das Aus-der-Nutzung-Nehmen von Wäldern ist sicher auch, dass zum ersten Mal seit 100 Jahren wieder vermehrt Holz als Heizmaterial eingesetzt wird – Tendenz steigend. Allein zwischen 1990 und 2010 hat sich die Nachfrage privater Haushalte nach Holz als Brennstoff verdoppelt! Der Wald ist ein riesiger Industriezweig, dessen Jahresumsatz bei 180 Milliarden Euro liegt und mit dem mehr als eine Million Arbeitnehmer ihre Brötchen verdienen; vom Waldarbeiter bis zum Drucker. Dennoch: Ohne Importe kann der zunehmende Holzhunger der Deutschen auf Dauer wohl nicht gestillt werden.

Die große Aufgabe aller, die mit dem Thema Wald zu tun haben, wird sein, ihn in seiner Vielfalt zu erhalten. Damit er auch in Zukunft all seine Aufgaben erfüllen kann: einerseits als Produzent von nachhaltigen Rohstoffen, andererseits als – immerhin naturnahes – Ökosystem, das vielen heimischen Tier- und Pflanzenarten eine Heimat bietet, zugleich aber auch als Ort der Ruhe und der Erholung für den Menschen sowie als »grüne Lunge« unseres Landes. Trotz aller Probleme, die jetzt und sicher auch in Zukunft auf den deutschen Wald zukommen, sollten wir optimistisch bleiben: Während der jahrtausendelangen Interaktion zwischen Wald und Mensch blieb Deutschland von einem ständigen Wechsel zwischen dem Niedergang, aber auch dem Wiederaufstieg des Waldes geprägt. Und wenn tatsächlich irgendwann fünf Prozent unserer Wälder aus der Nutzung genommen würden, dann wäre das ein Segen, und mir bliebe nur noch ein letzter, riesengroßer Wunsch: dass sie nicht einfach sich selbst überlassen bleiben und immer dichter und dunkler werden. Dass zumindest in einigen von ihnen wieder möglichst mehrere große Pflanzenfresser leben dürfen, so wie es über Jahrmillionen der Fall war. Und seien es die Abbildzüchtungen von ausgerotteten Arten wie Auerochse und Tarpan. Denn nur dann kann der Wald selbst ein Abbild eines Urwalds sein. Voller Tiere. Und Pilze. Und kleiner und großer Pflanzen.

Und wenn wir dann in einem solchen Wald spazieren gehen, kommen unsere Sinne mehr denn je zum Einsatz. Der Blick schweift über das Halbdunkel der Stämme, und wenn es hinter uns knackst, drehen wir uns wieder um, weil das uralte neurologische System des »Ohrmuschelausrichtens« zwar noch da ist, aber nicht mehr funktioniert. Und wenn wir Glück haben, entdecken wir dann eine Heckrindkuh mit ihrem Kalb oder eine Gruppe junger Konik-Wildpferde, die zusammen mit ein paar Rothirschen auf einer Lichtung stehen, von der ein vielstimmiges Abendkonzert der Waldvögel erklingt.

KAPITEL 6

# Pfirsichblütenfische

Ich gehe am liebsten mit leicht gesenktem Kopf durch die Natur. Keinesfalls weil ich Desinteresse zum Ausdruck bringen möchte, was ich als Kind gelegentlich in dieser Form auf den von meinen Eltern verordneten Museumsbesuchen getan hatte. Sondern weil ich seit frühester Jugend so gerne und mit wohl niemals erlahmender Begeisterung nach Reptilien Ausschau halte. Es hat für mich etwas geradezu Hypnotisches, an Saumstrukturen entlangzuschlendern und den Blick über all jene, oft nur Quadratdezimeter großen »Mikrohabitate« schweifen zu lassen, die sich als Liegeplatz für eine Schlange oder als Sonnenbank für eine Eidechse eignen. Saumstrukturen sind Grenzbereiche zwischen zwei Lebensräumen. Der Waldrand zum Beispiel. In unseren heutigen dichten und schattigen Wäldern können Reptilien in der Regel nicht existieren. Auf der anderen Seite ist eine Landschaft ohne jeden Baum und Strauch auch kein Dorado für Kriechtiere. Ganz anders die Linie, an der sich zwei solch einheitliche Lebensräume treffen. Hier hat die Eidechse ausreichend Sonne und genießt den Schutz der dichten Vegetation hinter ihr. Ergiebige Saumstrukturen sind auch Feldwege, Steinmauern,

Holzstapel oder Gewässerufer. Hier überall lohnt sich der gemächliche Pirschgang, das Vorantasten mit den Augen und Ohren. Am Rascheln kann ich die Echse von der Schlange unterscheiden. Was mir schon als Kind so gut an dieser Art der Naturerfahrung gefiel, war, dass man keinerlei Hilfsmittel dazu benötigt. Mein erstes Fernglas bekam ich folglich erst als Erwachsener, gewöhnte mich aber natürlich rasch an die Vorzüge der optischen Vergrößerung. Und es gibt ja noch weitere Hilfsmittel. Etwa um im wahrsten Sinne des Wortes in die Unterwasserwelt einzutauchen. Dazu ist mindestens eine Taucherbrille vonnöten. Da man bei dieser Form der Naturbeobachtung zwangsläufig nass wird und mitunter noch schwere Tauchausrüstung zum Einsatz kommt, fehlt dem Unterwasserspaziergang der versonnene, betrachtende Charme des Reptiliensuchens meist völlig. Was nicht heißt, dass es sich nicht lohnen würde, unter der Wasseroberfläche auf Entdeckungsreise zu gehen! Hier warten noch so viele ungesehene Naturgeschichten, die es zu erzählen lohnt. Deswegen bin ich in den vergangenen Jahren oft mit der Kamera abgetaucht. In tiefen Alpenseen, in der Nacht, unter Eis und tosenden Wasserfällen. Doch eines der schönsten Erlebnisse in unseren heimischen Gewässern hatte ich in einem lauwarmen, flaschengrünen Baggersee.

Als Naturschützer und Tierfilmer betrachte ich Neozoen, also absichtlich eingeführte oder versehentlich eingeschleppte Tierarten, natürlich mit Argwohn. Sie bergen die Gefahr, sich in ihrer neuen Heimat unkontrolliert zu vermehren und alteingesessene Arten zu verdrängen. Auch wenn das erfahrungsgemäß nur jedes tausendste Mal passiert. Die sogenannte Zehnerregel besagt nämlich, dass von 1000 eingeführten oder eingeschleppten Arten sich etwa 100 zunächst halten können. Zehn von ihnen behaupten sich auf Dauer, und nur eine Art wird zum Problem. Zu welcher dieser Gruppen ein tierischer Neubürger zählt, lässt sich allerdings nie vorhersagen.

Unsere Seen und Flüsse sind voll von Arten, die hier ursprünglich nicht vorkamen und die jetzt anscheinend unumkehrbar Teil unserer heimischen Fauna sind. Am Ufer vieler Gewässer ziehen Nutria, Mink, Nilgans und Mandarinente ihre Jungen groß. Unter der Wasseroberfläche schwimmen Sonnenbarsch, Blaubandbärbling, Goldfisch, Regenbogenforelle und Bachsaibling und viele andere Fische. Und ständig kommen neue Arten dazu, gefräßige Grundeln zum Beispiel. Sie wandern Wasserstraßen entlang, die mehr an Teichketten erinnern als an Flüsse, und überwinden im Schlepptau des Menschen ursprünglich strikt getrennte Flusssysteme. 1992 wurde der Rhein-Main-Donau-Kanal in Betrieb genommen und öffnete die Schleusen für massenhafte – und billigend in Kauf genommene – Faunenverfälschung. Fakt ist, dass es durchaus Fälle von Neuansiedlungen gibt, bei denen sich über einen langen Zeitraum keinerlei negative Auswirkungen feststellen lassen. Schon möglich, dass der Schaden bloß noch nicht erkannt wurde. Aber es ist ebenso möglich, dass sich eine betreffende Art einfach in die hiesige Gemeinschaft der Lebewesen integriert hat und nun Teil des Ökosystems ist. Und von ihr geht mitunter ein großer Zauber aus, wenn man sie denn einmal entdeckt. So wie in dem folgenden Fall.

Am Grunde sauberer, gerne leicht durchströmter Gewässer unterschiedlicher Art wachsen mitunter winzige Polypen, die es früher bei uns nicht gab. Sie sehen aus wie winzige Kegel aus der Kegelbahn und sind mit zwei Millimetern Körperlänge so klein und unauffällig, dass man Mühe hat, sie zu finden, obwohl man von ihrer Anwesenheit weiß und obwohl ihre Zahl in die Hunderttausende geht. Jahrelang bleiben diese Polypen am Gewässerboden festgewachsen. Aber wenn sich ein Sommer als besonders warm erweist, dann kommt ihre Zeit. Ab einer Wassertemperatur von 25° C verändert sich etwas bei den bis dato so unauffälligen Neubürgern. Dann knospen die kleinen Polypen am Gewässergrund, schnüren Köpfchen um Köpfchen ab. Die sehen aus wie kleine Glöckchen und wachsen und fangen an zu schlagen, und bald schwimmen Heerscharen von glasigen Süßwasserquallen durch ihr neues Reich.

Und an so einem Baggersee bei Ingolstadt stand ich im Hitzesommer 2003. Mein Freund Andi Hartl hatte von dem Auftreten erfahren, und wir hatten uns schnurstracks auf den Weg dorthin gemacht. Mit Badehose, aber nicht um zu planschen. Ich schnallte mir einen Gürtel mit Bleistücken um, setzte die Taucherbrille auf und sprang ins nicht so kühle Nass. Dann atmete ich ein paarmal tief durch meinen Schnorchel, machte einen halben Purzelbaum und schwamm ein paar Flossenschläge nach unten. Als ich mich wieder in Richtung Wasseroberfläche gedreht hatte, war ich wie verzaubert. Über mir – und um mich herum – schwammen Dutzende, nein: Hunderte kleine, pulsierende Quallen. Ein Anblick, den ich sonst nur aus dem Meer kannte. Goldgelbe Sonnenstrahlen stachen von oben durch das trübe, smaragdgrüne Wasser und ließen die Quallen im Gegenlicht aufleuchten wie Kunstwerke aus Milchglas. Ein Anblick, den ich wohl niemals vergessen werde.

Die walnusschalengroße Qualle stammt ursprünglich aus China, wo sie »Pfirsichblütenfisch« genannt wird. Die Reise zu uns hat sie wohl mit Wasserpflanzenexporten und über einen Umweg nach England absolviert. 1905 wurde sie zum ersten Mal in Deutschland gefunden. Seitdem – tragisch genug – die Sommer bei uns zunehmend wärmer werden, treten die Pfirsichblütenfische immer öfter in Erscheinung. Und trotz der zweifelhaften Hintergründe freue ich mich jedes Mal über sie. Ich verehre ihr zerbrechliches und auch urtümliches Wesen. Und bei aller Anmut erinnert mich ihre Erscheinung auch daran, wie weitreichend sich unser menschliches Handeln rund um den Globus auswirkt. Und das trifft vielleicht in ganz besonderem Maße auf die Gewässer zu.

## KAPITEL 7

# Lebensraum Fluss

Unter tiefem Rauschen und Schmatzen wälzen sich lehmbraune Locken aus Wasser über das Brückengeländer. Schaumkrönchen sausen vorbei, während die Fluten fast im Gleichtakt gegen den Betonkörper klatschen. Ein verkeilter Ast, von der Kraft der Strömung in Schwingungen versetzt, summt und wimmert, und es scheint, als würde der entfesselte Fluss ein Lied der Freiheit singen. Unweit der Szenerie, neben dem Schild »Straße wegen Überflutung gesperrt« stehe ich in Gummistiefeln mit Kamera und Presseausweis in der Tasche. Letzteren brauche ich allerdings nicht, denn man kennt mich hier. Das Flüsschen Isen, an dem ich wohne, weiß mal wieder nicht, wohin mit all dem Regenwasser der letzten Tage. Obwohl die Isen durchaus in gewundenen Bahnen durch ihr Tal fließt, ist ihr Lauf doch begradigt und ihre Aue kultiviert.

Dass Flüsse nach Starkregen über die Ufer treten und alles ringsumher überschwemmen können, macht einen Teil ihrer Faszination aus. Auch Seen sprengen manchmal den Rahmen und setzen das Land jenseits der ihnen vom Menschen zugewiesenen Ufer unter Wasser. Aber beim Fluss kommt das namensgebende Fließen hinzu, das unablässige Schieben, Zerren und Schwemmen in ein und dieselbe Richtung. Fließendes Wasser sorgt nicht nur für Überschwemmungen. Es ermöglicht auch den Transport von Schadstoffen über große Entfernungen hinweg und auf der anderen Seite auch eine gründliche Reinigung, wenn die Ursache einer Umweltbelastung erst beseitigt wurde. Der Rhein ist hierfür ein extremes Beispiel, wie wir noch sehen werden. Wir wollen in diesem Kapitel also unsere Flüsse näher betrachten, stellvertretend für die heimischen Gewässer insgesamt. Und wie wir noch sehen werden, ist ein Fluss ja nicht einfach nur ein Fluss …

Die schiere Kraft, die in fast 7000 Tonnen Wasser liegt, die die Donau normalerweise in jeder einzelnen Sekunde hinabfließen, lässt selbst die stärksten Maschinen menschlicher Ingenieurskunst blass aussehen. Im Rhein sind es 2000 Tonnen je Sekunde. In der Elbe immerhin noch 700. Bei Hochwasserereignissen vervielfachen sich die Wassermassen und die davon ausgehende Naturgewalt schlagartig. Im Mai 2013 war ganz Mitteleuropa von so einem Ereignis schwer betroffen. Sogenannte »atmosphärische Flüsse« lenkten riesige Wassermassen per Lufttransport nach Mitteleuropa. Atmosphärische Flüsse sind Bänder mit feuchtigkeitsgesättigter Luft, die aus den Tropen bis in die gemäßigten Breiten reichen. Sie sind mehrere Hundert Kilometer breit, mehrere Tausend Kilometer lang und können unvorstellbar große Wassermassen befördern. Ein solches »himmlisches Förderband« setzte sich also im Frühjahr 2013 in Bewegung und schaufelte Wasser nach Norden; vor allem nach Deutschland, Tschechien, Österreich und Polen. Was folgte, waren vielerorts die schwersten Hochwasser seit 100 Jahren und mancherorts sogar seit 500 Jahren oder noch länger. Reihenweise brachen die Deiche, Innenstädte wurden geflutet; der finanzielle Schaden allein in

Deutschland belief sich nach ein paar Tagen Dauerregen auf knapp sieben Milliarden Euro.

Von den Verwüstungen, die ein über die Ufer getretener Fluss an den Werken der Menschen anrichtet, soll hier nicht die Rede sein. Ich will diese keineswegs bagatellisieren. Auch stelle ich den unverbauten Wildfluss nicht über die Bedürfnisse der Flussanrainer (wobei weiträumig unbeeinträchtigte Flussauen natürlich den besten Hochwasserschutz darstellen). Als Naturschützer und Tierfilmer tue ich mich an dieser Stelle leicht und überlasse das komplizierte Vermitteln zwischen gesellschaftlichen, ökologischen und persönlichen Interessen der Politik. Ich konzentriere mich ganz auf den Wert natürlicher Fließgewässer, samt Hochwasser, für die Natur. Es gibt nämlich nicht nur Vertreter der heimischen Tierwelt, die Überschwemmungen vertragen. Es gibt auch eine ganze Menge, die sie brauchen!

Bevor unsere kleine Tierfilmschmiede richtig Fahrt aufnahm, arbeitete ich in einem ökologischen Gutachterbüro im Osten von München. Die Inhaber gehören zu den angesehensten Spezialisten für die Tierwelt der heimischen Gewässer. Deswegen hatte man sie mit einem Gutachten über den geplanten Ausbau der Schifffahrtsstraße auf der Donau zwischen Straubing und Vilshofen in Ostbayern beauftragt. Das bedeutete ganz konkret, dass die Gewässerbiologen Ulli Heckes und Monika Hess und ihre Mitarbeiter, darunter ich, mehrmals im Jahr 200 sogenannte Probestellen aufsuchten, um nachzusehen, was dort an Kleintieren lebte. Das ist nämlich überaus aufschlussreich, denn viele Unterwasserkrabbeltiere gedeihen nur unter ganz bestimmten Umweltverhältnissen, so dass man aus ihrer Anwesenheit Rückschlüsse auf den Zustand des Gewässers ziehen kann. Es lässt sich aus der Kleintierfauna sogar ablesen, ob Grundwasser im Spiel ist oder ob das Wasser moorig ist, ob Fische darin leben oder nicht etc. Wichtig ist natürlich herauszufinden, ob vom Aussterben bedrohte Wasserinsekten darin vorkommen, die von der geplanten Baumaßnahme betroffen werden würden. Der Gesetzgeber schreibt nämlich vor, dass der Eingriff ausgeglichen wird, damit die Roten Listen nicht noch länger werden.

Mit Keschern in allen Größen förderten wir Vertreter der unterschiedlichen Wasserbewohner zu Tage: Köcherfliegen, Wasserkäfer, Schnecken, Egel, Muscheln und andere. Das Keschergut kam aus dem Fanggerät auf ein weißes Leintuch, das wir zuvor am Gewässerrand ausgebreitet hatten. Auf dem einheitlich hellen Untergrund kann man auch kleinste Krabbelbewegungen zwischen Algen und Wasserpflanzen wahrnehmen, Arten gleich vor Ort bestimmen oder Proben nehmen, um schwierige Arten später im Labor zu definieren. Gekeschert wurde von uns in allen möglichen Gewässertypen im Untersuchungsgebiet. Von Quellrinnsalen bis zum Donauufer, von grundwassergespeisten Tümpeln im Deichhinterland bis zu sogenannten Seigen im Überschwemmungsbereich, die überhaupt nur bei Hochwasser ein Gewässer bilden und den Rest des Jahres nicht mehr sind als trockene Mulden. Solche Flutmulden waren für mich immer besonders interessant, und ich erinnere mich noch genau, wie mir einmal im Sommer des Jahres 1995 im wahrsten Sinne des Wortes der Atem stockte und ich Herzklopfen bekam angesichts dessen, was da aus meinem Kescher auf das Leintuch plumpste …

Das Leben in Pfützen und Tümpeln begeistert mich schon seit Kindertagen, vor allem weil man hier besondere Amphibien finden kann, namentlich Frösche, Kröten, Unken und Molche. Tiere, die ich liebe! Viele von ihnen vermehren sich ausschließlich in derartigen Kleinstgewässern, weil hier keine

Fische und andere Räuber leben, die die Amphibienlarven fressen würden. Das hatte ich früh verstanden. Erst später kam ich darauf, dass auch die Wasserinsekten, Weichtiere, Krebse und andere Organismengruppen ausgemachte Spezialisten in ihren Reihen haben, die man ausschließlich in solchen Gewässern finden kann, die immer wieder austrocknen. Und was für prachtvolle Spezies darunter waren! Kaum war ich volljährig und Inhaber eines Führerscheins, unternahm ich regelmäßig Touren durch ganz Mitteleuropa – mitunter wegen ganz besonderer Pfützen. Ich hatte die Urzeitkrebse für mich entdeckt, genauer die Blattfußkrebse, eine uralte Tiergruppe, die den Planeten seit Hunderten von Millionen Jahren bevölkert. Sie teilen sich in drei ziemlich unterschiedlich anmutende Sippen auf: Da wären einmal die Muschelschaler, die so heißen, weil sie dank ihres zweiteiligen Panzers voller Wachstumsringe aussehen wie eine schwimmende Muschel, aus der lauter Beinchen ragen. Dann die oft ziemlich farbenfrohen Feenkrebse, die stets auf dem Rücken schwimmen und keinen Panzer haben, dafür aber jede Menge elegant schlagender Blattfüße, mit deren Hilfe sie voller Anmut ihre Bahnen ziehen. Und schließlich gehören noch die Schildkrebse dazu, die salopp gesagt aussehen wie kleine umgedrehte Bratpfannen mit einem am Ende gegabelten Stiel. Und so einen urzeitlichen Schildkrebs hatte ich plötzlich am Donauufer vor mir auf dem Sortiertuch: einen leibhaftigen *Triops cancriformis.*

Der urtümliche Krebs war fast zehn Zentimeter lang und sah wahrlich archaisch aus, wie ein Tier aus der Saurierzeit. Dabei ist er gewissermaßen noch älter! Der bei uns heimische Sommerschildkrebs (es gibt hierzulande noch eine zweite Art, die kälteres Wasser bevorzugt und passend »Frühjahrsschildkrebs« heißt) ist sogar die älteste noch existierende Tierart der ganzen Welt! Schildkrebsfossilien aus der Trias, dem

Abschnitt der Erdgeschichte vor Jura und Kreide, also den Zeitaltern der Dinosaurier, lassen sich derselben Art zuordnen wie der Krebs, der sich auf dem weißen Leintuch vor mir hin- und herwand. Trotz ihres sehr speziellen Lebensraumes hat es diese Art über 200 Millionen Jahre offenbar nicht nötig gehabt, sich zu verändern. Eine schier unglaubliche Vorstellung! Der Fund wurde notiert, und das bemerkenswerte Tierchen kam wieder zurück in seine trübbraune Seige. Ich blickte über das Kleingewässer, das ganz still in einigem Abstand zur träge, aber kraftvoll dahinfließenden Donau in der Wiese lag. Es war erst vor wenigen Wochen geflutet worden, nicht einmal knietief und würde bestimmt in den kommenden 14 Tagen wieder austrocknen. Das war für den besonderen Krebs allerdings kein Problem. Die raffinierte Überlebensstrategie von *Triops* und den anderen Urzeitkrebsen kannte ich ja bereits. Sie wachsen sehr schnell und können schon zwei Wochen nachdem sie als Larve geschlüpft sind, selbst Eier produzieren. Die sinken dann auf den Boden ihres temporären Lebensraumes und fallen mit ihm trocken. Dann können sie ganz ohne Zeitdruck lange auf die nächste Überschwemmung warten. Wenn es sein muss, sehr lange. Wissenschaftler vermuten, dass die Dauereier der Urzeitkrebse viele Jahrzehnte und vielleicht sogar Jahrhunderte in einem Zustand des »Untotseins« überdauern können, ohne Stoffwechsel und ohne merklichen Alterungsprozess, aber lebensfähig. Nach einem kurzen Regenguss schlüpfen die Krebse auch nicht gleich. Denn wenn sich das Wasser nur ein paar Zentimeter hoch sammelt und tags drauf wieder verschwunden ist, bleibt ihnen ja zu wenig Zeit. Sie warten darauf, bis genügend Wasser in ihrer Seige steht, der Pegel so hoch ist, dass sie sich bis zum Trockenfallen der Flutmulde mehrfach häuten und erfolgreich vermehren können. Diese Strategie erstaunt selbst

Biologen immer wieder aufs Neue und hat mehr als 200 Millionen Jahre lang bestens funktioniert.

Ein Tier, das ganz und gar darauf setzt, dass es Überschwemmungen gibt, ist der lebende (und manchmal untote) Beweis dafür, dass Überschwemmungen zur Natur gehören. Schildkrebse, Feenkrebse und Muschelschaler gibt es auch abseits der Flüsse. Sie können überall dort auftauchen, wo sich regelmäßig große und tiefe Pfützen bilden. Auf Truppenübungsplätzen etwa oder im Lebensraum großer Tiere, die sich immer wieder an derselben Stelle suhlen (auch wenn es das kaum mehr gibt). Oder in großen Geländevertiefungen wie dem Eichener See in Baden-Württemberg. Ein »temporärer« See, der sich nach starken Niederschlägen füllt und dann bis zu drei Meter tief ist und mehr als zwei Hektar überspannt. Kurz darauf wimmelt es in seinen Fluten von *Tanymastix stagnalis*, einem jener rückenschwimmenden Feenkrebse. Ein paar Wochen später sind Wasser und Krebse wieder verschwunden. Das Hauptverbreitungsgebiet des Dutzends an Urzeitkrebsarten, die bislang bei uns gefunden wurden, liegt jedoch in den Flussniederungen, in den Geländevertiefungen neben dem Flusslauf, die sich nach Starkregen und Überschwemmung füllen. Der Vorteil für die durchwegs bestandsbedrohten Krebschen liegt auf der Hand: Anfangs gibt es kaum Feinde in ihrem frisch gefluteten Lebensraum. Keine Fische, keine Libellenlarven, keine Raubwasserkäfer, keine Wasserwanzen. Ihre Nahrung dagegen, winzige Schwebealgen, entwickelt sich sofort explosionsartig und ist von Anfang an verfügbar. Bis sich all ihre Fressfeinde eingestellt haben, die sich gerne den Bauch mit den Krebschen vollschlagen, Watvögel wie der Bruchwasserläufer zum Beispiel, sind die Urzeitkrebse mit ihrer Entwicklung fertig, haben Eier gelegt, und ihr Fortbestand ist gesichert. Die Existenz der Lebewesen in der Natur ist stets danach ausgerichtet, sich erfolgreich zu vermehren. Nicht danach, möglichst lange zu leben.

Ihre Existenz verdanken die Urzeitkrebse also dem Fluss, in dessen Aue sie sich entwickeln. Der beginnt seinen Lauf irgendwo an einer Quelle als munter aus dem Boden sprudelndes Grundwasser. Auf seinem Lauf in Richtung Mündung vereinigt er sich als Bächlein mit anderen Bächen, als Flüsschen mit anderen Flüssen und wächst so immer weiter, bis aus ihm schließlich ein richtiger Fluss oder sogar ein breiter Strom wird. Am Ende seines Laufes mündet er in einen See oder ins Meer. Der Fluss ist also nicht nur Fluss, sondern hat viele Gesichter, die darüber entscheiden, welche Bedingungen in ihm herrschen und welche Tiere dort leben. Ein Fließgewässer, das weniger als einen halben Meter breit ist, gilt als Rinnsal; bis fünf Meter Breite als Bach. Mit einem Fluss hat man es zu tun, wenn sich die Bäume an seinen Ufern nicht mehr über das Gewässer hinweg mit den Zweigen berühren. Ein Strom, so die Definition, hat eine Länge von mindestens 500 Kilometern und mündet ins Meer, so wie Rhein, Donau und Elbe. Die Einteilungen wirken ein wenig willkürlich, und viele Geowissenschaftler vermeiden derart strenge Kategorien, da die Übergänge von der einen zur anderen buchstäblich fließend sind. Alle zusammen bilden sie jedenfalls ein Netz aus Fließgewässern, das ein Prozent der Landesfläche bedeckt und eine Gesamtlänge von erstaunlichen 400 000 Kilometern hat.

Die Entstehung und Entwicklung unserer Flüsse fand im Wesentlichen während der letzten zweieinhalb Millionen Jahre statt – im Quartär. Dem Eiszeitalter, das von einem mehrfachen Wechsel zwischen längeren Kaltzeiten und kürzeren Warmzeiten geprägt ist. Im Süden unserer Heimat beeinflussten die wiederholten dramatischen Klimaveränderungen das Relief und den Wasserhaushalt der Alpen sehr. Am Ende jeder der zurückliegenden Kaltzeiten (die gemeinhin gerne fälschlich als »Eiszeit« bezeichnet werden) führte das Abschmelzen der Eismassen zu einer Druckentlastung des Gebirges und dadurch zu einer Anhebung. Damit verbunden waren wiederum Risse und Brüche im Gestein, die das anfallende Schmelzwasser aus den sterbenden Gletschern in Bahnen lenkten. Durch die konstante Kraft von Eis und Wasser entstanden schließlich ganze Talsysteme. Auch in den Mittelgebirgen waren die Kalt- und Warmzeiten verantwortlich für die Entstehung von Fließgewässern. Dort wurden während der Gletschervorstöße in den erdgeschichtlichen Kaltzeiten Fluss- und Talläufe blockiert und später wieder freigegeben. Bereits existierende Fließgewässer wurden mitunter umgeleitet und in ganz neue Bahnen gelenkt. Anders die Fließgewässer Mittel- und Norddeutschlands mit ihren großen Schlingen, durch die sich gemächlich der Fluss windet. Derartige Gewässerformen entstehen bei geringem Gefälle, ohne den im wahrsten Sinne des Wortes gewichtigen Einfluss des Gletschereises. Flachlandflüsse unterliegen aber dennoch formenden Naturgewalten. Die wichtigste davon bringen sie selbst mit: Hochwasser. Wenn im reißenden Wasserstrom große Mengen Bodengrund, Sand und Schlamm mitgeführt und zudem massenhaft Blätter, Äste und Baumstämme herangeschwemmt werden, kann sich ein Fluss ganz plötzlich den eigenen Weg versperren und gezwungen sein, sich einen neuen zu suchen. Wasser ist bei seinem schwerkraftbedingten Streben nach einer tiefer gelegenen Position nicht aufzuhalten. Es staut sich, bis es sich irgendwann Bahn bricht, wenn nötig auch natürliche Uferbefestigungen einreißt und alte Wege verlässt. Bevor der Mensch die Flüsse »zu zähmen« begann, verlegten sie regelmäßig ihren Lauf.

Die dabei verlassenen Flussschleifen sind »Altarme«, solange sie zwar nicht mehr durchströmt werden, aber wenigstens noch auf einer Seite Anschluss an den Fluss haben. Ein »Totarm« dagegen ist völlig vom Fluss getrennt. Nur aus der Vogelperspektive sieht man ihm noch an, dass er einst Teil des Flusses war. Nun liegt er neben dem Strom wie ein lang gestreckter, bogenförmiger Weiher. Seine pflanzlichen und tierischen Bewohner sind jetzt ganz andere als zuvor. Weil in ihm immer mehr Wasser- und Sumpfpflanzen wachsen und er peu à peu mit organischem Abfall der Umgebung aufgefüllt wird, Falllaub etwa, verlandet der Totarm immer mehr. Sein Wasserstand wird von Jahr zu Jahr niedriger, und irgendwann steht nur noch dann das glitzernde Nass in der ehemaligen Flussschlinge, wenn es stark geregnet hat und der Fluss nach heftigen Niederschlägen seine Umgebung unter Wasser setzt. Das wiederum muss nicht durch ein sichtbares, oberflächliches Überfluten geschehen. Der steigende Wasserdruck presst das kühle Nass auch durch den Untergrund; füllt quasi von unten Totarme und Geländesenken in der Flussaue. Dann schlüpfen vielleicht aus Abertausenden kleinen Dauereiern wieder winzige Krebslarven, die sich binnen weniger Tage zu fingerlangen Urzeitkrebsen entwickeln. Über Jahrhunderttausende waren unsere Flüsse solchen und anderen Kräften der Natur unterworfen. Dann trat der Mensch an ihre Ufer, als scheinbar allmächtiger Gestalter. Kaum ein Gewässer, das in der Folge nicht völlig sein Gesicht verändert hat. Flüsse waren vom Beginn der menschlichen Besiedelung unseres Landes an Magneten, weil sie Verkehrsweg und Nahrungsquelle zugleich sind. Das verraten schon die Gewässernamen. Aller, Iller, Inn, Main, Werra – oft geht der Name auf ein altes Wort mit entsprechender Bedeutung zurück. So lebe ich mit meiner Familie nicht weit des Flüsschens Isen, welches wohl die Kelten einst »Isana« tauften, was so viel bedeutet wie »die rasch Fließende«. Der Name Rhein hat seinen Ursprung im altgermanischen Wort »Reinos«, was »großer Fluss« bedeutet. Die Elbe geht auf das Wort »Albia« zurück, was ganz einfach »Fluss« bedeutet, aber auch »hell« und »weiß«. Der Name Donau hat seinen Ursprung in dem indogermanischen Wort »Danu«, das ebenfalls nichts anderes als »fließendes Wasser« bedeutet. Der Neckar heißt vermutlich wegen seines ungestümen Laufs nach einem urtümlichen Wort für »losstürmen«. Interessanterweise waren für unsere Vorfahren manche Flüsse männlich, andere weiblich, wobei Letzteres die Regel war.

Flüsse waren die »Arterien«, über die man transportierte, was in den Siedlungen benötigt oder hergestellt wurde. Bevor Dampf- und später Motorschiffe den Warentransport auf den Flüssen übernahmen, war neben dem Flößen das Treideln jahrhundertelang eine bewährte Methode, bei der Lastkähne vom Ufer aus von Pferdegespannen gezogen wurden. Dafür legte man an einem oder beiden Ufern sogenannte Treidelpfade an, schmale Wege, auf denen die Pferde, durch Taue mit dem Kahn verbunden, die Schiffe entgegen der Strömung ziehen konnten. Selbst größere Frachtschiffe, voll beladen mit exotischen Waren aus fernen Ländern, konnten so weit ins Inland gelangen. Kein Wunder, dass viele frühe Handelszentren an solchen Wasserstraßen entstanden. Schon die Römer bevorzugten die Ufer der Flüsse zur Stadtgründung. Bekannte Beispiele am Rhein sind Köln, Mainz oder Worms. Römische Städte an der Donau sind Straubing, Regensburg und Passau. Seit der Regierungszeit des Kaisers Tiberius, der kurz nach dem Beginn der Zeitrechnung herrschte, bildete die Donau auch die Nordgrenze des Römischen Reiches, die die Römer von den »Barbaren« trennte. Mehr als 450 Jahre

Betagte und sterbende Bäume sind wertvolle Lebensräume. Zahlreiche Spezialisten unter den Tieren und Pilzen leben von und auf ihnen. Foto: Jan Haft

1 Blick von Süden über den Grünsee (1474 m ü.M.) auf den Königssee (603 m) im Nationalpark Berchtesgaden. Unten hat der Frühling bereits Einzug gehalten, während oben noch Eis und Schnee liegen. Foto: Jan Haft

2 Grundmauern zweier Almkaser der aufgelassenen Trischübel-Alm (1764 m) im Nationalpark Berchtesgaden. Foto: Jan Haft

3 Die Gotzenalm (1685 m), mehr als einen Kilometer oberhalb des Ostufers des Königssees gelegen, wird seit mehr als 1200 Jahren bewirtschaftet. Foto: Jan Haft

4 Auf Almweiden profitieren Orchideen und andere seltene Pflanzen vom Vieh, solange der Besatz nicht zu hoch ist. Foto: Jan Haft

1 Totholzreiche Lichtung im Bergwald: Lebensraum zahlreicher alpiner Arten. Foto: Jan Haft

2 Smaragdgrüner Regenwurm (*Aporrectodea smaragdina*), ein Bewohner rotfaulen Holzes im Bergwald. Foto: Jan Haft

3 Rindenschröter (*Ceruchus chrysomelinus*): ein kleiner und seltener Vertreter der Hirschkäfer, der sich in rotfaulem Nadelholz entwickelt. Foto: Jan Haft

1 Ein Bartgeier (*Gypaetus barbatus*) streicht vom Horst ab. Krumltal, Rauris (Nationalpark Hohe Tauern). Foto: Jan Haft

2 Der Alpensalamander (*Salamandra atra*) ist ein Bewohner lichter Bergmischwälder mit feuchtkühlem Klima. Foto: Jan Haft

3 Die Gämse (*Rupicapra rupicapra*) ist auf kühle Berglagen spezialisiert. Foto: Jan Haft

2
3

1 Die Eisenhuthummel (*Bombus gerstaeckeri*) ist in ihrem alpinen Lebensraum auf das Vorkommen verschiedener Eisenhutarten angewiesen. Foto: Jan Haft

2 Edelweiß (*Leontopodium nivale*) gedeiht weniger, wie der Volksmund sagt, im steilen Fels, sondern vielmehr im steinigen, alpinen Rasen. Foto: Jan Haft

3 Zwerg-Alpenrose (*Rhodothamnus chamaecistus*). Der Zwergstrauch besiedelt kalkreiche, sonnige Lagen in den Ostalpen. Foto: Jan Haft

LEBENSRAUM WALD

1 Ein Drittel Deutschlands ist bewaldet. Ein Viertel davon sind Fichtenwälder, meist in Form angepflanzter Monokulturen. Foto: Jan Haft

2 Abgestorbener Fichtenbestand. Geraten standortfremde Fichtenforste unter Stress, haben Feinde leichtes Spiel. Foto: Jan Haft

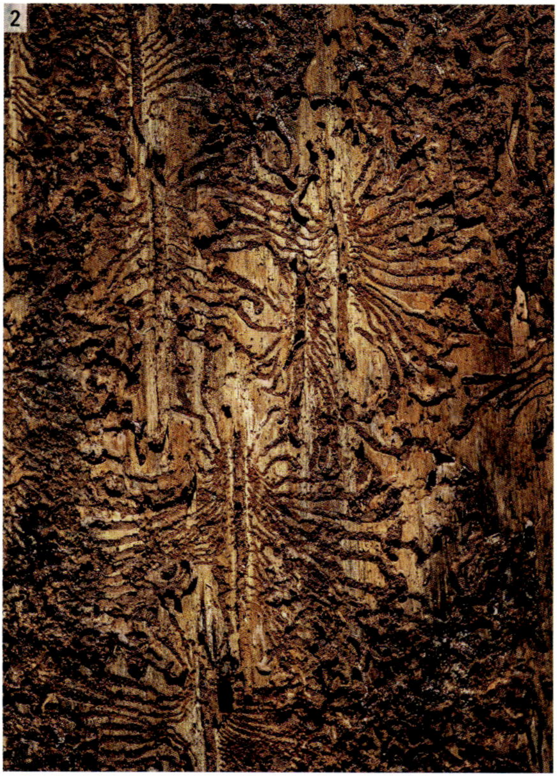

1 Der Buchdrucker (*Ips typographus*), eine Käferart aus der Unterfamilie der Borkenkäfer, befällt geschwächte Fichten und kann ganze Forste schädigen.
Foto: Jan Haft

2 Das Fraßbild des Buchdruckers erinnert an die linierten Seiten eines aufgeschlagenen Buches. Daher hat der kleine Käfer seinen Namen.
Foto: Jan Haft

3 Frisch geschlüpfter Buchdrucker mit noch gelblichem Chitinpanzer. Aus einem Weibchen dieser Art können im Laufe eines Jahres mehr als 100 000 Nachkommen hervorgehen. Foto: Jan Haft

1 Wassergefüllte Wagenspur in einem Wirtschaftswald. Ein wertvoller Ersatzlebensraum für seltene Tiere, die auf Kleinstgewässer angewiesen sind. Foto: Jan Haft

2 Die Gelbbauchunke (*Bombina variegata*) ist mit ihrer schlammfarbenen Oberseite in ihrem »Lebensraum Pfütze« gut getarnt. Foto: Jan Haft

3 Auf der Bauchseite präsentiert die Gelbbauchunke eine Warntracht, die Angreifer vor ihrer Giftigkeit warnt. Foto: Jan Haft

4 Reh (*Capreolus capreolus*). Von ehemals einem guten Dutzend großer Pflanzenfresser ist das Reh die einzige (und kleinste) Art, die auch heute noch flächendeckend in Deutschland vorkommt. Foto: Jan Haft

1 Dass die Urwälder in Mitteleuropa in grauer Vorzeit flächendeckend geschlossen und dunkel waren, wird von der Wissenschaft zunehmend in Zweifel gezogen. Foto: Jan Haft

2 Der Buchen-Schleimrübling (*Mucidula mucida*) besiedelt geschwächte und abgestorbene Rotbuchen und trägt zum Abbau von Totholz bei. Foto: Jan Haft

3 Der Frauenschuh (*Cypripedium calceolus*) wächst bevorzugt in warmen, lichten Wäldern. Foto: Jan Haft

3

1

2

3

1 Glatter Laufkäfer (*Carabus glabratus*). Sein Lebensraum sind lichte, aber feuchte Wälder mit alten Bäumen und einem möglichst großen Totholzanteil. Foto: Jan Haft

2 Der Achtfleckige Augenbock (*Mesosa curculionoides*) gilt als »Urwald-Reliktart«. Der seltene Käfer bevorzugt warme, lichte Laubmischwälder. Foto: Jan Haft

3 Der Schneckenkanker (*Ischyropsalis hellwigii*) ist eine Reliktart vergangener Kaltzeiten. Er lebt in alten, strukturreichen Wäldern mit feuchtkühlem Klima. Foto: Christian Komposch

Auwaldrest am regulierten Inn, nördlich Rosenheim (Bayern). Bei Hochwasser können sich die Flüsse nicht mehr beliebig in ihrem Tal ausbreiten. Foto: Jan Haft

1 Jedes Jahr ziehen Hunderte Nasen (*Chondrostoma nasus*) aus dem Inn in die Mangfall, um an traditionellen Plätzen im flachen Wasser abzulaichen. Foto: Nautilusfilm / Kay Ziesenhenne

2 Beim Ablaichen im knöcheltiefen Wasser befruchten mehrere Nasen-Männchen den Rogen, den das Weibchen ins Wasser abgibt. Foto: Andreas Hartl

3 Nasen waren in früheren Jahrhunderten so häufig, dass man sie zur Laichzeit mit Körben aus dem Wasser schöpfte, um mit ihnen die Schweine zu mästen. Foto: Jan Haft

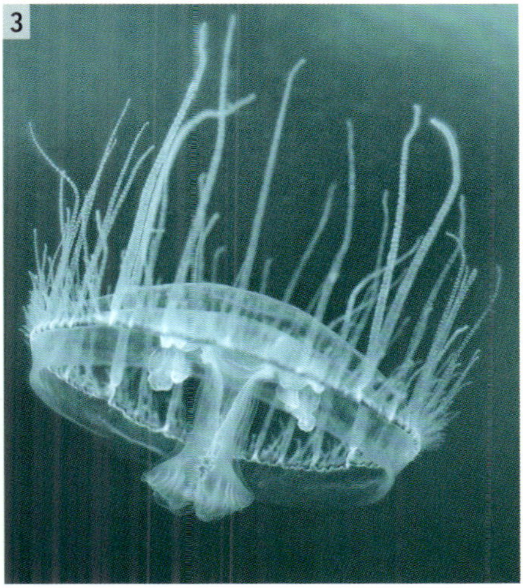

1 Abertausende Süßwasserquallen (*Craspedacusta sowerbii*) schwimmen in einem Baggersee in Nordbayern. Foto: Andreas Hartl

2 Unsere Süßwasserquallen stammen ursprünglich aus China und wurden weltweit verschleppt. Sie treten sporadisch in sauberen, nährstoffarmen Gewässern inner- und außerhalb der Flussauen auf. Foto: Andreas Hartl

3 In ihrer chinesischen Heimat wird die Süßwasserqualle auch »Pfirsichblütenfisch« genannt. In Deutschland sind bislang mehr als 1000 Fundorte bekannt geworden, vor allem in Bayern, Baden-Württemberg und Nordrhein-Westfalen. Foto: Andreas Hartl

1 Die kleinen Flüsse oberhalb der Schifffahrtsstraßen sind häufig durch Querverbauungen reguliert: das Aus für wandernde Fischarten und andere Organismen. Foto: Andreas Hartl

2 Kanalisierter Fluss. Neben den Einträgen von Giften, Düngemitteln und Sedimenten aus der Landwirtschaft ist die Gewässerverbauung das Hauptproblem unserer Fließgewässer. Foto: Andreas Hartl

3 Elritzen (*Phoxinus phoxinus*) in Laichfärbung. Verbauung und Verschlammung der Fließgewässer haben die Bestände der heimischen Kleinfische stark dezimiert. Foto: Andreas Hartl

lang war sie als »nasser Limes« die Grenze des römischen Imperiums. Bis der Einfall der Alemannen und Franken im Jahr 259/260 schließlich den Untergang und Verfall der römischen Städte an Deutschlands Flüssen besiegelte.

Der Mensch besiedelte die Flussufer aber nicht einfach nur. Schon früh versuchten die Siedler die Flüsse nach ihren Vorstellungen umzugestalten. Am Ende des achten Jahrhunderts wollte Karl der Große, mit einem für seine Zeit geradezu gigantischen Bauprojekt, der »Fossa Carolina«, dem »Karlsgraben« also, Altmühl und Rezat und damit Donau und Rhein verbinden – ein früher Vorläufer des Rhein-Main-Donau-Kanals. Erst viele Jahrhunderte später, im Jahr 1992, wurde diese künstliche Wasserstraße, mit all ihren negativen Begleiterscheinungen für die Artenvielfalt, Realität. Ausgrabungen aus dem Jahr 2013 zeigten, dass das Bauprojekt Karls des Großen tatsächlich gelang, auch wenn der Karlsgraben nur wenige Jahre lang von der Handelsschifffahrt genutzt wurde. Er gehört zu den bedeutendsten Ingenieurleistungen des frühen Mittelalters. Dass dabei Tierarten benachbarter, aber ursprünglich vollständig getrennter Gewässersysteme in Austausch geraten und Arten in großem Stil in Nachbarflüsse einwandern und dort unter Umständen andere Arten auslöschen könnten, war zu Zeiten Karls des Großen wahrscheinlich keine Überlegung.

Bauprojekte, die die Flussläufe unserer Heimat »meliorieren« sollten, führten aber selbst für die menschlichen Anrainer nicht immer zu einer Verbesserung. Ein Beispiel hierfür ist die Begradigung des Oberrheins, die der Karlsruher Ingenieur Johann Gottfried Tulla im Jahr 1817 begonnen hatte und die am 31. Dezember 1876 vollendet wurde. Nach Tullas Überzeugung galt: »In kultivierten Ländern sollten Bäche, Flüsse und Ströme Kanäle sein und die Leitung der Gewässer in der Gewalt der Bewohner stehen.« Gesagt, getan. Der Lauf des Rheins wurde 18-mal durchstochen. Die alten Flussschlingen wurden teilweise zu- und Dämme aufgeschüttet. Der Rhein war nun begradigt, um 90 Kilometer verkürzt und bis Basel auch für große Schiffe befahrbar. Doch diese Maßnahmen blieben nicht ohne Folgen. Der Rhein floss jetzt wesentlich schneller und begann sich immer tiefer in den Boden einzugraben. Dadurch sank der Grundwasserspiegel ab. Bei Hochwasser konnten sich die Wassermassen nicht mehr in den Rheinauen ausbreiten, sondern rauschten in ihrem begradigten Bett flussabwärts. Der Ingenieur Tulla hatte die Hochwassergefahr also nicht gemindert, sondern nur flussabwärts verschoben und letztlich vergrößert.

Die Begradigung und Verbauung unserer Flüsse war aber nicht das Einzige, was ihnen zusetzte. In einem Ausmaß, das wir uns heute kaum vorstellen können, wurden die deutschen Flüsse noch vor wenigen Jahrzehnten verunreinigt und vergiftet. Der Missbrauch begann mit der Industrialisierung. Anfang des 19. Jahrhunderts begann die Herstellung von Schwefelsäure in großem Stil, die unter anderem in der Papier- und Textilherstellung unentbehrlich war. Die dabei anfallenden Rückstände, wie Chlorwasserstoff und Kalziumsulfid, kamen – selbstverständlich ungeklärt – in das nächste Fließgewässer. In Kohleregionen geschah dasselbe mit versalztem Grubenwasser. Flüsse wie die Wupper flossen vor fast 200 Jahren schon mal leuchtend bunt dahin, weil Rückstände aus den Textilfärbereien in ihnen entsorgt wurden. Beschwerden aus der Bevölkerung gab es auch damals. Aber die Behörden unternahmen nichts, weil sie weder die Fabrikanten vergrätzen noch Arbeitsplätze gefährden wollten. Eine Argumentation, die auch heute noch oft zu vernehmen ist.

Als später im 19. Jahrhundert künstliche Farbstoffe auf Teerbasis entwickelt wurden, um bunte und billige Kleidung auf den Markt bringen zu können, gelangten immer giftigere Rückstände in die Flüsse. Arsenhaltiges Abwasser führte zu weitverbreitetem Fischsterben, etwa 1884 im Main. Die Palette an künstlichen Farben wurde immer breiter und mit ihnen die der chemischen Rückstände. Das Leben der Menschen wurde zunehmend farbenfroh. Die Pracht der Flüsse ging derweil vor die Hunde. Schuld daran war aber nicht die Industrie allein. Aus den Städten und Dörfern gelangten proportional zur wachsenden Bevölkerung immer mehr Fäkalien in die Flüsse. Dazu Schlacht- und andere Gewerbeabfälle. 1876 beantragte die Teerfarbenfabrik Kalle in Biebrich am Rhein bei den Behörden, »sämtliche von der Fuchsin-Fabrikation stammenden Brühen in den Rheinstrom laufen lassen zu dürfen«. Die Aufsichtsbehörden stimmten zu, trotz Protesten von Bürgern, Hoteliers und Fischern. 1889 stellten Chemiker der industrienahen Flusskommission fest, dass auf jeden Arbeitsplatz in der Binnenfischerei fast 400 in der abwasserverursachenden Industrie kamen. Und schlussfolgerten, weil der wirtschaftliche Wert der Industrien tausendmal größer sei als der Wert der Binnenfischerei, sei auch die Einleitung der Abwässer aus den Fabriken »notwendig und berechtigt«. 1897 definierte der oberste Gerichtshof des Deutschen Reichs brav den Fluss als eine »von der Natur gegebene Abflussrinne für das vielfach mit fremden Stoffen vermischte Wasser, das zu Wirtschaftszwecken gedient hat und künstlich fortgeschafft werden muss«. Die Zeit des Niedergangs der Flüsse und ihrer Tierwelt war an ihrem Höhepunkt angelangt.

Am 1. März 1960 trat in der Bundesrepublik Deutschland das Wasserhaushaltsgesetz in Kraft, das Wasserrecht, das erstmals die Flüsse und Seen Deutschlands schützt. Der Rhein, an dessen Ufern ein Fünftel der westeuropäischen Industriebetriebe lag, war dennoch bis weit in die 1980er Jahre der mit Abstand am stärksten verschmutzte heimische Fluss. 1986 rüttelte schließlich ein dramatischer Chemieunfall die Menschen wach. Am 1. November geriet in der Nähe von Basel am Rhein eine Lagerhalle der Firma Sandoz (heute: Novartis) in Brand. Während der Brandbekämpfung wurden mit dem Löschwasser 30 Tonnen Pflanzenschutzmittel in den Rhein gespült, wo sie auf einer Strecke von 400 Kilometern ein massives Fischsterben auslösten, von Wasserinsekten, Schnecken, Krebsen und anderen Organismengruppen ganz zu schweigen. Bis weit in den burgengesäumten Mittelrhein starben die Aale; Schätzungen zufolge allein 150 000 Tiere.

Allerdings: Einmalige Katastrophenereignisse kann der Lebensraum Fluss einigermaßen verkraften, weil er ja ständig durchspült und in kurzer Zeit Arten aus den weniger oder nicht betroffenen Abschnitten in das Gebiet der Umweltkatastrophe einwandern. Viel schlimmer ist im Grunde genommen das »normale« dauerhafte und kaum sichtbare Kontaminieren des Flusses mit Stoffen, von denen man im ersten Moment gar nicht annehmen würde, dass es sich bei ihnen um Schadstoffe handelt. Was das Wasserrecht nämlich kaum in den Griff bekam (und nach wie vor nicht bekommt), waren neuartige Eintragungen in die Flüsse aus der Landwirtschaft. Ab den 1970er Jahren kamen plötzlich fast flächendeckend teils hochgiftige Spritzmittel auf die Äcker und gelangten nach Starkregen oder über das Grundwasser in die Flüsse. Neue landwirtschaftliche Maschinen erlaubten zudem eine massive Ausweitung des Feldbaus. Die Landwirtschaft wurde zunehmend industrialisiert und rückte in dieser wenig umweltschonenden Form immer näher an die Gewässer heran.

Selbst im Feuchtgrünland in den Flussauen, von den Bauern jahrhundertelang als Viehweiden und später als zweischürige Mager- und Streuwiesen bewirtschaftet, kamen auf einmal Kunstdünger und Gülle zum Einsatz. Stoffe, die nach Einschwemmung in den Fluss ihre wachstumsfördernden Eigenschaften an ungewollter und zerstörerischer Stelle entfalten. Von ihnen profitieren einige großwüchsige Algenarten, die die Vielfalt an Mikroorganismen verdrängen. Die wiederum stehen in der Nahrungskette ganz unten als eines der ersten und wichtigsten Glieder. Fehlen sie, gerät das Flussökosystem ins Wanken.

Ironischerweise führte die Förderung regenerativer Energien vielerorts zu einer Verschlechterung des Gewässerzustands. Die Subventionierung der Stromerzeugung in Biogasanlagen veranlasste viele Bauern, ihre Wiesen umzubrechen und Mais oder andere Energiepflanzen anzubauen. Auch in Flussauen. Besonders bei Starkregenereignissen gelangt dann der Ackerboden in Form von feinen, gelösten Sedimenten in den Fluss. Dort setzen sie sich am Gewässerboden ab, verstopfen mit der Zeit das Lückensystem im Kies. In der Folge verenden die Wasserorganismen, die hier leben. Und dazu gehören auch viele Fische. Nicht als erwachsene Tiere natürlich, aber als Eier. Die meisten Flussfische laichen über sauerstoffreichen, sauberen Kiesbetten ab, wo sich ihre Eier geschützt und mit Frischwasser umspült entwickeln können. Ist der Flussboden verschlammt, ersticken die Fischeier, Nachwuchs bleibt aus und die Fischart stirbt aus. Aus diesem Grund ist die Barbe weitgehend aus der Isen vor meiner Haustüre verschwunden. Aus demselben Grund hat sich die Bachforelle aus sehr vielen kleinen Bächen zurückgezogen und viele andere wenig bekannte Fischarten auch. Der Schneider etwa oder die Äsche und der Hasel. Selbst die kleinsten Fließgewässer sind heute oft so verschlammt, dass nur noch ein trauriger Rumpf ihrer einstigen Fauna vorhanden ist. Nicht weit von unserem Haus winden sich kleine Bächlein durch das Isental, samt bachbegleitendem Galeriewäldchen. Sie schmücken die Landschaft im FFH-Gebiet, aber das hilft den Bachbewohnern nicht. Einst plätscherte das Wasser munter über Kies- und Sandboden. Heute blubbert es aus einer dicken Auflage aus Faulschlamm. Ältere Einwohner erinnern sich noch an die Zeiten, als es in diesen Bächlein von Elritzen wimmelte. Zur Laichzeit im Mai stellen die fingerlangen Fische ein derart buntes Laichkleid zur Schau, dass sie es spielend mit jedem Fisch aus dem Amazonas oder dem Kongo aufnehmen können. Dass Kinder heute in den Bächlein im Isental kaum mehr Elritzen fangen und über ihre Pracht staunen können, halte ich für einen tragischen Verlust. Ganz abgesehen von der nun unausgefüllten Rolle im Naturhaushalt, die dieser Kleinfisch einst hatte. Und sei es nur als Nahrung für die Eisvögel, die an den Steilufern an der Isen bis heute ihre Brutröhren haben. Nach jedem Hochwasser, das durch die Bächlein rauscht, liegen Dutzende leere Bachmuschelschalen herum. Lebende Muscheln gibt es in der Isen und ihren kleinen Nebenbächen keine mehr. Eine traurige Bilanz der landwirtschaftlichen Intensivierung in einer Flussaue, in der es noch vor wenigen Jahrzehnten keine Maisäcker, sondern nur Weiden und Heuwiesen gab.

Sedimentablagerungen gibt es in unseren Fließgewässern natürlich auch von Natur aus. Falllaub aus dem Auwald, vermodernde Ästchen, Exkremente und tote Tiere schlagen sich irgendwann als feinste Teilchen nieder. Nach dem nächsten Hochwasser ist der Laichplatz der Fische jedoch wieder blitzblank geputzt. Ist das Hochwasser stark genug, kann es durch das Umwälzen des Flussbodens sogar neue Kiesbänke und

Laichplätze schaffen, die dann natürlich so sauber sind wie ein frisch eingerichtetes Aquarium. Kommt zu den natürlich anfallenden Schwebstoffen jedoch noch tonnenweise Ackerkrume hinzu, ist das System Fluss überfordert und kann sich nicht mehr selbst reinigen.

Hochwasser ist also kein Unfall in der Natur, keine Katastrophe. Es ist ein natürliches und notwendiges Phänomen, und zahllose Arten sind von Kopf bis Fuß darauf eingestellt. Nicht nur im Fluss selbst. Die Auen der Flussniederungen haben eine Schlüsselrolle als gigantische »Schwämme«, weil sie die Wassermassen aufnehmen und ihren Abfluss bremsen. Die Tiere, die hier leben, haben Strategien, um nicht unterzugehen, wenn der Wasserpegel steigt. Rotgelbe Knotenameisen etwa. Sie haben ihren Bau zwischen Moos und moderndem Laub im Auwaldboden. Hier unten regiert die Königin in ihrem dunklen, feuchten Schloss und legt Eier. Und sie hat das Zepter nicht alleine in der Hand! Bei den Knotenameisen sind meist mehrere Königinnen im Staat, oft sogar viele Dutzend! Entsprechend hoch ist die Vermehrungsrate, und entsprechend kopfstark ist das Volk. Mehrere Tausend Arbeiterinnen kümmern sich dann um die schlüpfenden Larven, halten sie sauber und sorgen für ihre Ernährung. Futter beschaffen sie auf Sammel- und Jagdausflügen in den Auwald. Die Sechsbeiner laufen tastend und witternd durch Wäldchen aus Bärlauch- oder Buschwindröschenstängeln, schleichen vielleicht um überreif herabgefallene, lackrote Kornelkirschen. Sie klettern auch hinauf in die Sträucher und Bäume. Sobald sie ein Gliedertier entdecken, das schwächer ist als sie, packen sie zu und transportieren die Beute in Richtung Bau. Alles, was Energie liefert, wird eingetragen. Auch Aas oder Honigtau, also die Ausscheidungen von Pflanzensaft saugenden Läusen. Im Dunkel des Baus weiß jede Ameise, wo es langgeht, und erfüllt ihre Aufgaben: Füttern, Reinigen, Bauen, während es draußen begonnen hat zu regnen. Die Ameisen bemerken den Witterungswechsel sofort. Das Wasser, das in kleinen Tröpfchen vom Himmel und in dicken großen Tropfen von den Auwaldbäumen fällt, verursacht ein charakteristisches zweistimmiges Trommeln. Die Ameisen füttern, putzen und bauen weiter; und es regnet weiter. Der Waldboden saugt das Regenwasser in scheinbar beliebiger Menge auf, aber nur scheinbar. Nachdem es viele Stunden stark geregnet hat, ist der Boden gesättigt. Das Wasser beginnt sich zu stauen und oberflächlich zusammenzufließen. Jetzt bilden sich überall im Auwald kleine Pfützen, zunächst fast unmerklich wegen des Falllaubs, das den Boden bedeckt. Unser Knotenameisennest liegt ein paar Zentimeter höher als die Umgebung, weil die Königin, die den Staat einst gegründet hatte, damals in einen morschen Baumstamm eingezogen ist, der sich bis heute wie ein kleiner, von Moosen überzogener Damm über den umgebenden Auwaldboden erhebt. Nur ein paar Zentimeter. Von rechts und links kommt auf einmal Wasser. Es dringt durch Ritzen und Spalten und beginnt die tief gelegenen Kammern im Knotenameisennest zu fluten. Immer schneller kommt das Nass. Die Ameisen machen ihrem Namen alle Ehre und werden »emsig«; scheinen erneut jede für sich zu wissen, was jetzt zu tun ist. Ein Teil der Arbeiterinnen stürmt in die Nestkammern, in denen der Ameisennachwuchs gelagert ist. Jede von ihnen packt ein Ei, eine Larve oder eine Puppe und strebt hektisch dem Nesteingang zu. Mittlerweile dringt Wasser auch hier ein. Einige Arbeiterinnen klammern sich mit ihren Fußkrallen am Untergrund fest und tauchen flüchtenden Geschwistern und dem steigenden Pegel entgegen in die geflutete Larvenkammer. Derweil am Nesteingang: Gewimmel, aber keine kopflose Rennerei in alle Richtungen!

Die Königinnen sind an der Oberfläche erschienen und werden, eine um die andere, von einer Traube von Arbeiterinnen umringt. Immer mehr Arbeiterinnen versammeln sich. Die Trauben vereinigen sich zu einer wabernden Schicht roter Ameisenleiber. Das Wasser steigt weiter, und die Ameisen rücken immer näher zusammen, liegen in mehreren Schichten übereinander: in der Mitte die Königinnen, obenauf die Brut. Ein lebendiges Floß aus Insekten ist entstanden, das mittlerweile eine Handbreit über dem Nesteingang dümpelt. Das Wasser steht jetzt nicht mehr nur einfach über dem Ameisennest. Es hat Fahrt auf- und Strömung angenommen. Auf einmal lassen wie auf ein geheimes Zeichen alle Ameisen los, die sich mit ihren Kiefern in Halme verbissen und so das Ameisenfloß verankert hatten. Der schwimmende Teppich aus rotgelben Insektenleibern aller Altersklassen treibt davon. Und wird, sobald der Wasserstand sinkt, irgendwo anders anlanden. Dann wird dieser perfekt organisierte Staat einen neuen Hohlraum im Boden beziehen. Es kann durchaus sein, dass die Fähigkeit, sich bei Überschwemmungen einfach mit Sack und Pack davontreiben zu lassen, ein Grund dafür ist, dass die Rotgelbe Knotenameise zu den erfolgreichsten und häufigsten heimischen Ameisenarten zählt. Ähnliche Anpassungen finden sich auch bei vielen anderen Spezies der Flussaue. Der selektive Druck, also die ganz physische Belohnung bzw. Bestrafung von Anpassung bzw. Nichtanpassung an das »Überschwemmtwerden«, ist ja ziemlich unmittelbar.

Der Lebensraum Flussaue, in dem die Knotenameisen und all die anderen Hochwasserspezialisten leben, ist weitgehend aus unserer Landschaft verschwunden. Vier Fünftel der natürlichen Überflutungsflächen sind durch Flussverbauung und -begradigung verloren gegangen, durch Deiche und Dämme vom Fluss abgeschnitten. Mitte des letzten Jahrhunderts dauerte es noch 65 Stunden, bis eine Hochwasserwelle im Rhein von Basel nach Karlsruhe schwappte. Heute sind es nur noch 30. Auch die Elbe, die in Abschnitten wegen ihrer verbliebenen unverbauten Ufer in ihrem Mittellauf als Naturjuwel gefeiert wird, wurde gründlich verändert. Ganze 13 Prozent der ursprünglichen Überflutungsflächen sind ihr geblieben; ihr Lauf wurde (Tschechien und Deutschland zusammengenommen) um etwa 100 Kilometer verkürzt. Ein natürlicher Fluss zeichnet sich durch Untiefen und einen wechselnden Verlauf aus. Die Fahrrinne in der Elbe braucht eine durchgängige Mindesttiefe und darf sich nicht verlagern. Sicher, der Warentransport auf der Wasserstraße ist wesentlich klimafreundlicher als jener mittels Lkw. Damit die verhältnismäßig umweltfreundliche Schifffahrt jedoch funktioniert, muss die Wasserlandschaft an die menschlichen Bedürfnisse angepasst werden. Dabei spielt die Größe der Schiffe eine unerwartete Rolle, denn der Treibstoffbedarf steigt nicht in gleichem Maße wie die Schiffslänge. Je größer der Frachter, desto umweltschonender sozusagen. Allerdings muss die Fahrrinne dann noch tiefer und breiter sein. Und beim künstlichen Vertiefen eines Flusses steigen die negativen Auswirkungen auf die Umwelt überproportional an.

Auch bei der geplanten neunten Vertiefung der unteren Elbe zwischen Hamburg und der Mündung in die Nordsee befürchten Naturschützer gravierende Umweltschäden.

Die Befürworter führen ins Feld, dass die neuesten und größten Frachter der Welt heute den international bedeutenden Seehafen Hamburg nur noch bei Flut oder auch überhaupt nicht ansteuern können. Die Gegner halten dagegen, dass durch eine weitere Vertiefung Feuchtgebiete im Elbumland trocken fallen und Arten aussterben könnten.

Eine solche durch den Elbausbau gefährdete Spezies ist der Schierlings-Wasserfenchel, ein unscheinbar blühendes Kraut, das es nur hier gibt, nordöstlich von Hamburg. Und wenn schon, mag man sich vielleicht sagen: Würde das Gewächs verschwinden, gäbe es nur eine von knapp 10000 heimischen Pflanzenarten weniger. Die Ausbaugegner – und ihnen schließe ich mich an – halten dagegen, dass der Lebensraum, einmal unbewohnbar geworden für das bedrohte Kraut, auch für zahllose andere Arten weniger geeignet ist. Ganz abgesehen davon, dass jede Spezies, für die wir Verantwortung tragen, ein Eigenrecht auf Existenz hat. Die Elbvertiefung hat aber nicht nur für die Lebensräume links und rechts der Ufer Folgen. Im Fluss selbst kommt es zu starken Veränderungen. Die Brackwasserzone, in der sich das Salzwasser der Nordsee mit dem süßen Flusswasser mischt, verlagert sich nach oben, in Richtung Hamburg, weil verstärkt Meerwasser in den nun tieferen Fluss eindringen kann. Tiere und Pflanzen des Mündungsgebietes, die mit einem erhöhten Salzgehalt nicht zurechtkommen, verlieren ihren angestammten Lebensraum. Und das sind noch nicht alle Befürchtungen seitens der Umweltschützer.

Vor allem in kleineren Flüssen, die nicht als Wasserstraße dienen, setzt eine andere Art der Nutzung dem Ökosystem zu. Sie sind vielfach durch Staumauern in Abschnitte unterteilt, die die Fische ober- und unterhalb voneinander trennen. Das Wasser schießt bei seinem Weg gemäß der Schwerkraft nach unten durch Turbinen, um Strom zu erzeugen. Fische, die auf dem Weg zu ihren Laichplätzen den Fluss hinaufziehen, kommen da nicht durch. Als das Problem einmal erkannt war, begann man vereinzelt Aufstiegshilfen zu bauen, in denen die Fische in kleinen, stark strömenden und sich windenden Nebengerinnen die Sperre im Fluss umschwimmen können.

Allerdings funktionieren diese »Fischtreppen« nicht immer wie gewünscht. Hinzu kommt, dass die Jungfische beim Abstieg im Fluss oft nicht die Umgehung nehmen, sondern in die Turbinen der Kraftwerke gezogen werden. Bis zu 90 Prozent der Jungfische gehen so mancherorts verloren. Mehr als 7000 Wasserkraftwerke versperren an ebenso vielen Stellen in Deutschland Fischen den Weg. Und nicht alle von ihnen verfügen über Aufstiegshilfen. Wasserkraft ist eine saubere Energiequelle, unbestritten. Allerdings wird auf diese Weise nur etwa dreieinhalb Prozent des Strombedarfs der Republik gedeckt. Und das mit derart weitreichenden Nebenwirkungen! Die Querbauwerke versperren nämlich nicht nur den Fischen den Weg. Auch Geschiebe, also vom Fluss mitgeführtes Gesteinsmaterial, bleibt vor den Stauwerken liegen. Dort wird es mit der Zeit zu viel und muss kostspielig ausgebaggert werden. Dahinter fehlt es, weil der Fluss, der sich immer tiefer in sein Bett gräbt, nichts mehr mitführt, was diese Gräben auffüllen kann.

Immerhin: Die in den letzten Jahren fast überall deutlich gestiegene Wasserqualität lässt hoffen. Bleiben vorerst noch die Belastungen durch Düngemittel und Sedimente sowie die fehlende Durchgängigkeit der Gewässer. Für verschiedene vom Menschen ausgerottete Flussfische laufen Wiederansiedelungsprojekte. Mit einem Millionenaufwand wird seit Jahren versucht, den Lachs wieder heimisch zu machen. Noch ist das Unterfangen nicht gänzlich gelungen. Aber es gibt gute Aussichten auf Erfolg. An einigen Laichplätzen in sauberen Rheinzuflüssen laichen wieder Lachse, die von ganz alleine aus dem Meer hierher zurückschwimmen.

Auch beim vor 100 Jahren ausgerotteten Maifisch, einem Verwandten des Herings, versammeln sich wieder vermehrt

Exemplare an den angestammten Laichplätzen. Etwas schwieriger, wenn auch nicht entmutigend ist die Situation bei den größten Fischen unserer Flüsse, ja bei den größten Süßwasserfischen der Welt! Einst schwammen fünf verschiedene Störarten in den heimischen Flüssen, die allesamt durch die oben beschriebenen Umstände im letzten Jahrhundert aus der Fauna Deutschlands verschwanden: der Europäische und der Baltische Stör aus Nord- und Ostsee sowie Sterlet, Waxdick und, als größte Störart überhaupt, der Hausen aus der Donau. Ein wahrer Koloss von bis zu fünf und mehr Metern Länge und einem Gewicht von einer Tonne und darüber. Aber auch die beiden Störarten aus Nord- und Ostsee sind Giganten und nicht allzu viel kleiner als der Hausen. Vor gut 100 Jahren brachen ihre Bestände in Rhein, Elbe und anderen Flüssen fast schlagartig zusammen. Die Bestände der Riesenfische, die erst in einem Alter von 20 Jahren geschlechtsreif werden und 150 Lenze auf dem knochenschildbewehrten Buckel haben können, waren zunehmend geplündert worden. Gleichzeitig störten Industrieabwässer und Gewässerverbauung ihre Vermehrung, so dass diese Flussmonster auf einmal weg waren, nachdem sie sich über Jahrhunderttausende in unseren Flüssen wohlgefühlt hatten.

Auch hier gibt es gute Nachrichten. Seit den 1990er Jahren gibt es Programme zur Wiederansiedelung der beiden Störarten in Nord- und Ostsee. Federführend ist das Leibniz-Institut für Gewässerbiologie und Binnenfischerei, das zusammen mit mehreren Partnern die wissenschaftlichen Grundlagen erarbeitet hat und gezüchtete und importierte Fische auswildert. Dabei gab es eine handfeste Überraschung. Nachdem man zunächst gedacht hatte, dass der Baltische Stör spätestens seit der Jahrtausendwende ein für alle Mal ausgestorben sei, stellte sich heraus, dass er durchaus noch existiert – in Amerika und Kanada! Das bewiesen Vergleiche des Erbgutes, bei denen sogar rekonstruiert werden konnte, dass dieser Atlantische Stör die Ostsee erst vor etwas mehr als 1000 Jahren erobert hatte. Nun helfen staatliche und nichtstaatliche Naturschutzinstitutionen ihm, wie auch dem Europäischen Stör in der Nordsee, beim Rückerobern seines Lebensraums und setzen Zehntausende Jungstöre aus. Da die Riesen im Alter von etwa 15 Jahren erstmals aus dem Meer in die Flüsse ziehen, um dort über kiesigem Grund abzulaichen, ist Geduld gefragt, bis klar ist, ob das Projekt Erfolg hat. Immerhin: Es werden immer wieder heranwachsende Störe von Berufsfischern und Anglern gefangen. Und das ist auch erwünscht! Denn auf diese Weise erhalten die Projektkoordinatoren Daten über den Verbleib der Fische. Die Fischer beteiligen sich nämlich bereitwillig und unterstützen das Wiederansiedelungsprojekt. Die gefangenen Störe werden nicht etwa gebraten, sondern nur fotografiert, zurückgesetzt und anschließend gemeldet. Auch wenn manch einem Petrijünger dabei das Wasser im Munde zusammenlaufen mag. Die Überfischung der Störe im 19. Jahrhundert hatte ja ihren Grund. Und zwar in erster Linie, dass das eiweißreiche und grätenfreie Störfleisch hervorragend schmeckt. Von den Störeiern – dem Kaviar – ganz zu schweigen.

Neben den großen Wanderfischen wie Lachs und Stör gibt es natürlich auch kleine Arten, die das Schicksal ihrer großen Brüder teilen, so der Stint, der ebenfalls vom Meer in die Flüsse zieht, um sich zu vermehren. Andere Arten wandern innerhalb der Flüsse, ziehen zum Laichen von großen Flüssen in kleinere Zuflüsse mit flachem und sauerstoffreichem Wasser, wie etwa die Nase. Im Frühjahr 2020 durfte ich mit der Kamera den Nasenlaichzug in der Mangfall beobachten, einem kleinen Zufluss zum Inn in Bayern. Aus dem glitzernden, kaum knöcheltiefen Wasser ragten mehrere Hundert schuppige Rücken heraus, jeder in einem geradezu artig wirkenden Abstand zum anderen. Worauf warteten die Fische? Immer wieder kam von unten, aus dem tieferen Wasser, ein Nasenweibchen den Fluss hochgeschwommen und bahnte sich den Weg durch die wartenden Männchen. Die kamen dann von beiden Seiten herbei, schmiegten sich an das Weibchen, um ihm mittels Berührung mitzuteilen, dass sie bereit seien. Es vollzog sich ein plötzlicher Laichakt, bei dem das größere Weibchen und mehrere Männchen eine Art »Delphinsprung« aus dem Wasser machten und währenddessen Eier und Sperma – »Rogen« und »Milch« – abgaben. Einst waren die Nasen so häufig, dass die Bauern sie mit Körben aus dem Wasser schöpften, um die Schweine zu mästen oder die Felder mit den Fischmassen zu düngen. Heute ist auch die Nase eine bedrohte Fischart.

Ganz gleich, ob fingerlang oder tonnenschwer – alle Wanderfische benötigen als Existenzgrundlage durchgängige Flüsse und durch Gift, Dünger und Schlamm möglichst wenig belastetes Wasser. Und es gibt ja noch mehr Organismen, die unter der unvorstellbaren Misshandlung unserer Flüsse gelitten haben: Krebse, Schnecken und Muscheln etwa, die ebenfalls die Roten Listen füllen. Sie alle haben ein Eigenrecht auf Existenz, darauf würden sich heute wohl die meisten Menschen verständigen. Und sie alle tragen zu einem möglichst vollständigen und funktionierenden Ökosystem bei, ganz abgesehen davon, dass manche Art, wie der Stör, gut schmecken mag. So ist die Forderung nach ordentlich gefilterten Abwässern und einem gehörigen Abstand zwischen Feld und Flussufer mehr als berechtigt. Auch die nach der Rücknahme von Sperren und Querverbauungen oder, wo das nicht möglich ist, zumindest nach einer Umgehungsstrecke für die Tiere. Die Lösung wird wohl immer in einem Kompromiss bestehen, aber er sollte beide Seiten, Mensch und Natur, ausreichend berücksichtigen. Ganz gleich, ob an einem kleinen Flüsschen oder am großen Strom.

Eine vollkommen naturbelassene Elbe fordert natürlich niemand, das wäre völlig unrealistisch. Aber im Gedankenexperiment ist eine Elbe ganz ohne den Einfluss des Menschen durchaus interessant! Aus dem Bild, das dabei entsteht, lassen sich nämlich Ideen ableiten für bestehende oder neue Schutzgebiete am Fluss. Und um zu wissen, wie die Elbe in naturbelassenem Zustand heute aussähe, ist es spannend zu rekonstruieren, wie der Fluss einst tatsächlich aussah. Bei dieser imaginären Rückschau sind die letzten Jahrtausende zur Orientierung allerdings nicht brauchbar. Seit der ausgehenden Weichsel-Kaltzeit leben immer mehr Menschen an der Elbe und beeinflussen die Landschaft. Und sei es anfangs »nur«, dass sie die großen Tiere jagten und vertrieben, die ihrerseits die Auenlandschaft gestalteten. Also reisen wir in Gedanken noch weiter zurück, in eine Epoche vor der letzten Kaltzeit. Ins Eem, als es ähnlich warm war wie heute und sogar noch etwas wärmer. Damals gab es zwar schon längst Menschen auf dem Gebiet des heutigen Deutschlands. Und auch sie hatten längst Waffen, die geeignet waren, große Tiere zu erlegen. Die bislang weltweit ältesten Holzwaffen wurden in Niedersachsen gefunden. Ein Wurfstock und mehrere Holzspeere. Frühmenschen hatten sie vor etwa 300 000 Jahren aus Fichtenholz geschnitzt und damit schon damals Jagd auf Wasservögel und Pferde gemacht. Die menschliche Bevölkerungsdichte war in der Eem-Warmzeit aber wohl nicht sehr hoch. Zumindest war die Artenausstattung mit großen Pflanzenfressern, soweit sich das rekonstruieren lässt, noch vollständig: Neben Pferden, Eseln, Auerochsen, Wasserbüffeln und Steppenbisons zogen mehrere Elefanten-, Nashorn- und Hirscharten durch das Land, welches wir heute unsere Heimat nennen, und damit auch durch das Urstromtal der Elbe. Werfen wir also einen schwärmerischen, aber nicht unrealistischen Blick auf eine Mittlere Elbe ohne den Einfluss des Menschen, ohne Jagd, ohne Schifffahrt, ohne Flussverbauung, im Jahr 120 000 vor der Zeitenwende:

Berge angespülter und ineinander verhakter Baumleichen türmen sich hinter weiten Flussschlingen und stauen den Fluss, der nach einem Regen riesige Landesflächen mit flachem Wasser bedeckt. Sein Lauf verästelt sich immer wieder in zahllose Gerinne. Über dem glitzernden Elbwasser tanzen Wolken aus Eintagsfliegen. An den Ufern stehen hie und da Herden von großen Tieren, um zu trinken und das saftige Grün abzuweiden, das auf dem gehaltvollen Aueboden wächst. Aus Überflutungspfützen und schlammigen Suhlen ertönt eine Kakophonie aus Unken- und Froschrufen. Vereinzelt stehen riesige Eichen mit gewaltigen Stämmen in der Landschaft. Überhaupt ist der Fluss nicht von einer undurchdringlichen Wildnis gesäumt, in der Versumpfungen, Schlingpflanzen und umgestürzte Bäume ein Vorwärtskommen unmöglich machen würden. Wie überall, wo es etwas zu fressen gibt, tauchen gelegentlich Großtiere auf und schaffen durch ihr Fressen und Trampeln einen Fleckenteppich aus kleinen und großen Freiflächen. Allerdings nicht nach dem Tabula-rasa-Prinzip wie auf einer Weide, auf der zu viele Rinder oder Pferde eingesperrt sind. Sobald die bevorzugten Gräser wie Seggen und Schilf abgeweidet sind und die wehrhaften und weniger schmackhaften Gewächse dominieren, ziehen die Pflanzenfresser weiter. Ihre Wege durch die Flusslandschaft gleichen schlammigen Autobahnen, auf denen sich die Erdschollen übereinandertürmen. Dazwischen haben Hunderte Tierhufe Tausende Trittsiegel hinterlassen, in denen sich Regenwasser gesammelt hat. An deren Rand lauern goldgrün schimmernde Langbeinfliegen auf Insektenlarven und kleine Würmer. Einer der Großtierpfade führt zum Rand des Urstromtales, wo an einem Geländeabbruch eine sandige Trockensuhle liegt. Hier wälzen sich die Pelzträger, um Parasiten aus dem Fell zu scheuern. Die Luft ist von Staub erfüllt, der im Licht der Morgensonne golden leuchtet. Und vom Gesumm Abertausender Wildbienen, die in der Abbruchkante ihre Brutstollen haben. Eine kleine Gruppe von Wildpferden zieht wieder runter zum Fluss, um zu grasen. Dort dümpeln drei Wasserbüffel, liegen halb im Schlamm vergraben und zupfen satt und zufrieden an den Blättern von Schwerlilie und Igelkolben, die vom Ufer aus in die träge, aber majestätisch dahinfließende Elbe hineinwachsen …

Bei dieser Betrachtung stellt sich die Frage, ob jene Pflanzen, die nicht abgefressen werden, mit der Zeit nicht die Oberhand gewinnen und alles überwuchern? Wird dann nicht doch alles ein undurchdringlicher Dschungel aus schlecht schmeckenden oder giftigen Gewächsen? Dem hat »Mutter Natur« in Form einer Jahrmillionen langen Evolution auch in unseren Breiten vorgebeugt. Denn von Natur aus gab es ja bei uns nicht nur wilde Pferde und Rinder. Sondern ein Sortiment von 26 großen pflanzenfressenden Tieren. Viele von ihnen haben auch irgendwann einmal am Ufer der Elbe gestanden, um sich an dem zu bedienen, was da wächst. Die Nahrungsgewohnheiten der verschiedenen Arten waren sicher sehr unterschiedlich, so wie bei Hirsch und Reh. Während der größere Rothirsch gerne ausgiebig grast und dazwischen Blätter von jungen Bäumchen zupft, ist das Reh ein Spezialist für gehaltvolle Triebe, Knospen, Blüten und Früchte. Wildbiologen bezeichnen das Reh deswegen als »Selektierer«.

Welche Pflanzenarten und -teile unsere ausgerotteten Großtiere einmal bevorzugt haben, lässt sich natürlich nur erahnen. Einmal mehr ein Fall von »Forensischer Ökologie«, dem Rekonstruieren von ökologischen Zusammenhängen, die in der Vergangenheit liegen. Der Auerochse dürfte in puncto Appetit dem Hausrind geglichen haben, bis auf die verdrückte Menge vielleicht. Der Europäische Wasserbüffel, der in vergangenen Warmzeiten zu den häufigen Großtieren an der Elbe gehört haben dürfte, wird Ähnliches gefressen haben wie sein Cousin, der Asiatische Büffel, der seit mehr als einem Jahrtausend in Südosteuropa gehalten wird und dort eine ähnliche Palette an Nahrungspflanzen vorfindet wie sein in Mitteleuropa angestammter, aber verschwundener Cousin. Passend zu seiner halb amphibischen Lebensweise dürfte das Büffelmenü zu einem Großteil aus Sumpfpflanzen bestanden haben. In den zurückliegenden Warmzeiten waren auch zwei Nashornarten auf dem Gebiet des heutigen Deutschlands verbreitet: das Waldnashorn und das Steppennashorn. Die Namen sind irreführend; sicher kamen beide Arten in ein und demselben Lebensraum vor, genauso wie die beiden afrikanischen Nashornarten, die es bis in die Jetztzeit geschafft haben. Wie die Afrikaner hatten auch die beiden Warmzeit-Nashörner unserer Breiten ganz unterschiedlich geformte Schnauzen. Die der einen Art war spitz auslaufend und die der anderen breit wie die Düse eines Staubsaugers. Angesichts dieser »Mundwerkzeuge« kann man getrost darauf schließen, dass das Waldnashorn mit den spitzen Lippen eher Zweige und Blätter gefressen hat und das Steppennashorn mit dem breiten, zum Mähen geeigneten Maul eher Gräser. Ganz so, wie das beim afrikanischen Spitz- und Breitmaulnashorn auch heute noch verteilt ist.

Letztlich stehen all die verschiedenen Maulformen und sonstige Spezialisierungen der Pflanzenfresser auf unterschiedliche Gewächse für nichts anderes als ökologische Nischen, in denen die Arten möglichst wenig Konkurrenz haben. Nur so können sie in einer bunten Kombination eine Vegetationsdecke gründlich nutzen, ohne sich dabei zu sehr »ins Gehege zu kommen«. Jede Art hat ihre bevorzugten Gewächse. Die einen lieben Brennnesseln oder Schilf – die anderen würden sie nie anrühren. Wolfsmilchgewächse und Hahnenfuß sind für die einen giftig, für die anderen nicht. Eichenlaub finden manche äußerst attraktiv, andere verzichten gerne. Und selbst Pflanzen, die gar kein Säugetier anrührt, wie das enorm giftige Jakobskreuzkraut, haben ihre Gegenspieler. In diesem Fall einen Schmetterling, den Blutbär. Vermehrt sich die gelb blühende Giftwurz stark, tun es auch die Falter, und so bleibt auch dieses Wechselspiel in einem Gleichgewicht. Lange bevor alles Grün abgefressen und die Landschaft am Flussufer verwüstet ist, ziehen die Tierherden weiter und kommen erst zurück, wenn nach Wochen, Monaten oder Jahren wieder genug zu fressen da ist. Das Ergebnis ist ein Mosaik aus Lebensräumen, in dem alle ihren Platz haben. Große Pflanzenfresser und kleine Tiere, Auwaldbäume und winzige Kräuter.

Doch zurück zur Elbe von heute. Tierherden an ihren Ufern gibt es keine mehr. Auch sind die kilometerweiten, von Pflanzenfressern geschaffenen Auewiesen und lichten Auwälder Geschichte. Entlang ihres Laufs wie auch – oft in noch viel größerem Umfang – an den anderen großen Flüssen Deutschlands wurde das Gesicht der Landschaft vom Menschen grundlegend umgestaltet. In den ehemaligen Flussauen wurden vielfach Maisäcker angelegt – oft bis zum Horizont. Ebenso Industrieanlagen und Gewerbeflächen. Scheinbar billiges Acker- oder Bauland. Würde man jedoch allein die Millionenschäden bei der nächsten Flutwelle mit einpreisen, das Land wäre wohl unbezahlbar. Von den Schäden an der Biodiversität ganz zu schweigen. Auch die Bebauung abseits der großen Flüsse erhöht die Hochwassergefahr. In Deutschland werden jeden Tag etwa 80 Hektar Landschaft zubetoniert. So viel wie fünf Fußballfelder – in der Stunde! Auf den versiegelten Flächen kann das Regenwasser nicht mehr im Boden versickern, sondern fließt rasch in die Kanalisation. So gelangen die Niederschläge deutlich schneller in die Flüsse als auf ihrem normalen Weg über das Grundwasser. Für die wachsende Hochwassergefahr ist der Mensch also in zweierlei Hinsicht verantwortlich: durch die unbedachte Umgestaltung der Natur und den leichtfertigen Umgang mit dem Klima. Starkregen treten heute doppelt so häufig auf wie vor 100 Jahren, wohl als Folge der Erderwärmung.

Der Zustand unserer Flüsse ist also alles andere als natürlich. Allerdings hat sich vieles verbessert, zumindest gegenüber der Situation von vor 100 Jahren. An Rhein und Elbe werden zahlreiche Renaturierungen vorgenommen, Deiche zurückverlegt und Auwälder wieder an den Fluss und damit an künftige Hochwasser angeschlossen. Auch an vielen kleineren Zuflüssen zu den großen Strömen haben sich die Vorzeichen geändert. Mitten im Stadtgebiet von München gleicht die Isar wieder ein bisschen dem Wildfluss, der sie mal war. Zwar fehlt ihr nach wie vor ein Großteil des Wassers, das weit oberhalb der Stadt ausgeleitet wird, um damit Strom zu erzeugen. Aber in der ersten Dekade des neuen Jahrtausends gestaltete man mit großem Aufwand einen acht Kilometer langen Flussabschnitt in der Stadt naturnah um. Dafür wurde die alte Flussverbauung entfernt und das Ufer terrassenförmig abgeflacht. Zudem wurde die dem Fluss zugestandene Restwassermenge auf mehr als das Doppelte erhöht. Die Isar, die jetzt wieder mehr Kraft hat, kann sich zu einem gewissen Grad ihren Lauf selber suchen und Kiesinseln aufschütten und abtragen, ohne dass dabei die Anrainer vom nächsten Hochwasser bedroht werden. Die Flussfauna kehrt zurück in die Stadt, die Kinder haben einen neuen Abenteuerspielplatz, die Sicherheit der Menschen bleibt gewahrt. Projekte wie diese zeigen, dass es durchaus möglich ist, den Bedürfnissen der menschlichen Gesellschaft Rechnung zu tragen und zugleich der Natur ihren nötigen Raum zu belassen.

KAPITEL 8

# Expedition Feldweg

Ich war gerade eingeschult worden, in die Grundschule in Parsdorf bei München. Sie lag am Ortsrand, und hinter dem Schulgebäude erstreckten sich Äcker und Wiesen bis zum nahen Wald. Ich mochte den Feldweg, der vom Parkplatz an der Schule an landwirtschaftlichen Parzellen vorbei bis zum Forst führte. Im Sommer brannte die Sonne auf den nackten Boden, und die Pflänzchen, die hier Pferdehufen und Traktorreifen trotzten, mussten es mit Bedingungen aufnehmen können wie in einer Wüste. Der Weg wurde zu meinem Lieblingsort nach der Schule. Hier erblickte ich die erste Fata Morgana meines Lebens! Nicht so schön wie jene, die ich, kaum volljährig, in der Wüste Marokkos zu sehen bekam. Aber damals mindestens ebenso beeindruckend. Eines Tages war ich hier wieder auf Streifzug, als es richtig heiß wurde. Ich legte mich auf den Bauch, hielt die Ellenbogen abgewinkelt und stützte Kopf und Kinn auf die verschränkten Hände, die Handinnenflächen nach unten, auf den heißen Boden gelegt. Jetzt war ich auf Augenhöhe mit Breitwegerich, Ackergauchheil, Kamille und anderen Pflanzen, die diesem Glutofen trotzten: In einiger Entfernung vor mir sah ich eine vermeintliche flimmernde Wasserfläche, in der sich der nahe Wald spiegelte, also kopfstand. Dieser Lichtbrechungseffekt zog mich allerdings weniger in seinen Bann als die Lebewesen auf dem Feldweg davor. Wie so oft in meinem Leben hatte ich mir vergeblich in den Kopf gesetzt, ein ganz bestimmtes Tier zu finden, und indes ein ganz anderes entdeckt. Aus meinen Kinderbüchern kannte ich den Goldlaufkäfer. Ich hatte schon viele Abbildungen des goldgrün schillernden Großlaufkäfers betrachtet. Die meisten davon zeigten den Käfer auf einem Feldweg, mit einem erbeuteten Regenwurm in den Kieferzangen. Ich wusste damals nicht, dass die Verbreitungsgrenze dieses vielleicht schönsten heimischen Laufkäfers zwar durch Südbayern verläuft – dass der Goldlaufkäfer aber bei uns und in der Umgebung meiner Grundschule gar nicht vorkommt. Ich konnte ihn hier also gar nicht finden.

Immer wieder suchte ich mit zu Boden gerichtetem Blick nach dem Goldlaufkäfer. Dabei fand ich andere Käfer, die ich später in Fachbüchern als Raritäten entdeckte. Den Zweifleck-Kreuzläufer zum Beispiel, einen ziemlich kleinen Laufkäfer, aber prächtig schwarz und orangefarben. Ich konnte mir den etwas ungelenken Namen merken, weil ich die Beschreibung seines Verbreitungsgebietes im Käferbuch lustig fand: »Vom Süden Nordeuropas bis in den Norden Südeuropas«. Da ich aber als Kind solche Seltenheiten nicht zu würdigen wusste, suchte ich lieber weiter vergeblich nach dem Goldlaufkäfer.

Ein paar Hundert Meter von meiner Grundschule entfernt gab es auch einen Kartoffelacker. Angezogen von den weißen Blüten, suchte ich zwischen den weiß blühenden Nachtschattengewächsen nach Käfern. Auf dem Boden war nichts Interessantes zu entdecken. Aber als ich den Fokus etwas zurückverlagerte und mein Blick über das Kartoffellaub schweifte, war ich plötzlich wie elektrisiert: Da saßen

Dutzende gelbschwarz längsgestreifte Käfer mit rotschwarzem Halsschild: meine ersten Kartoffelkäfer! Sie waren eindeutig als Vertreter der Blattkäfer zu erkennen; mit ihrem hoch aufgewölbten Körper und den tatzenartigen Füßen. Aber sie waren viel größer als alle Arten, die ich bis dahin gesehen hatte. Und so bunt! Mir war egal, ob die Tiere heimisch waren oder nicht. Ich erfuhr auch erst viel später von den Gerüchten, dass Kartoffelkäfer von den Amerikanern wahlweise über Nazideutschland oder über der DDR vom Flugzeug aus als eine Art Biowaffe abgeworfen worden seien. Tatsächlich trat der bullige Käfer bereits im Jahr 1877 in verschiedenen europäischen Ländern als Kartoffelschädling in Erscheinung, mehrere Länder beschuldigten sich dabei gegenseitig der heimlichen Freisetzung in boshafter Absicht. Seine eigentliche Heimat ist Mexiko, und seine ursprüngliche Hauptnahrungspflanze war ursprünglich auch nicht die Kartoffel, sondern die Büffelklette, die wie die Kartoffel ein Nachtschattengewächs ist. Das war mir alles egal. Ich liebte die fingernagelgroßen Käfer sofort, sammelte ein Dutzend ein und machte mich zufrieden mit meinem Fund per Fahrrad auf den Heimweg. Dort bezogen die Kartoffelkäfer ein kleines Gurkenglas voll Kartoffellaub und bereicherten fortan mein Naturalienkabinett im Kinderzimmer.

Der Kartoffelkäfer ist ein Gewinner, weil er sein ursprünglich winziges Verbreitungsgebiet in Mittelamerika über den Kartoffelanbau in Nordamerika auf die ganze Nordhalbkugel ausdehnen konnte. Er gehört damit allerdings einer Minderheit an. Die meisten Tiere und Pflanzen der Feldflur sind längst unter die Räder der modernen Maschinen gekommen. Überall in der Heimat beobachten Biologen und Naturkundler einen stetigen Rückgang ganzer Tiergruppen. Bei den Insekten, Amphibien und Vögeln zum Beispiel. Nirgendwo ist dieser Schwund an Arten und Individuen so ausgeprägt wie im Kulturland, im Einflussbereich der Landwirtschaft. Machen wir also einen Rundgang durch die heimische Feldflur und sehen uns an, was sich hier im Laufe von nur einem Menschenleben alles verändert hat.

KAPITEL 9

# Lebensraum Feldflur

Seit jeher habe ich eine Vorliebe für Feldwege. Nicht nur weil ich hier als Kind Käfer gefangen und Kaulquappen aus Wegpfützen gefischt habe. Ich mag die oft irregulär geschwungenen Sträßchen, wenn ich mit der Kamera unterwegs bin, als gestalterisches Element. Sie nehmen mich regelrecht mit in die Tiefe, wenn ich ihnen beim Betrachten einer Landschaft mit den Augen folge. Mir gefällt, wenn ihre Form nicht streng geometrisch ist und nicht nur ökonomischen Gesetzmäßigkeiten folgt, sprich nicht immer nur zweckmäßig zwei Punkte in der Feldflur auf dem kürzesten Weg miteinander verbindet. Ihr Verlauf spiegelt oft historische Entwicklungen wider, zeichnet ehemalige oder heutige Besitzverhältnisse nach. Es weht also immer auch ein Hauch Geschichte über diese steinigen oder lehmigen Pfade. Und sie sind, wie ich bereits als Kind herausfand, voller Leben. Heute sehe ich einem Feldweg schnell an, ob er ein artenreiches Refugium ist oder nur eine unbelebte Verkehrstrasse für die Landwirtschaft. Es kommt nämlich sehr darauf an, wie die Äcker und Wiesen bewirtschaftet werden, die den Weg begrenzen. Davon hängt ab, ob sich auf einem Feldweg solch faszinierende und wundersame

Arten entdecken lassen wie der »Engelsrotz«, der auch »Sternenschnupfen« genannt wird.

Kaum jemand kennt heutzutage diese bizarre Lebensform, und wahrscheinlich war sie früher den Menschen auch nicht viel geläufiger. Als die in der Landwirtschaft Beschäftigten noch zu Fuß unterwegs waren und mit Pferden und Ochsengespannen die Feldwege entlangrumpelten, dürfte der Engelsrotz jedoch fast allgegenwärtig gewesen sein. Es handelt sich dabei um einen Vertreter der Gattung *Nostoc,* eine Gruppe von Cyano- oder auch Blaugrünbakterien. Sie gehören zu den ältesten Lebensformen auf der Erde und existierten bereits vor unvorstellbaren drei Milliarden Jahren. Damals gab es in der Atmosphäre noch gar keinen Sauerstoff. Direkte *Nostoc*-Vorfahren waren unter den ersten Organismen, die das für uns so lebensnotwendige $O_2$ herstellten, in die Urzeitluft entließen und so den Grundstein legten für eine Welt, in der auch wir leben können. Erst zweieinhalb Milliarden Jahre später entwickelten sich die ersten primitiven Landpflanzen. Und bis die ersten Blütenpflanzen mit Nektar und Duft geflügelte Bestäuber anlockten, sollte es noch einmal ein paar Hundert Millionen Jahre dauern. Zeiträume, die wir uns nur sehr schwer vorstellen können.

Jedenfalls kann man *Nostoc,* diese faszinierende Organismengruppe aus dem Archaikum (einem sehr frühen Erdzeitalter), heute bei uns auf einem gewöhnlichen Feldweg antreffen – sofern hier nicht zu viel mit Spritzmitteln hantiert wird. *Nostoc* hat im Laufe der Evolution allerhand Schutzmechanismen entwickelt, um in diesem kargen Lebensraum existieren zu können (und hatte freilich auch reichlich Zeit dazu). Wenn die Sonne vom Himmel brennt, trocknet die Bakterienkolonie aus, wird papierdünn und brüchig, färbt sich schwarzbraun und liegt dem Untergrund auf wie verschüttete und eingetrocknete Farbe. Die Bakterien fallen dann in eine Art Schlaf und produzieren keinen Sauerstoff mehr. Aber wenn es regnet, dann geht's los! Da quillt die hauchfeine Schicht auf und wirft den Motor des Lebens an. Die Kolonie ist ein paar Stunden nach dem Niederschlag fingerdick, sieht aus wie verkleckerte, grüne Götterspeise und betreibt Photosynthese, verarbeitet also Kohlendioxid und stellt Sauerstoff her. Aber *Nostoc* kann noch mehr! Sogar etwas, das keine Pflanze schafft: Die Blaugrünbakterien vermögen reaktiven Stickstoff selbst herzustellen. Stickstoff ist ein gesuchter Nährstoff, der etwa für die Produktion von Proteinen und Chlorophyll benötigt wird. Aber Stickstoff ist von Natur aus Mangelware. Mit dem reinen Stickstoff aus der Luft können Pflanzen und Blaugrünbakterien nichts anfangen. Sie benötigen diesen Baustoff des Lebens in anderen Verbindungen, die sich leichter knacken lassen. Zum Beispiel die Kombination von Stickstoff und Wasserstoff (Ammonium) oder von Stickstoff und Sauerstoff (Nitrat). Und weil *Nostoc* über die Fähigkeit verfügt, aus Wasser und Luftstickstoff Ammonium herzustellen, sind einige Vertreter dieser Blaugrünbakteriengattung begehrte Symbiosepartner in der Pflanzenwelt. *Nostoc commune,* der Engelsrotz oder Sternenschnupfen, lebt jedoch für sich. Als unauffälliger Überzug auf dem Feldweg, der nach einem Sommergewitter plötzlich als grünes Häufchen Gallerte daliegt. Durchaus verständlich, dass die Menschen zu Zeiten vor der Aufklärung absurde Theorien parat hatten, um dieses wie aus dem Nichts auftretende Phänomen zu erklären. Oder einfach Humor.

Auf Feldwegen haben aber nicht nur Bakterien aus den Kindertagen der Erde ein Zuhause. Alle möglichen Tiere, die einen nackten und befestigten Boden mögen, auf dem sich höchstens ein schütterer Bewuchs von ebensolchen Spezialisten aus der Pflanzenwelt entwickelt, kommen hier vor. Wildbienen zum Beispiel. Nehmen wir die seltene Mohnbiene. Sie gräbt am Wegesrand ein kaum fünf Zentimeter tiefes Loch als Brutstollen. Der Feldweg alleine genügt ihr allerdings nicht. Sie braucht naturnah, d. h. giftfrei, bewirtschaftete Felder in der Nähe, in denen noch Mohn und Kornblume blühen. Denn das Insekt heißt nicht umsonst Mohnbiene. Der seltene Hautflügler bevorzugt die Blütenblätter des Klatschmohns, um »Tapete« zu sammeln. Die Vertreter dieser Art schneiden fingernagelgroße Stücke aus den Blüten heraus und knüllen sie vor Ort zusammen. Dann fliegen sie zu ihrem Brutstollen am Rand des Feldwegs. Dort entfalten die Mohnbienen das bunte Bündel und kleiden damit ihren Brutstollen aus. Warum sie das machen, ist noch nicht erforscht. Vielleicht dient es der Hygiene im Bienennest. In einer Erweiterung am Ende des kurzen Brutstollens deponiert jede Mohnbiene Blütenpollen, bevorzugt den der Kornblume. Und natürlich das Wichtigste, ihre Larve, die hier unten überwintert, um sich im kommenden Sommer als erwachsenes Insekt ihrerseits auf die Suche nach Mohn- und Kornblumen zu machen.

Die Liste der Organismen, die auf und an Feldwegen leben, ließe sich noch lange fortsetzen. Mit 12 Jahren hatte ich bereits erkannt: Die Artenvielfalt ist in vom Menschen gestalteten und genutzten Lebensräumen manchmal besonders groß. Mitunter größer als in (vermeintlich) unberührter Natur. Auf Urlauben mit den Eltern im Süden und Osten Europas in den 1980er Jahren wurde mir das bewusst. Weil meine Eltern gerne auch abgelegene Sehenswürdigkeiten aufsuchten, kam ich immer wieder in Regionen, in denen die Landwirtschaft rückständig und Ochsengespanne und Esel auf den Staubstraßen ein vertrauter Anblick waren. Ob in Griechenland, Ungarn, dem ehemaligen Jugoslawien oder

der Tschechoslowakei (die ja bis 1992 existierte). In manchen Gegenden schien sich die Landwirtschaft über die Jahrhunderte nicht verändert zu haben. Felder und Wiesen wechselten sich hier kleinräumig ab. Dazwischen gab es überall Hecken und alte Solitärbäume. Hier ein Holzstapel, dort ein kleiner Weiher und viele andere Landschaftselemente, an denen entlangzuspazieren lohnte, weil man interessante Reptilien oder Insekten entdecken konnte. Überall waren Weidetiere zu sehen sowie deren Hinterlassenschaften, was für mich als käferbegeisterten Knaben ein zusätzlicher Segen war. Leben in den Haufen von Rind & Co. doch jede Menge schöne Dungkäferarten! Zumindest dort, wo die Großtiere nicht prophylaktisch mit Medikamenten gegen Parasiten behandelt werden, und das gab es dort zu dieser Zeit noch nicht.

Die Menschen in den Dörfern waren freilich arm und mussten hart arbeiten. Die Entwicklung, die diese Regionen durch die »Gemeinsame Agrarpolitik der Europäischen Union« bald darauf nehmen sollten, war bestimmt in vielerlei Hinsicht ein Segen für sie. Keinesfalls war sie das jedoch für die Natur! Die Umgebung dieser Dörfer war damals voll von besonderen Tierarten. Ich fand vieles, was daheim längst selten geworden war, Arten, von denen ich lange geträumt hatte: Nashornkäfer in morschen Holzklaftern, Blaue Ordensbänder unter den Laternen, Steinkäuze auf alten Schuppen und Pfützen voller Urzeitkrebse auf den ungeteerten Wegen. Die Luft war erfüllt von den Stimmen der Singvögel. Vom Gezwitscher der Schwalben, die an den Suhlen bunter Hausschweine Schlamm für ihre Nester sammelten. Und von den Gesängen der Ammern und Grasmücken. Störche, Wiedehopfe und Neuntöter waren nichts Besonderes. In den vielen kleinen Brachflächen wimmelte es von Käfern, Schwebfliegen, Wildbienen und Schmetterlingen, die vom Duft unzähliger Blumen angelockt wurden.

Und all das, obwohl die Landschaft ja zur Gänze von den Menschen genutzt war! Dieser scheinbare Widerspruch machte mir lange zu schaffen. So viele unterschiedliche Arten fanden hier die Ansprüche an ihren Lebensraum befriedigt. Warum nicht woanders, wo keine Menschen waren und die Landschaft sich selbst überlassen war?

Derart rückständige Regionen mit einer so reichen Tierwelt fand man im ausgehenden 20. Jahrhundert in Deutschland kaum mehr. Nur ganz im Kleinen gab und gibt es noch Inseln, wo sich in den letzten 100 Jahren nicht viel geändert hat. Diese winzigen bunten Flecken auf der Landkarte sind natürlich keiner regionalen Rückständigkeit geschuldet, sondern ganz anderen Umständen. Als ich bei den Recherchen zu unserem Film *Die Wiese – ein Paradies nebenan* auf die farbenfrohen und oft vom Aussterben bedrohten Wiesenpilze aus der Gattung der Saftlinge stieß, entwickelte sich bald der Wunsch, die bunten Pilze auch selbst draußen zu finden und zu filmen. Der Botaniker und Ökologe Thassilo Franke, der damals als Wissenschaftler und Rechercheur in unserer Tierfilm-Firma arbeitete, hatte mich auf diese überaus faszinierende Pilzgruppe aufmerksam gemacht. Mit Hilfe des Pilzexperten Rainer Wald von der Deutschen Gesellschaft für Mykologie (Pilzkunde) konnten wir in der Eifel mehrere Saftlingsarten filmen und fotografieren. Einmal »angefixt«, blieb mein Interesse an den Wiesenpilzen, die aussehen wie pastellfarbene Wachsgestalten, über die Dreharbeiten hinaus wach. Ich schärfte mein Verständnis für die seltenen Pilze so weit, dass ich nun einer Wiese von Weitem ansehe, ob sie potenziell »saftlingstauglich« ist. Und prompt entdeckte ich erst kürzlich ein artenreiches Wiesenpilzvorkommen in der Nähe meines Wohnortes! Ich nahm Kontakt zur Naturschutzbehörde auf und erfuhr, dass diese trockene Hangwiese und ihre wunderbaren Pilzarten weder bekannt noch irgendwie geschützt waren. Ich erkundigte mich nach dem Besitzer der Wiese, und als ich ihn einmal vor seinem Haus stehen sah, hielt ich, stieg aus und sprach ihn an. Er erzählte, dass er die Bewirtschaftung seines Hofes zugunsten eines Angestelltenjobs in der Nachbarstadt eingestellt hatte (und dass er freilich nichts von diesen besonderen Pilzen wusste). Ich war hocherfreut zu hören, dass er keinerlei Dünger auf seinem Grund dulde und seine Wiesen weder einem Nachbarlandwirt verkaufen noch verpachten werde. »Solange ich lebe«, sagte der kinderlose Nebenerwerbslandwirt geradezu energisch, »kommt da nichts drauf!« Das war für mich die Nachricht des Tages. Es überwiegen ja im Leben eines Naturschützers leider meist die Negativnachrichten. Da tut solch eine Aussage richtig gut. Allerdings fuhr er fort: »Was passiert, wenn einmal jemand den Hof übernimmt, kann ich nicht sagen.« Das schmälerte meine Begeisterung wieder ein bisschen. Es ist die letzte Saftlingswiese weit und breit, und die Intensivierung der Landwirtschaft hängt wie ein Damoklesschwert über ihr. Jetzt, nach dem Besuch bei ihrem Eigentümer, wusste ich immerhin, dass ein paar Jahre, vielleicht sogar Jahrzehnte Zeit war, um den Nachfolger auf dem Hof vom Wert des Hanggrundstückes zu überzeugen. Dieses Kleinods, das im Frühling ein bunter Blumenteppich ist und auf dem im Herbst Wiesenkeulen, Hasenstäublinge, Jungfern-Ellerlinge und Papageigrüne Saftlinge aus dem Boden sprießen. Ich habe beileibe nicht zu jedem der Wiesenpilze einen Namen parat. Wie bei vielen anderen Organismengruppen auch gibt es leicht zu bestimmende Arten und viele andere, deren Determination eher Spezialisten vorbehalten bleibt und die besondere Untersuchungsmethoden erforderlich machen. Etwa die Betrachtung von Pilzsporen durch ein

Mikroskop. Das überlasse ich gern Spezialisten wie Rainer Wald, an die ich mich im Bedarfsfall mit der Bitte um eine Auskunft wenden kann.

Die wenige Hektar große Saftlingswiese in meiner Nachbarschaft sieht jedenfalls noch genauso aus wie zu Zeiten, als das Heu mit Pferdefuhrwerken abtransportiert wurde. Aber das Gesicht der Landschaft ringsumher hat sich enorm gewandelt. Nicht nur was die Wiesen angeht. In den Äckern bei uns im Tal blühen heute vereinzelt Mohn- und Kornblumen. Man sieht also »überall blühende Ackerunkräuter«. Früher waren die Felder voll davon (sofern man das anhand von Schwarz-Weiß-Fotos und Erzählungen rekonstruieren kann). Die Realität hat sich stark verändert, aber unsere Wahrnehmung hinkt dem oft hinterher. Dieses Phänomen nennt man im Fachjargon »Shifting Baseline«. Es besagt, dass man die Umwelt eher am eigenen Erfahrungshorizont beurteilt und nicht so sehr anhand von objektiven Daten und wissenschaftlich korrekten Aufzeichnungen. Für einen älteren Vogelkundler ist die Vogelwelt in dem Tal, in dem ich lebe, nur noch ein trauriger Überrest von dem, was einmal war. Für ihn ist das Gebiet verödet. Ein junger Vogelkundler freut sich dagegen vielleicht, weil man hier immerhin noch vereinzelt seltene Arten antrifft, wie Blaukehlchen, Tüpfelsumpfhuhn oder Eisvogel. Er würde das Gebiet vielleicht sogar als lohnendes Ziel für ornithologische Ausflüge betrachten. Vergleicht man aber die vorhandenen Aufzeichnungen, erkennt man, dass vor 70 Jahren überall Brachvögel im Isental brüteten. Heute sieht man sie in den Wiesen nur noch im Sommer, während der Mauser, oder auf dem Vogelzug. Kiebitze gab es früher in rauen Mengen. Heute brüten kaum mehr welche auf den Äckern. Rebhühner: verschwunden. Feldlerchen: noch vereinzelt. Wachteln: kaum mehr … Dieser ökologische Niedergang, der sich nicht nur für das Isental, sondern für das ganze Land mit Zahlen belegen lässt, hat sich in nur wenigen Jahrzehnten vollzogen.

Es begann mit zwei deutschen Chemikern: Fritz Haber und Carl Bosch. Sie entwickelten am Anfang des 20. Jahrhunderts eine Methode zur Herstellung von Kunstdünger. Damit ließ sich selbst aus bis dato unrentablen Flächen etwas erwirtschaften. Nachdem sich das Erscheinungsbild der Kulturlandschaft über viele Jahrhunderte und sogar Jahrtausende ganz langsam entwickelt hatte, setzten jetzt sprunghafte Veränderungen ein. Die Zeiten, in denen der Mensch mit Mühe und Not der Landschaft seine Lebensmittel abringen musste, waren vorbei. Es brach auf dem Land, fernab der Fabriken, das Zeitalter der Mechanisierung und Industrialisierung an. Die Vorteile (und Nachteile) für die Menschen in der Landwirtschaft sollen hier nicht unser Thema sein. Uns interessiert an dieser Stelle nur ein Effekt: nämlich dass traditionell gewachsene und lange Zeit bestehende Landschaftsbilder plötzlich durch neue ersetzt wurden. Kleinparzellierte Äcker voller blühender Wildkräuter, Allmendeweiden und ungedüngte Wiesen verschwanden so nach und nach. Und mit ihnen ganze Artengemeinschaften.

Viele Naturkundler haben uns Beschreibungen unserer Landschaft und deren Tierwelt im 19. und 20. Jahrhundert hinterlassen. Die darin enthaltenen Daten sind natürlich wesentlich aussagekräftiger als meine Erinnerungen an Landstriche, die ich als Kind im Urlaub mit den Eltern kennengelernt hatte. Aber sie bestätigen, dass ich kein falsches Bild von den oben beschriebenen rückständigen Regionen behalten habe. Liest man also in den alten Aufzeichnungen, staunt man, wie zahlreich viele Tiere waren, die heute selten oder regional bereits ausgestorben sind. Feldhamster, Rebhühner,

Feldlerchen, Ölkäfer, Schachbrettfalter und unzählige andere Arten galten als »überall häufig«, »gemein im ganzen Land« oder »weitverbreitet«. Das Gegenteil, also dass Arten der Feldflur damals selten waren und heute häufig sind, kommt dagegen nicht vor, sieht man einmal von gewissen Schädlingen in der Landwirtschaft ab. Gleiches gilt für die Pflanzenwelt. Ganz besonders für die Vertreter der sogenannten »Ackerbegleitflora«. Jene Gewächse also, die auf dem Getreideacker mit seinen ganz besonderen Bedingungen ein Auskommen finden. Die nackte Böden, das Pflügen und Düngen sowie eine moderate Konkurrenz durch Feldfrüchte brauchen oder gut vertragen. Und das sind immerhin um die 300 Arten. Erstaunlich dabei ist, dass man die Hälfte von ihnen nicht etwa *auch* auf Äckern findet, sondern *ausschließlich*. Ein genauerer Blick auf diese Gewächse, die in vielerlei Hinsicht überraschen, lohnt sich.

Das bekannteste und vielleicht beliebteste Ackerwildkraut ist der Klatschmohn. Wer einmal Mohn für einen Blumenstrauß gepflückt hat, der weiß, wie hinfällig die Blüten sind. Da mag es erstaunen, dass sich diese filigrane Pflanze auf ein Leben im Acker spezialisiert hat, denn hier geht es durch die verschiedenen Bearbeitungsschritte ja eher rau zu, zumindest aus Sicht einer zarten Blütenpflanze. Dennoch ist der Acker das vorwiegende Biotop des Klatschmohns. Botaniker haben bis heute keinen natürlichen Lebensraum für ihn festmachen können und gehen davon aus, dass die Art überhaupt erst mit dem Ackerbau entstanden ist, der vor mehr als 10 000 Jahren zu einer Revolution der menschlichen Kultur im »fruchtbaren Halbmond« führte. Diese Region sieht auf der Landkarte tatsächlich aus wie ein zu den Enden hin schmaler werdender Bogen, der sich vom unteren Niltal über das Land am östlichen Mittelmeer, entlang der syrischen Wüste nach Osten und dann nach Süden bis zum Persischen Golf spannt. Ein Winterregengebiet, in dem nach allem, was man weiß, die Jäger und Sammler vor Jahrtausenden zu Viehzüchtern und Ackerbauern wurden. Man darf getrost davon ausgehen, dass ein Grund für diese Entwicklung in den schwindenden Beständen der jagdbaren Wildtiere zu suchen ist. Dass es sicherer war, das Nahrungsmittel Fleisch nicht mehr unter immer größeren Strapazen zu erjagen, sondern es unter einem langfristig geringeren Aufwand in Hausnähe zu produzieren. Fischzucht betreibt man auch nur, wenn sie ökonomisch ist, weil die natürlichen Gewässer den Fisch nicht mehr in der gewünschten Menge hergeben. Und auch Wälder pflanzt man erst, wenn das Holz knapp zu werden droht.

Mit den Getreidefeldern, die sich rasch vom Vorderen Orient in Richtung Zentraleuropa und später in alle Welt ausbreiteten, war ein neuer Lebensraumtyp entstanden. Einer, der jedes Jahr gründlich umgekrempelt wird, was es den allermeisten Wildpflanzen unmöglich macht, hier zu gedeihen. Den anderen bietet er dafür einen entscheidenden Vorteil: Es gibt keine ungebremste Konkurrenz durch Nachbarpflanzen, die höher oder schneller wachsen und Licht und Nährstoffe wegnehmen. Zwar gibt es die Konkurrenz durch die Feldfrüchte. Aber die fangen jedes Jahr von Neuem bei null an und lassen zeit ihres Daseins genügend Licht durch, so dass auch andere davon leben können. Dass der Lebensraum »Acker« im Jahresverlauf mehrfach bearbeitet und der Boden dabei umgegraben wird, stört die Sippe der Ackerwildkräuter nicht. Es handelt sich um lauter einjährige Arten, die von Natur aus rasch wachsen und Samen bilden und bei denen die Mutterpflanze danach nicht mehr gebraucht wird.

Da drängt sich eine Frage auf: Wo sind diese Pflanzen und ihre Vorfahren entstanden? Wo wuchsen sie, bevor es

Menschen und Äcker gab? Sicher in einem Lebensraum, der grundsätzlich ähnliche Bedingungen bot. Eine einjährige Pflanze, die jedes Jahr im Frühling als winziger Keimling aus einem Samenkorn heranwachsen muss, kann nicht ohne Weiteres inmitten einer mehrjährigen Vegetation gedeihen. Hier würde sie untergehen. Also muss das »Urhabitat« ebenfalls Rohboden aufweisen, der immer wieder umgebrochen wird. Erdrutsche, Kiesumlagerungen in Flussauen oder zurückweichende Gletscher hinterlassen nackten Boden, der von einjährigen Pionierpflanzen besiedelt werden kann. Da diese Biotope aber meist rasch wieder verschwinden oder, wie im Fall der Geröllgeschiebe am Fluss, kaum Humus und Nährstoffe enthalten, kommen sie für die Arten der Ackerbegleitflora nur bedingt in Betracht. Viele Spezies stammen aus dem Orient, wo Trockenheit und Hitze nackten Boden entstehen lassen. Aber ob der vergleichbare Bedingungen bietet wie ein Acker, ist fraglich. Selbst auf offenem und magerem Boden verschwinden Mohn & Co. nach wenigen Jahren häufig, wenn nichts geschieht. Sobald aber ein Mohnbiotop »gestört«, der Boden also aufgerissen oder gepflügt wird, keimen all die Samen, die am Schluss nahe der Oberfläche liegen. Solche dynamischen, d. h. immer wieder umgewälzten, Böden existieren von Natur aus dort, wo viele Großtiere leben. Man kann das in Regionen auf der Welt beobachten, in denen die Megafauna nicht so stark dezimiert ist wie bei uns. Sprich in ausgewählten Nationalparks in Asien und Afrika. Oder auf extensiven Viehweiden, wo jedes Rind oder jedes Pferd mindestens ein Hektar Land zur Verfügung hat. Bei einem derart niedrigen Viehbestand herrscht ein (»natürliches«) Gleichgewicht zwischen Wachsen und Abgefressenwerden. Solche Weiden sind extrem artenreich, was alle möglichen Organismengruppen betrifft, besonders aber an Insekten und Vögeln. Und zwar deswegen, weil hier ein extremer Strukturreichtum herrscht, auch am Boden. Woher kommt der? Die Weidetiere meiden Bereiche, in denen umgestürzte Bäume oder heruntergefallene Äste am Boden liegen, und bevorzugen ganz bestimmte Wechsel zwischen den verschiedenen Teilflächen. So werden manche Bereiche von ihren Hufen verschont, während andere so viel begangen werden, dass die Bodenoberfläche aufreißt und die Erde immer wieder in Bewegung ist. Dasselbe passiert auch an anderen Stellen, die von den großen Tieren häufig aufgesucht werden. An gut zugänglichen Gewässerufern beispielsweise, an Stellen mit Salz oder mineralreicher Erde oder an Trockensuhlen, wo sich die Pflanzenfresser immer wieder zur Fellpflege wälzen. In der Natur, so scheint es, ist jede ökologische Nische besetzt. Oder anders ausgedrückt: Ganz gleich, wie ein Lebensraumausschnitt beschaffen ist, er wird Pflanzen-, Pilz- und Tierarten anlocken, die mit ebendiesen Bedingungen zurechtkommen bzw. darauf spezialisiert sind. Und in Suhlen und an Trampelpfaden von Tierherden findet man ganze Gemeinschaften von Arten.

Zu ihnen gehörte vielleicht schon vor sehr langer Zeit der Mohn. Als es nämlich in vergangenen Warmzeiten große Wildtierherden gab, die über das Land zogen, das jetzt unsere Heimat ist. Der Archäologe Dietrich Mania hat zusammen mit Fachkollegen und Spezialisten die Flora im Geiseltal westlich von Merseburg in Sachsen-Anhalt untersucht. Genauer die Flora des Eem, der letzten Warmzeit, bevor die letzte »Eiszeit« kam. Wie erwähnt, ist das mehr als 115 000 Jahre her. Beim Braunkohletagebau waren fossilführende Schichten freigelegt worden. Die lieferten den Wissenschaftlern Einblicke in mehrere flache Seen und ihr Umland zu einer Zeit, als es hier noch lange keine modernen Menschen gab. Dort fanden sie Uferbereiche, die mutmaßlich von durstigen Großtieren zertrampelt waren und wo nackter, aufgerissener Boden vorherrschte. Und entdeckten typische Überreste von Pflanzengesellschaften aus Einjährigen. Pflanzengesellschaften, zu denen neben allerhand typischen Ackerwildkräutern auch der Saat-Mohn (*Papaver dubium*) gehört.

Der Klatschmohn (*Papaver rhoeas*) kam nach allem, was man weiß, erst mit dem neuartigen Feldbau vor mehr als 6000 Jahren nach Mitteleuropa. Seine Anpassungen an ein Dasein im Acker sind phänomenal: Er wächst in wenigen Wochen aus winzigen Samenkörnern zur blühenden Pflanze, die erneut Samen bildet. Die Mohnblüten sitzen zunächst auf elastischen Blütenstängeln und wiegen im Wind sanft hin und her. Wer schon einmal bei windigem Wetter versucht hat, an einem Feldrand Mohn zu fotografieren, kennt das: Beim leisesten Windstoß bewegen sie sich, und viele Bilder sind deswegen unscharf. Nach der Blüte, während der Samenreife, ändert sich das. Der Blütenstängel trocknet ab und wird zunehmend steif. Die Frucht obenauf wird zu einer Art Streubüchse, die in mehreren Kammern einige Hundert winzige Samen enthält. Zur Vollreife der Samenkörner bilden sich am oberen Rand, rings um die Mohnkapsel, mehrere kleine Öffnungen. Die Kapsel sieht so aus wie ein kleiner Salzstreuer. Nun wartet das erstaunliche Gebilde auf den nächsten Wind, der für die Mohnpflanze gar nicht stark genug sein kann! Dann nämlich wird der Samenstand dank seines starren Stängels unsanft hin und her gebeutelt. Jedes Mal, wenn sie sich weit zur Seite lehnt, verliert die Mohnkapsel ein paar Samenkörner. So wird die Erbsubstanz in alle Richtungen verstreut. Auch wenn die meisten der winzigen Samenkörner später untergepflügt werden, sind sie noch lange nicht verloren! Sie bleiben über Jahrzehnte und vielleicht sogar Jahrhunderte keimfähig. Manchmal entdeckt man die roten Blüten plötzlich dort, wo man noch nie zuvor welche gesehen hat. Irgendwo am Wegesrand. Wo Mohn auf einmal die Erdhaufen auf einer Baustelle ziert, lagen seine Samen im Boden und kamen durch die Erdarbeiten im wahrsten Sinne des Wortes ans Tageslicht. Und wie viele Mohnsamen warten! Botaniker haben erst gezählt und dann hochgerechnet, dass je Hektar Land mehr als 100 Millionen Klatschmohnsamen im Boden liegen können. Eine natürliche Samenbank, die dazu dient, schlechte Zeiten für den Mohn zu überdauern; Zeiten, in denen der Boden bewächst und begrünt. Sobald aber Tierhufe die Bodenoberfläche durchdringen, ein Pflug durchs Erdreich fährt oder ein Bagger ein Loch gräbt, ist der Mohn wieder da. Möglicherweise erst lange Zeit nachdem eine Mutterpflanze die Samen produziert hatte. Das Ausschütteln aus den Streubüchsen ist für den Mohn übrigens nicht die einzige Möglichkeit zur Ausbreitung. Frisst ein Tier Mohnsamen und schluckt einige davon unzerkaut hinunter, können sie im Verdauungstrakt unbeschadet weite Strecken zurücklegen, bevor sie wieder zum Vorschein kommen und – zusammen mit einer Portion Dünger – irgendwo auf dem Boden landen. Und natürlich wird, besser gesagt: wurde, der Mohn auch unbeabsichtigt mit dem Saatgut von Feld zu Feld gebracht und so vom Menschen verbreitet. So wie viele andere Ackerunkräuter oder Ackerbeikräuter auch – je nachdem, ob ihre Vermehrung auf dem Feld zu Nachteilen für die Landwirtschaft führt oder nicht.

Während der Klatschmohn immer noch vergleichsweise oft anzutreffen ist, sind andere einst häufige Arten mittlerweile komplett aus der Landschaft verschwunden. Etwa ein Drittel aller vermissten Pflanzenarten in Deutschland gehört zur Ackerflora! Und von dieser überschaubaren Pflanzengruppe sind heute zwei Drittel ausgestorben oder gefährdet. Diese

Zahlen sprechen für sich, und sie betreffen nicht nur irgendwelche unscheinbaren Gewächse, die allein Spezialisten etwas sagen. Die Kornrade gehört zu diesen Verlierern. Eine stattliche Schönheit von bis zu einem Meter Höhe, mit hübschen rosafarbenen Blüten und einer interessanten Geschichte. Wie der Klatschmohn hat auch die Kornrade kein natürliches Verbreitungsgebiet außerhalb des Kulturlandes. Aber im Gegensatz zum Mohn ist sie praktisch ausgestorben. Nur auf speziellen Naturschutzäckern, bei denen es weniger um die Getreideernte geht als um den Erhalt der bedrohten »Segetalarten«, also der Ackerbegleitflora, kommt sie noch vor. Und in Ziergärten, in denen sie manchmal in »wilden Beeten« kultiviert wird. Wahrscheinlich hat sie sich ebenfalls bald nach der Erfindung des Ackerbaus aus anderen Arten entwickelt. Sie ist eine sehr wandlungsfähige Pflanze, die sich innerhalb weniger Jahrtausende schier perfekt an Mensch und Feld angepasst hat. Noch im Mittelalter gehörte sie zu den häufigsten Ackerunkräutern. Und zu den gefährlichsten! Die Kornrade, *Agrostemma githago* auf Lateinisch, enthält unter anderem Githagin und Githagenin. Ihre Samen, gemahlen im Mehl, haben früher immer wieder zu Vergiftungen geführt. Wenige Gramm sind für einen Menschen tödlich. Abgesehen von ihrer Giftigkeit sind die Samen der Kornrade noch wegen etwas ganz anderem interessant. Sie sind über die Jahrhunderte, in denen sich das Gewächs in den Getreidefeldern entwickelt hat, immer größer geworden. Ursprünglich hatten die schwarzen Samen gerade einmal zwei Millimeter Durchmesser. Im letzten Jahrhundert, als die Kornrade immer noch zu den weitverbreiteten Ackerunkräutern gehörte, waren sie bereits vier Millimeter groß. Dieses Größerwerden versteht man als Anpassung an die Größe der Getreidekörner. Je mehr sich die Körner von Getreide und Unkraut ähneln, desto eher wird Letzteres nach der Ernte nicht aussortiert und bei der erneuten Einsaat mit ausgesät. Eine perfekte Anpassung eigentlich. Allerdings scheitert die fortwährende Anpassung von Kornrade & Co. an den neuartigen Saatgutreinigungsmaschinen. Wurde früher das geerntete Getreide mit Hand von Verunreinigungen und Unkrautsamen befreit, was natürlich nur sehr unvollständig möglich war, erledigen das heute Maschinen. In verschiedenen Vorgängen wird mit hoher Präzision herausgelesen, was größer oder kleiner ist als die Samen der angebauten Getreidesorte, was mehr oder weniger wiegt und was eine andere Form hat. Da kommt kein Ackerwildkraut mit, auch nicht die so wandlungsfähige Kornrade. Und das Reinigen des Saatgutes ist nicht die einzige technologische Neuerung, die zum Aussterben dieser und anderer Ackerwildkräuter geführt hat …

Sogar die königsblaue Kornblume macht sich vom Acker. Einst war sie das Allerweltsunkraut schlechthin. Eines der wenigen, das auch nördlich des Polarkreises leben kann, sogar auf Grönland. Durch Pollenanalysen hat man herausgefunden, dass sie gegen Ende der letzten »Eiszeit« bereits bei uns heimisch war, wie auch immer ihr Lebensraum damals genau ausgesehen hat. Mit der Ausbreitung des Feldbaus eroberte sie jedenfalls ganz Europa und weitere Regionen auf der Welt. Auch ihre Samen wurden wie bei der Kornrade vom Menschen mit dem Saatgut transportiert und immer wieder aufs Neue ausgesät. Aber die Kornblume hat noch ein paar Tricks auf Lager, geht sozusagen auf Nummer sicher. Sie besitzt nussähnliche Früchte, an deren oberem Ende sich ein Kranz aus starr abstehenden Schuppen bildet. Die bieten dem Wind Angriffsfläche und sorgen dafür, dass bei Sturm die reifen Kornblumensamen fortgeweht werden und sich auf diese Weise verbreiten. Aber das ist der Kornblume noch nicht genug. Ihre Samen verfügen neben einer Flugapparatur auch über Ölkörperchen, kleine fettreiche Anhängsel, auf die Ameisen scharf sind. Die Sechsbeiner schleppen gleich den ganzen Kornblumensamen durchs Feld, bevor sie am Bau angekommen das nahrhafte Ölkörperchen, oder Elaiosom, abtrennen und den eigentlichen Samen auf den Müllhaufen werfen. Hier kann er in Ruhe keimen. Wenn die Kornblume aber sich so vieler Tricks zur Ausbreitung bedient, warum wird dann auch sie überall im Land (wie auch in ganz Europa) selten? An der ausgeklügelten Saatgutreinigung kann es nicht liegen, denn Wind und Ameisen lassen sich davon ja nicht abhalten. Und da Getreide in der Regel erst vollreif geerntet wird, bleibt den Ackerwildkräutern auch genügend Zeit dafür, dass die eigenen Samen ebenfalls reifen.

Der Wendepunkt in der Erfolgsgeschichte der Pflanzen, die sich an den Ackerbau der Menschen angepasst hatten, kam mit der Einführung der Herbizide, wörtlich übersetzt: der »Krauttöter«. Bereits im 19. Jahrhundert spritzte man chemische Substanzen zur Unkrautbekämpfung auf die Felder: Eisensulfat und Schwefelsäure zum Beispiel. Bis dahin blieb den Bauern nichts anderes übrig, als störende Gewächse, die den Kulturpflanzen Licht, Platz und Nährstoffe raubten, von Hand zu entfernen. Eine mühsame Angelegenheit, die schon wegen der Abnahme der Beschäftigten in der Landwirtschaft kaum mehr zu leisten war. Mit den neuartigen Pflanzenvernichtungsmitteln aber konnte eine Person auf einmal in kürzester Zeit erreichen, wofür zuvor ein Dutzend Helfer Tage gebraucht hatten: einen Acker unkrautfrei zu machen. Zusammen mit Fungiziden (»Pilzvernichtern«) und verschiedenen gegen bestimmte Tiergruppen gerichteten Pestiziden ein großer Sprung hin zur arbeitssparenden und durchaus sicheren Erzeugung von Lebensmitteln. Zudem ein milliardenschwerer

Markt. Allein in Deutschland werden jedes Jahr knapp 30 000 Tonnen an unterschiedlichsten Wirkstoffen in Pflanzenschutzmitteln versprüht. Davon ist ein erklecklicher Teil der Landesfläche betroffen, denn etwa ein Drittel Deutschlands ist Ackerland, etwa 12 Millionen Hektar. Das meiste davon wird konventionell bewirtschaftet, und so landen auf jedem Hektar Acker durchschnittlich neun Kilogramm Agrargifte im Jahr. Unbestreitbar ist, dass die so erzeugten Lebensmittel weniger »natürliche« Schadstoffe enthalten als früher: Krankheitserreger wie Pilze und Bakterien zum Beispiel. Auch ist das Mehl nicht mehr durch Pflanzengifte aus der Kornrade oder anderen Gewächsen belastet. Dafür haben wir es heute mit den Rückständen vieler Pflanzenschutzmittel zu tun. Das berüchtigte Glyphosat ist beispielsweise in unser aller Körpergewebe nachweisbar oder auch im Grundwasser und weit abseits der Felder, sogar in Naturschutzgebieten. Ebenso die extrem wirksamen Insektenvernichtungsmittel aus der Gruppe der Neonicotinoide: Nervengifte, die in geringsten Dosierungen tödlich für Insekten sind und die von der Industrie als für Wirbeltiere harmlos gepriesen werden. Dennoch sind diese Nikotinverbindungen nicht zu unterschätzen. Frisst ein Feldvogel nur ein paar Körner von einem Saatgut, das mit diesen Stoffen gebeizt wurde, kann er verenden.

Das Dienliche an diesen Neonicotinoiden ist nicht nur, dass sie so extrem wirksam sind – 7000-mal giftiger als das längst verbotene »Wundermittel« DDT. Sie werden vor allem über die damit behandelten Pflanzen aufgenommen und verteilen sich im gesamten Gewebe, so dass Schadinsekten, die an der Pflanze fressen oder saugen, absterben, auch wenn sie selbst mit dem Stoff nicht besprüht worden sind. Unglücklicherweise landen diese Supergifte aber auch im Blütenpollen, und so kommen auch Nützlinge und Nicht-Schadinsekten damit in Berührung. Tragisch an diesen Stoffen ist auch, dass sie selbst in geringsten Spuren, die noch lange nicht zum Tod eines Organismus führen, fatale Veränderungen in ihm bewirken. Bei Insekten wird der Orientierungssinn gestört, so dass betroffene Bienen etwa nicht mehr nach Hause finden. Bei Singvögeln wurde nachgewiesen, dass die Neonicotinoide den Appetit hemmen und so die Motivation der Tiere während des Vogelzuges senken, die nächste Etappe anzutreten. Man hat ermittelt, dass bei der Aussaat von mit Neonicotinoiden gebeiztem Saatgut unter Umständen kontaminierter Abrieb als Staub in die Luft gelangt und so vom Feld geweht wird. Und in zahlreichen Untersuchungen wurden diese modernen Agrargifte auch auf Bioäckern und auch weit abseits von landwirtschaftlichen Flächen festgestellt. Einige der Nikotinverbindungen sind derart giftig und langlebig, dass sie bereits EU-weit verboten wurden. »Thiamexotham« aus dem Hause Syngenta zum Beispiel, das man im Jahr 2018 aus dem Verkehr zog. Seine Halbwertszeit beträgt jedoch, je nach Umweltbedingungen, zwischen einem halben und 20 Jahren. Bis das Gift also ganz aus unseren Böden verschwunden ist, wird wohl ein gutes Jahrhundert vergehen. Bis dahin wandert es zusammen mit vielen anderen schädlichen Stoffen in Richtung Grundwasser und findet sich in Bächen und Flüssen wieder. Wie sich die Neonicotinoide hier auf Kleinstlebewesen und Krebse auswirken, die am Anfang der Nahrungskette stehen, wird sich zeigen – wenn dieses groß angelegte Freilandexperiment einmal daraufhin untersucht werden sollte.

Der Schmetterlingskundler Robert Trusch, Kurator am Naturkundemuseum in Karlsruhe, sieht wie viele seiner Fachkollegen die Agrargifte, besonders die Neonicotinoide, als einen der Hauptfaktoren für das Insektensterben. Trusch bemängelt, dass der Wissenschaft von der Verteilung der Arten in Raum und Zeit, der »Faunistik«, zu wenig Aufmerksamkeit geschenkt würde. Seit Jahrzehnten beobachten Wissenschaftler und Naturfreunde einen stetigen Rückgang der Vielfalt besonders auch in der Feldflur. Aber die Arbeit der Faunisten ist, so der Schmetterlingsforscher, weder von der Politik besonders gefördert worden, noch hätten deren Ergebnisse für Aufruhr gesorgt. Erst 2017, als die sogenannte Krefeld-Studie erschien, die belegte, dass innerhalb von nur drei Jahrzehnten drei Viertel der Insekten-Biomasse verschwunden ist, ging dank großem Medienecho ein Ruck durch Bevölkerung und Politik. Das Insektensterben hatte es ins Bewusstsein der Bevölkerung geschafft, und es wurden zahlreiche, leider oft völlig wirkungslose Maßnahmen getroffen. Eine wirkliche Trendumkehr ist jedoch bis heute nicht zu erkennen.

Groß im Kommen waren auf einmal Blühstreifen, die am Rande von Feldern angelegt wurden. Das sieht unbestreitbar hübsch aus und verleiht unserer oft monotonen und leblosen, von Mais, Raps und Wintergetreide geprägten Landschaft einen bunten Anstrich. Nachdem das Volksbegehren »Rettet die Bienen« in Bayern erfolgreich war, haben viele Landwirte reagiert und sogar ganze Äcker anstelle von Mais mit Blühmischungen bepflanzt. Sie konnten so dem Wunsch der Bevölkerung nach mehr Insektenschutz Rechnung tragen und damit zugleich noch etwas verdienen. Auch unser Nachbar bot Blühpatenschaften an und ließ sich so die Einsaat der Blumenmischung von insektenbegeisterten Bürgern gut bezahlen; Parzelle für Parzelle, zehn mal zehn Meter. Das Angebot wurde gut angenommen, und kurz nachdem in der Lokalzeitung ein Artikel über ihn und seinen insektenfreundlichen Acker erschien, war er »ausverkauft«. Auch wir haben uns beteiligt und gleich zehn solcher Parzellen-Patenschaften erworben. So begeistert waren wir von der Aufbruchsstimmung, die sich breitzumachen schien, und davon, dass konventionelle Landwirte auf Bevölkerung und Naturschutz zugehen und sich endlich etwas bewegt. Dass Blühstreifen keinen Naturschutz darstellen, dass sie keinesfalls dazu beitragen können, das Insektensterben zu bremsen, wusste ich freilich. Blühstreifen sind wie Vogelfutterhäuschen. Sie bieten den Tieren etwas zu fressen, in diesem Fall Nektar und Pollen. Das ist eine schöne Sache, aber kaum eine Insektenart kann sich hier vermehren, schon gar nicht, wenn die Fläche noch im selben Jahr umgebrochen wird. Dann gehen all die Eier, Larven, Puppen und erwachsenen Tiere zugrunde, die im Inneren der abgeblühten Stängel überwintert hätten. Aber selbst wenn erst nach fünf Jahren umgebrochen würde, macht das keinen großen Unterschied. Vielleicht ist ein solcher Blühstreifen sogar eine ökologische Falle, denn er zieht umherwandernde Tiere an und ermuntert sie zur Ablage von Eiern, die dann später wieder dem Pflug zum Opfer fallen. Und er lockt ohnehin nur eine verschwindend geringe Minderheit der 30 000 heimischen Insektenarten.

Eines haben zahllose Studien ganz klar ergeben: Nirgendwo sonst ist der Rückgang an Arten und Individuen so extrem wie in der Feldflur. Im Vergleich dazu gelten heute selbst Großstädte mit ihren Brachflächen, Baustellen, Gleisanlagen, Parks und Gärten, Kiesdächern etc. vielfach als artenreich. Auf dem Land hat zum einen die Flurbereinigung, also das Beseitigen von kleinräumigen Strukturen und Landschaftselementen, erheblich zum Artenschwund beigetragen. Der andere bedeutende Faktor ist das intensive Bewirtschaften mit Spritzen und Düngen. Eine klassische Heuwiese wurde vor 50 Jahren noch zweimal im Jahr gemäht und nicht gedüngt. Heute erlauben Kunstdünger und Gülle bis zu sieben Schnitte im Jahr. Warum hier keine Heuschrecken und Wiesenschmetterlinge mehr leben können und es kaum eine Wiesenblume schafft, erfolgreich zu blühen, geschweige denn reife Samen zu bilden, erklärt sich von selbst. Um es an dieser Stelle noch einmal klar zu sagen: Die vorindustrielle Ära war keine goldene Zeit für die Menschen! Die Bauern arbeiteten viel und waren dennoch arm. Die Grenzen der eigenen Arbeitskraft und ein allgegenwärtiger Mangel an wachstumsfördernden Nährstoffen setzten der Landwirtschaft Grenzen. Rinder auf Weiden zu halten, die so weitläufig waren, dass man die Tiere den Sommer über nicht füttern musste, war einfach am wirtschaftlichsten. So wie man es auf den Almweiden in den Bergen heute noch besichtigen kann. Diese Weiden sind ein Blütenmeer, und es wimmelt von Insekten (und Insektenfressern). Die Weidetiere schaffen jedes Jahr aufs Neue ein kleinräumiges Mosaik aus abgefressenen und nicht abgefressenen Bereichen. Für jede kleine Zikade, jede Heuschrecke, jedes Spinnlein ist da eine Nische dabei. Auf der Fläche liegen vielleicht Steinbrocken, Äste und Zweige. Wie bereits ausgeführt, ist der Boden hier unberührt, dort zertrampelt, an manchen Stellen trocken, woanders feucht. Vor allem ist er nur an ganz wenigen Stellen überdüngt. Nur da, wo sich die Weidetiere oft und lange drängen und sich ihre Hinterlassenschaften häufen, versorgen sie den Boden mit einem Überangebot an Nährstoffen. Etwa an der Tränke oder dort, wo die Kühe auf das Melken warten. Da wachsen dann stickstoffliebende Pflanzen, und hier gehören sie auch hin. Jede Beschaffenheit eines Lebensraumes zieht Spezialisten aus der Tier- und Pflanzenwelt an. Die Stellen auf der Weide, die besonders stark mit Rinderdung und -harn versorgt werden, bieten beispielsweise Brennnessel und Ampfer eine üppige Lebensgrundlage. Und diese wiederum bestimmten Tagfaltern und Blattkäfern. Ein paar Meter weiter ist der Boden mager, und es gedeiht eine Vielzahl prächtig blühender Kräuter ... Diese »paradiesischen« Verhältnisse auf den Almweiden sind keineswegs auf Berglagen oder gar die Alpen beschränkt! Früher sahen die schier endlosen Weiden im Flachland ähnlich aus. Sie waren bunt, voller Blumen. Und vor allem lebten darauf so viele Insekten und Vögel und andere Tiere.

Der vielleicht schwerste Schlag für die Artenvielfalt im Kulturland war folglich die Entkoppelung der Tierproduktion von der Landschaft. Rinder und Schweine verschwanden in Ställen, wo sie in engen Boxen oder angekettet ab sofort ihr Leben auf ein und demselben Fleck fristeten. Ihre ökologische Rolle draußen auf der Weide und in der Landschaft wurde einfach gestrichen. Sie fraßen nicht mehr selbst ausgewählte Gräser und Kräuter und schufen dabei einen Lebensraum für die heimische Insektenwelt. Sie wurden von nun an mit industriell angebautem Grünfutter ernährt, das von Flächen stammte, die ihrerseits kein Lebensraum mehr waren. Von güllegedüngten Wiesen zum Beispiel. Die industrielle Massentierhaltung, in der große Mengen umwelt- und klimaschädlicher Gase wie Methan und Ammoniak anfallen, geriet immer mehr – und völlig zu Recht – in die Kritik von Umweltschützern. Was aber völlig ungerechtfertigt darunter litt, war das Image der Kuh. Die Tierärztin und Wissenschaftlerin Anita Idel hat sich intensiv mit dem Thema Rinderhaltung und Klima auseinandergesetzt. Sie weiß, dass Kühe Methan abgeben, das 25-mal klimaschädlicher als Kohlendioxid ist. Sie weist aber auch darauf hin, dass der Löwenanteil der landwirtschaftlichen Emissionen, die einen negativen Effekt auf das Klima haben, aus Produktion und Anwendung von Düngemitteln stammt. Lachgas, eine Stickstoff-Sauerstoff-Verbindung, ist 300-mal schädlicher als Kohlendioxid und wird vor allem in der Intensivlandwirtschaft freigesetzt, überall dort, wo viel gedüngt wird. Beim Anbau von Raps – unter anderem für die Herstellung alternativer »umweltfreundlicher« Treibstoffe – wird so viel Lachgas freigesetzt wie im restlichen Feldbau zusammen. Auch in der ökologischen Landwirtschaft entweicht das klimaschädliche Gas. Allerdings im Verhältnis nur gut halb so viel.

Am Max-Planck-Institut für Biogeochemie forscht man seit zwei Jahrzehnten an dem Zusammenhang zwischen Boden, Kohlenstoff und Klima. Demnach sind Zersetzungsprozesse im Boden natürliche Kohlenstoffquellen, die zehnmal mehr Kohlendioxid freisetzen als alle Verbrennungsvorgänge fossiler Energieträger zusammen. Dieses $CO_2$ stammt von Mikroorganismen, die abgestorbenes Pflanzenmaterial abbauen. Gleichzeitig speichert der Boden auch viel Kohlenstoff in Form von organischen oder anorganischen Kohlenstoffverbindungen. Sie stammen nicht zuletzt aus dem Kohlendioxid in der Luft, das von den Pflanzen aufgenommen wird und bei der Photosynthese in Form von Kohlenhydraten in den Organismus eingebaut wird. Ob eine Fläche in der Summe eine Kohlenstoffsenke ist oder eine Kohlenstoffquelle, hängt sehr von den Bedingungen im Boden ab und von der Pflanzendecke darauf. Frisch umgebrochenes Grünland, das fortan als Acker dient, gibt enorm viel Kohlenstoff an die Atmosphäre ab. Beim Grünland gilt: Je weniger es gedüngt wird und je feuchter es ist, desto klimafreundlicher ist es.

Eine extensive feuchte Weide, auf der robuste Rinder und Wasserbüffel grasen, das ist nach den Untersuchungen von Anita Idel eine besonders klimafreundliche Form der Landwirtschaft. Jede Tonne Wiesenhumus, der hier gebildet wird, entlastet demnach die Atmosphäre um 1,8 Tonnen Kohlendioxid. Es ist also eine ungerechte Verkürzung, beim Thema Klimaschutz pauschal die Kuh an den Pranger zu stellen.

Kohlenstoff ist der Hauptbestandteil von Humus, und auf einer Weide, auf der nicht zu viele Tiere stehen, bildet sich besonders viel Humus im Boden, viel mehr als im Wald.

Pflanzt man Bäume, werden zunächst große Mengen Kohlenstoff im Holz gebunden, die aus dem Kohlendioxid in der Atmosphäre stammen. Aber sobald der Wald »reif ist«, entweder die Bäume an Altersschwäche sterben und nachwachsen oder vom Förster geerntet und nachgepflanzt werden, stellt sich ein Gleichgewicht ein. Dann entspricht die Kohlenstoffbindung in den Bäumen der Kohlenstoff-Freisetzung aus dem Holz, das sich früher oder später wieder zersetzt. Selbst wenn es für eine Weile als Dachstuhl oder Tisch oder Brückengeländer verbaut wurde. Lediglich die Humusschicht im Waldboden wächst dauerhaft und lagert langfristig Kohlenstoff ein. Und in diesem Punkt ist die Weide dem Wald überlegen. Schon weil der durchschnittliche Humusanteil im Grünland wesentlich größer ist als im Wald. Ein kurzer Vergleich im globalen Maßstab macht das deutlich: Auf gut 33 Millionen Quadratkilometern Erdoberfläche steht Wald. Hierin sind 372 Milliarden Tonnen Kohlenstoff gespeichert. Grasland bedeckt etwas mehr Fläche, nämlich gut 37 Millionen Quadratkilometer. Aber in diesem nur geringfügig größeren Areal ist deutlich mehr Kohlenstoff gespeichert als im Wald: 588 Milliarden Tonnen. Die Zahlen hat eine Studie ermittelt, die unter anderem von der Heinrich Böll Stiftung im Jahr 2015 in Auftrag gegeben wurde. Übertroffen wird das Verhältnis von Fläche zu Kohlenstoff-Speicherleistung nur vom Moor, dem unangefochtenen Champion im Klimaschutz.

Ob ein Grasland-Ökosystem klimafreundlich ist oder nicht, hängt wie bereits erwähnt von der Bewirtschaftung ab. Hier ist die Weide der Mähwiese klar überlegen. Allerdings kommt es sehr auf die Bestandszahlen an. »Bio« allein macht die

Rinderhaltung nicht klimafreundlich. Erst wenn wenig Tiere auf großer Fläche weiden, wird ein Maximum an Kohlenstoff im ständig neu gebildeten Humus gebunden. Und das ist ja nicht der einzige positive Effekt einer extensiven Rinderweide! Hier entstehen hochwertige Lebensmittel, während es so viel Tierwohl gibt wie nur möglich. Schließlich können die Rinder ihre angeborenen Verhaltensweisen ausleben und erleben Tagesläufe und Jahreszeiten in der Sozialstruktur einer Herde.

Auf extensiven Weiden explodiert außerdem die Artenvielfalt. Der Ökologe und Zikadenexperte Herbert Nickel hat Weiden, auf denen Rinder, Pferde oder auch Wasserbüffel grasen, und Naturschutzwiesen, die stattdessen maschinell gemäht werden, verglichen. Er kam dabei zu verblüffenden Ergebnissen: Die Mahd kann mit der Beweidung nicht mithalten. Wie auch? Wird eine Heuwiese gemäht, liegt auf einmal der gesamte Pflanzenbestand am Boden. Kurz darauf wird das Mähgut entfernt und mit ihm ein Großteil der neuen Insektengeneration. Denn auf und in die Halme und Stängel haben zuvor unzählige Insektenweibchen ihre Eier gelegt. Alles umsonst! Wird dieselbe Fläche dagegen beweidet, »mähen« die Rinder über lange Zeit die Fläche peu à peu ab und lassen verteilt einzelne Halme und Büschel stehen. Auf die konzentrieren sich viele Kerbtiere (notgedrungen) bei der Eiablage, so dass schon von daher wesentlich mehr Wirbellose auf der Fläche leben. Zudem sind Weiden, wie oben ausgeführt, wesentlich strukturreicher als Mähwiesen und bieten entsprechend vielen Tierarten einen Lebensraum, der ihren speziellen Bedürfnissen entspricht. In den Trittsiegeln des Viehs nisten Wildbienen. Trockensuhlen laden Singvögel zu einem Staubbad ein. In Schlammlöchern fühlen sich Molche und Unken wohl. Sogar der Großtierdung ist eine wichtige Bereicherung des Lebensraums Weide, zumindest wenn die auf ihr lebenden Pflanzenfresser nicht prophylaktisch gegen Parasiten behandelt werden. In den üblichen Wurmkuren sind starke Gifte enthalten, die auch Insekten schädigen. Dabei ist so ein Dunghaufen der reinste Selbstbedienungsladen für viele Insektenfresser. Die Mistkäfer und Fliegen, die sich im Laufe eines Tages auf einem einzigen Kuhfladen tummeln, ernähren ein Vogelküken in der benachbarten Hecke. Und dies auch bei Regen und Kälte oder gar einem späten Wintereinbruch an den Eisheiligen, wenn sonst keine Insekten fliegen und die Brut verhungern würde!

All diese Fakten sollten eigentlich Anlass sein, die heimische Landwirtschaft grundlegend umzukrempeln. Die Tiere raus aus den Ställen zu holen und sie wieder auf die Weiden zu schicken. Zum Wohle ihrer selbst, zu unserem Wohle, zum Wohle der Artenvielfalt und des Klimas. Über die milliardenschweren Subventionen könnten hier genügend Anreize geschaffen werden. Dass das Fleisch dann teurer und knapper würde, käme wiederum unserer Gesundheit zugute, weil wir weniger davon äßen. Und die Flächen, auf denen heute Futtermittel für die Tiermast angebaut werden, stünden dem Anbau von Getreide, Gemüse oder Obst zur Verfügung, das der Ernährung der Menschen dient. Zikadenforscher Nickel und viele andere Weidebegeisterte sind davon überzeugt, dass wir das Insektensterben und den Rückgang der Artenvielfalt stoppen und sogar teilweise wieder rückgängig machen könnten, wenn wir nur ein paar Prozent der Landesfläche extensiv beweiden würden. Flussauen böten sich an und wenig ertragreiche Standorte in der Landwirtschaft. Bestimmt hat er recht. Aber noch fehlt es in der Politik an Bereitschaft, das Umsetzen derartiger Visionen in die Wege zu leiten. Und am erkennbaren Willen, etwas Grundsätzliches zu ändern. Der Kampf gegen die menschengemachte Erderwärmung ist in aller Munde. So hört man die Landwirtschaftsministerin davon reden, dass jetzt klimafeste Bäume (darunter auch exotische Arten wie die Douglasie) gepflanzt werden müssten. Von einer großflächigen Ausweisung extensiver Weiden auf staatlichen Flächen hingegen hört man nichts. Noch nicht. Hier liegt noch viel Überzeugungsarbeit vor jenen, die verstanden haben, wie wichtig, ja wie »systemisch« die großen Pflanzenfresser in der Landschaft sind. Sei es in Bezug auf das Klima oder auf die Artenvielfalt, die in der Feldflur stärker bedroht ist als in jedem anderen heimischen Landschaftstyp.

Mit einem »Weiter so« wird sich der Negativtrend in der Feldflur nicht abschwächen. Der eine Milliarde Euro schwere Europäische Landwirtschaftsfonds für die Entwicklung des ländlichen Raums (ELER) fördert unter anderem auch freiwillige Agrarumweltmaßnahmen. Er honoriert beispielsweise einen späten Mähzeitpunkt, Streifenmahd, Ackerrandstreifen und Landschaftselemente: alles wunderbare Vereinbarungen, die jeden Cent wert sind! Aber in der Summe wohl nicht geeignet, um den Arten- und Individuenschwund in der Agrarlandschaft zu stoppen Auch das Anfang 2021 vom Bundeskabinett auf den Weg gebrachte »Insektenschutzgesetz« ist in allen seinen Punkten zu begrüßen. Aber es ist sicher nicht das Rezept, mit dem man den rasanten Verfall der Biodiversität in der Feldflur aufhalten oder gar umkehren kann. Auf der anderen Seite sind die Landwirte selbst auch nicht gerade auf der Gewinnerseite. Vor 50 Jahren gab es in Deutschland noch etwa eine Million Bauernhöfe. Heute existiert davon noch gerade einmal ein Viertel. Und das Sterben der kleinen Höfe geht weiter! Es profitieren die größeren und vor allem die sehr großen Agrarbetriebe. Die viel gescholtene industrielle Landwirtschaft. Wer 1000 Hektar Grund hat, vielleicht günstig in der Nachwendezeit erworben, bekommt rund eine Drittelmillion Euro Steuergelder als Direktzahlung, ohne dass dafür eine erbrachte Arbeitsleistung oder gar eine Gegenleistung für die Gesellschaft erforderlich wäre. 20 Prozent der landwirtschaftlichen Betriebe in Deutschland schöpfen 80 Prozent der mehr als sechs Milliarden Euro Fördermittel ab. Was bleibt, sind die Belastungen der Umwelt mit Agrargiften. Und mit reaktivem Stickstoff; ein Sachverhalt, den wir am Schluss des Buches noch ausführlich behandeln werden. Fauna und Flora in der heimischen Kulturlandschaft sind auf dem Rückzug. Es ist höchste Zeit, die Landwirtschaftspolitik zu reformieren und eine nachhaltige, biodiversitätsfördernde und klimaneutrale Produktion von Lebensmitteln und Energie stärker zu belohnen. Dann besiedeln vielleicht wieder schwabbelige Braungrünalgen aus dem Erdaltertum und schillernd bunte Laufkäfer die Feldwege, während oben am Himmel die Feldlerchen ihre Lieder schmettern. Die Luft ist erneut erfüllt von Gezwitscher, Gezirpe und Gesumm. Und hinter einem Zaun, der von einem breiten Korridor voller bunt blühender Kräuter begleitet wird, kann man die Rinderherde mit kleinen Kälbern entdecken, wie sie aus einem lichten Wäldchen hin zur großen Wiese mit dem Froschweiher zieht, über dem so viele Schwalben jagen.

## KAPITEL 10

# Feuerkröten

Die bezauberndsten Naturerlebnisse hatte ich oft an den prunklosesten Orten. Einige haben sich aber so tief und derart positiv in mein Gedächtnis eingegraben, dass ich heute beispielsweise an keiner Pfütze mehr vorbeigehen kann, ohne einen prüfenden und wohlwollenden Blick in das Kleinstgewässer zu werfen.

Auch ganz andere Orte, die auf den ersten Blick keiner weiteren Beachtung wert sind, hatten für mich als Kind Bedeutung. Herumliegende Holzbretter zum Beispiel, unter denen ich etwa ganze Blindschleichenfamilien fand (weswegen auf unserem Grundstück heute an mancher sonnigen Stelle vor Gebüschen oft Bretter herumliegen). Oder morsche Baumstümpfe mit loser Rinde. Was ich dahinter als Knirps schon alles gefunden habe! Allerdings störte mich schon damals, dass die Rindenwohnung von Käfern, Molchen und Eidechsen verloren war, wenn man sie einmal vom Stamm gehebelt hatte. Besonders tragisch ist so etwas natürlich im Winter, weil die durch menschliche Neugier obdachlos gewordenen Kreaturen keine neue Bleibe finden können. Allerdings fiel mir da schon als Kind eine gewisse Diskrepanz auf. Die einzelnen, heimatlos gewordenen Individuen, wie sie da kältestarr neben »ihrem« Baumstumpf liegen, tun einem leid. Die unzähligen Tiere dagegen, die beim Spritzen eines Ackers oder auch beim Mähen einer Naturschutzwiese zu Schaden kommen, lassen uns vergleichsweise ungerührt. Ähnlich sieht es auch das Naturschutzgesetz: Kinder dürfen Laufkäfer und Waldeidechsen nicht aus ihrer Rindenwohnung holen! Obwohl das sicher nicht die Ursache für das Seltenwerden dieser Tiere ist.

Zu meinen Lieblingskinderbüchern gehörte *Der Räuber Hotzenplotz* von Otfried Preußler. Da verwandelte einmal der Zauberer Petroselius Zwackelmann die gute Fee in eine Unke. Zum Glück gelingt es dem Kasperl, die abscheuliche Tat rückgängig zu machen. Der Zauberer selbst endet dafür tragisch, indem er in einen Unkenpfuhl stürzt. Mein nicht zu bändigendes Interesse an Kriechtieren und Lurchen konnte das zwar nicht beeinträchtigen, aber dennoch blieb mir die Unke als potenziell unheimlich im Gedächtnis haften.

Auch die Warnungen der Eltern und Großeltern vor den Krankheiten, die im Pfützenwasser lauern würden, ebneten nicht gerade meinen Weg zu Unke und Unkenlebensraum. Sie schlug ich allerdings sofort in den Wind, als ich meine ersten Gelbbauchunken entdeckt hatte. Das war auf einem Familienausflug an einem sonnigen Wanderweg in der Nähe des oberbayerischen Walchensees. In einem besonderen Seitental, in dem man Feuersalamander und Alpensalamander nebeneinander finden konnte. Das Beste waren aber die Unken mit ihrem melancholischen »Hupen«! Wenn man sich am Rande der Pfütze ganz ruhig verhielt, konnte man den Tieren sogar dabei zusehen, wie sie Insekten zu erbeuten versuchten, die zum Trinken an die Pfütze geflogen kamen. Natürlich musste ich auch eine der Unken in die Hand nehmen. Ich wollte ja unbedingt einmal die gelb und blauschwarz gefleckte

Unterseite sehen. Was für eine Farbenpracht! Und dann die Augen mit der herzförmigen Pupille … Ich war von der ersten Begegnung an verliebt in die kleinen Lurche und wusste natürlich nicht, was für eine zoologische Besonderheit ich da vor mir hatte.

Die »Feuerkröten«, wie die Unken früher auch genannt wurden, sind nämlich lebende Fossilien. Bereits vor mehreren Millionen Jahren, noch bevor die »Eiszeit« mit ihrem Auf und Ab der Temperaturen anbrach, gab es echte Unken bei uns. Ihre Knöchelchen finden Paläontologen immer wieder. Unken gehören überhaupt zu den urtümlichsten Amphibien auf der Welt, den sogenannten Urfröschen, die bereits im Zeitalter des Jura entstanden. Niemand weiß, wo sie damals lebten. Vielleicht riefen die Urunken aus den regenwassergefüllten Fußstapfen der gewaltigen Pflanzenfresser jener Zeit. Spätestens nach einem ausgiebigen Schlammbad hinterließen die tonnenschweren Dinosaurier bestimmt viele Pfützen, in denen sich das Regenwasser lange genug hielt, damit sich die Unkenvorfahren vermehren konnten. Wie häufig Dinosuhlen und Urzeitunken damals waren, lässt sich natürlich nicht sagen. Heute ist zumindest die Unke selbst selten und im Bestand bedroht.

Es gibt bei uns nicht nur *die Unke,* da sind wir quasi von der Naturgeschichte her privilegiert. Von weltweit sechs Arten dieser urtümlichen Lurche leben gleich zwei bei uns. Die Rotbauchunke im Osten der Republik und die Gelbbauchunke in der Südhälfte Deutschlands. Dann wären da noch eine Art in Italien und drei in China. Alle lieben Klein- und Kleinstgewässer. Und die sind keineswegs einfach Dreckwasser voller Keime! Das Ignorieren der Befürchtungen meiner Großeltern und das Überwinden der Vorurteile aus Märchen und Geschichten waren also der Beginn einer echten Liebe zu kleinen warzigen Froschlurchen mit buntem Bauch. Die Beschäftigung mit den Unken führte zu allerhand Erkenntnissen. Beispielsweise dass manche meiner Kinderbücher über die Natur falschlagen, wenn darin die Abbildung einer auf dem Rücken liegenden Gelbbauchunke mit der Bemerkung versehen war: »Unke in Abwehrstellung«. In Wahrheit biegen die Unken bei Gefahr und wenn ihnen der Fluchtweg in die Pfütze abgeschnitten ist, nur ihren Rücken durch und drehen Hand- und Fußinnenflächen nach außen, so dass diese von oben betrachtet ein bisschen wie gelbe Augenpaare wirken. Erst wenn der Angreifer (oder der kleine Junge) den Lurch auf den Rücken dreht, bekommt er das ganze Ausmaß der Warnfarbe zu sehen.

Die Unkenliebe war auch mit daran schuld, dass ich begann, mich mit der Ökologie unserer verschwundenen Großtiere zu beschäftigen. Mir fiel schon früh auf, dass man Unken vor allem in lichten Wäldern und dort in den wassergefüllten Fahrspuren von Forstfahrzeugen findet. In den Jahrmillionen, in denen die Unken ohne Mensch und Forstfahrzeuge auskommen mussten (oder durften), hatten wohl mächtige Pflanzenfresser die Rolle inne, beim Suhlen Biotope für die Unken zu hinterlassen. Und die sind längst verschwunden. Ein Grund, warum der Lebensraum Kleinstgewässer und seine Bewohner heute bedroht sind.

Mehr Pfützen braucht das Land! Sie sind nämlich nicht nur Unkenbiotop. Es gibt jede Menge Tierarten, die sich auf jene Gewässer spezialisiert haben, welche zuverlässig nach ein paar Wochen wieder austrocken. So ist garantiert, dass ihr Nachwuchs nicht von Fischen oder Libellenlarven aufgefressen wird. Denn die können hier natürlich nicht leben. Molche, Kröten, Wasserkäfer und Urzeitkrebse dafür umso besser. Und weil es in heimischen Gefilden überall auch mal kräftig regnet und Pfützen entstehen (ganz gleich, ob in den Suhlen großer Tiere oder auf Wegen in Wagenspuren), gehören Wassertiere auch zu den Bewohnern unserer trockensten Landschaften. Selbst in den steppenartigen Heidegebieten, mit denen wir betörende Düfte und Farben und sommerliches Hitzeflimmern verbinden. Zeit, sich diesen besonderen Lebensraum einmal näher anzusehen.

## KAPITEL 11

# Lebensraum Heide

*Es ist so still; die Heide liegt*
*Im warmen Mittagssonnenstrahle,*
*Ein rosenroter Schimmer fliegt*
*Um ihre alten Gräbermale;*
*Die Kräuter blühn; der Heideduft*
*Steigt in die blaue Sommerluft.*

*Laufkäfer hasten durchs Gesträuch*
*In ihren goldnen Panzerröckchen,*
*Die Bienen hängen Zweig um Zweig*
*Sich an der Edelheide Glöckchen,*
*Die Vögel schwirren aus dem Kraut –*
*Die Luft ist voller Lerchenlaut …*

*Ein halbverfallen niedrig Haus*
*Steht einsam hier und sonnbeschienen;*
*Der Kätner lehnt zur Tür hinaus,*
*Behaglich blinzelnd nach den Bienen;*
*Sein Junge auf dem Stein davor*
*Schnitzt Pfeifen sich aus Kälberrohr.*

*Kaum zittert durch die Mittagsruh*
*Ein Schlag der Dorfuhr, der entfernten;*
*Dem Alten fällt die Wimper zu,*
*Er träumt von seinen Honigernten.*
*– Kein Klang der aufgeregten Zeit*
*Drang noch in diese Einsamkeit.*

THEODOR STORM (1817–1888): Abseits

Mitte August 2020 fahre ich bei drückender Hitze von einer Heide zur anderen. Von der Kyritz-Ruppiner Heide, im Nordwesten Brandenburgs, auf der A24 in Richtung Döberitzer Heide bei Berlin. Die beiden Schutzgebiete könnten unterschiedlicher kaum sein, und doch haben sie vieles gemeinsam, zeigen zusammen die ganze Entwicklung auf, die dazu führt, dass ein Gelände in den Sommermonaten, zur Heideblüte, aussieht, als hätte jemand aus Millionen Kübeln rosa Farbe über die Landschaft gekippt. Ich bin gemeinsam mit meinen Mitarbeitern Kay Ziesenhenne und Jonathan Wirth unterwegs, und wir haben allerhand Spezialausrüstung dabei. In beiden Heidegebieten sind es seltene und scheue Raubtiere, auf die wir Jagd machen; mit der Kamera, versteht sich. Und damit das alles auch klappt, setzen wir auf das Wissen von Experten vor Ort. Im einen Fall auf die Mitarbeiter des Bundesforstes, die in der Kyritz-Ruppiner Heide den Wald zurückdrängen müssen, anstatt ihn zu hegen und zu pflegen. Im anderen Fall auf Hannes Petrischak, den Bereichsleiter Naturschutz der Heinz Sielmann Stiftung. Hannes ist einer der seltenen Zoologen, die zu den meisten Tiergruppen der Heimat etwas sagen können. Einen seiner Interessensschwerpunkte hat er bei jenem Raubtier, das wir jetzt in der

Döberitzer Heide, nicht weit vom Berliner Stadtrand entfernt, filmen wollen. Ein Raubtier, das noch vor Kurzem bei uns als ausgestorben galt und dann plötzlich wieder da war. Ein Tier mit großen Augen und gewaltigen Kiefern, das seine Opfer mit einer Giftinjektion lähmt und anschließend lebendig vergräbt …

Etwa ein Zwanzigstel von Deutschland ist mit Heide bedeckt. Heide im weitesten Sinne. Wie wir noch sehen werden, verbirgt sich hinter dem Begriff nämlich nicht nur die rosa blühende Monokultur aus Besenheide, wo pittoresk ein paar Birken aus dem Boden ragen. Das Wort Heide kommt aus dem Althochdeutschen und bedeutete ursprünglich so viel wie »unkultiviertes Land«. Ein für unsere Betrachtungen besonders interessanter Lebensraum. Als unfruchtbar galt dieses Land, wenn auch nur aus der Sicht der Bauern. Auf den sandigen und mageren Böden waren keine guten Erträge zu erzielen. Der Mensch holte dennoch etwas aus ihnen heraus, vor allem Futter für das Vieh. Oft nutzten die Bauern einer Gemeinde das Umland der Dörfer gemeinschaftlich als Weidegrund für ihre Tiere. Solche Allmendeweiden wurden ebenfalls als Heiden bezeichnet, wobei kaum zwischen Wald und Weide unterschieden wurde. Rinder und Pferde grasten hier in lichtem Wald, dort in baumbestandenem Offenland. Der landschaftliche Unterschied war nicht selten marginal, die Übergänge fließend. Diese von der Gemeinschaft für das Vieh in Anspruch genommenen Flächen wurden oft ohne Rücksicht auf deren Regenerationsfähigkeit genutzt. Im Gegensatz zur eigenen Scholle achtete man kaum auf den Erhalt der Fruchtbarkeit. Wo Wald war, lichtete der immer weiter auf. Die Weidetiere fraßen die zarten Keimlinge der Bäume einfach auf. Dass der Nachwuchs vieler Bäume so gut schmeckt, ist die Erklärung dafür, warum sie in ihrem langen Leben schier unendlich viele Samen produzieren. Nur damit – statistisch gesehen – der Mutterbaum irgendwann durch *einen* Abkömmling ersetzt wird. Oder die Eltern durch *zwei* Abkömmlinge – bei jenen Arten nämlich, wo männliche und weibliche Blüten nicht auf ein und demselben Baum sitzen, sondern es Exemplare unterschiedlichen Geschlechts gibt. Gehölze, die Bitterstoffe enthalten oder Dornen bzw. Stacheln entwickeln, halten dem Fraßdruck am längsten stand. Viele Kräuter sind ungenießbar oder schmecken schlecht und vermeiden es so, von Weidetieren gefressen zu werden. Andere Gewächse, viele Gräser zum Beispiel, setzen nicht auf Abschreckung, sondern auf Regeneration. Auch sie sind perfekt an das Vorkommen von großen Pflanzenfressern angepasst. Wenn allerdings dauerhaft zu viele Tiere auf eine Allmendeweide getrieben und daran gehindert werden, in üppigere Nahrungsgründe auszuweichen, dann verarmt und verödet das Gebiet immer mehr.

Der sandige Boden in den typischen Heidegebieten ist so dürftig mit Nährstoffen und Wasser versorgt, dass hier jene Pflanzenarten im Vorteil sind, die besonders an magere Verhältnisse angepasst sind. So wie das Heidekraut, das sich unter solchen Bedingungen flächendeckend ausbreiten kann. Und zur Blütezeit, im warmen, weichen Licht der auf- oder untergehenden Sonne, ganze Landschaften in Farben tunkt, die von Hellorange bis Dunkelviolett reichen. Ein betörender Sinneseindruck für uns Menschen, der durch den süßen und zugleich herben Blütenduft noch verstärkt wird.

Die wohl bekannteste Heide unserer Heimat ist die Lüneburger Heide. Bereits in der Jungsteinzeit, vor etwa 5000 Jahren, siedelten sich hier die ersten Bauern an. Damals herrschte in Mitteleuropa ein wärmeres Klima als heute. Diese Klimaepoche wird »Atlantikum« genannt oder auch »Klimaoptimum«. Ein Begriff, der heute von einigen Menschen nicht mehr gerne verwendet wird, weil sie fürchten, er könne der gegenwärtigen, menschengemachten Klimaerwärmung einen positiven Anstrich verleihen. Jedenfalls erleichterte das milde und zugleich feuchtere Klima damals den Menschen die Besiedelung von weniger fruchtbaren Randlagen. Die Heidebauern fällten Bäume, um die Lichtungen zu vergrößern, auf denen sie dann neben den Weideflächen kleine Äcker anlegten. Sie kannten jedoch noch keine systematische Düngung. Die durch den Feldbau auf dem sandigen Boden nach ein paar Jahren ausgelaugten Flächen wurden wieder der Natur überlassen. Ebenso jene, wo das Vieh die Vegetation so stark heruntergefressen hatte, dass sie nichts mehr hergab. Die Menschen wurden aber immer mehr, und damit stieg auch die Zahl ihrer Haustiere. Ab etwa 3000 v. d. Z. entstanden durch die zunehmend intensive Beweidung der Wälder immer größere offene Heideflächen. Die Weidetiere fraßen nicht nur Baumsprösslinge und Gräser ab. Sie trampelten zu Hunderttausenden über die dünne Humusschicht und legten dabei den sandigen Boden frei. Spätestens in der Eisenzeit schufen die Bauern selbst großflächig Rohboden. Beim sogenannten »Plaggen« stachen sie den mageren Heideboden aus und verfrachteten ihn, gemischt mit Stallmist, auf ihre Äcker. Was hier den Ertrag erhöhte, hinterließ auf den abgeplaggten Bereichen offenen Sandboden, auf dem sich dann eine spezielle Flora und Fauna ansiedelte. Und weil das Plaggen eine so anstrengende Tätigkeit war, hat es sich in unserem Sprachgebrauch bis heute erhalten – als Plackerei.

Pflanzen, die mit Sand, Nährstoffarmut und praller Sonneneinstrahlung zurechtkommen, profitierten stark von der Wirtschaftsweise der Heidebauern. Allen voran die Besenheide, *Calluna vulgaris*, jenes Gewächs, an dessen Blütezeit im August und September sich so viele Urlauber orientieren.

Dass die farbenfrohen Zwergsträucher einmal etwas abwerfen würden, indem sie Heerschaaren von Touristen anlocken, hätten sich die Menschen in alter Zeit wohl niemals vorstellen können. Sie arrangierten sich indes mit den immer größeren rosa blühenden Flächen. Die Bauern hielten Schafe, die auch die wenig zarten Heidegewächse als Futter verwerten konnten, und betätigten sich als Imker. Nektar und Pollen war ja – wenn auch nur im Hochsommer – geradezu im Überfluss vorhanden. So ging das mehrere Jahrtausende lang, bis in der Neuzeit das Leben als Heidebauer plötzlich unwirtschaftlich wurde. Importierte Schafwolle überschwemmte den Markt, und die Bedeutung von Wachs für die Herstellung von Kerzen sank. Als man im 20. Jahrhundert schließlich mit Motorkraft und Kunstdünger selbst schlechte und sandige Böden bearbeiten konnte, schmolzen die großen Heideflächen wie im Zeitraffer dahin und mit ihnen ein wertvoller, wenn auch künstlicher Lebensraum.

Erst in der zweiten Hälfte des letzten Jahrhunderts, in dem das Verständnis für ökologische Zusammenhänge stark gewachsen war und die Artenvielfalt immer mehr aus unserer intensiv genutzten Landschaft zu verschwinden drohte, erkannte man den Wert der Heidegebiete und begann die verbliebenen Flächen zu schützen. Manche Heide wurde allerdings nicht vom Naturschutz über die Zeit gerettet, sondern von einer gesellschaftlichen Gruppe, die man kaum mit Naturschutz in Verbindung bringt. So auch bei der Döberitzer Heide am westlichen Stadtrand von Berlin. Sie gehört zu den herausragenden Gebieten Deutschlands, was etwa den Artenreichtum an Hautflüglern betrifft. Das Walhalla für Liebhaber von Wildbienen und Wespen! Jeweils um die 200 Arten schwirren in dem Gebiet herum, bei den Wespen ein paar mehr, bei den

Bienen ein paar weniger. Ein unglaublicher Reichtum. Viele der seltenen Arten gibt es hier schon seit jeher. Das heißt, sie lebten in dem Gebiet bereits, bevor es Naturschutzgebiet wurde. Wer oder was hat ihren Lebensraum in der Döberitzer Heide geschaffen und erhalten?

Anno 1713 wurde Friedrich Wilhelm I. König von Preußen. Er war ein Militärliebhaber und begann noch im selben Jahr bei Döberitz mit ausgedehnten Truppenübungen. Sein Sohn und Nachfolger, Friedrich II., hielt später genau hier ein erstes Großmanöver mit 44 000 Soldaten ab. 140 Jahre später wurde das Gelände offiziell zum Truppenübungsplatz, und das namensgebende Dorf wurde aufgegeben. Ab da gaben sich die kaiserliche Armee, die Reichswehr der Weimarer Republik, die Wehrmacht der NS-Zeit, russische Truppen und die Bundeswehr die Schlüssel in die Hand. Weil die Döberitzer Heide als Truppenübungsplatz nie intensiv bewirtschaftet, d. h. hier nie gedüngt, gepflügt, gespritzt und aufgeforstet wurde, konnte sich eine enorme Artenvielfalt entwickeln. Heute leben hier mehr als 5000 Pflanzen- und Tierarten. Darunter zahlreiche sehr seltene Spezies. Nach fast 300-jähriger Nutzung verließ das Militär im Jahr 1992 das Gelände. Die Döberitzer Heide wurde zwar kurz darauf Naturschutzgebiet, aber sie war sich selbst überlassen und drohte nun von Gehölzen überwuchert zu werden. Das wäre für die meisten Bewohner aus der Tier- und Pflanzenwelt das Aus gewesen.

Im Jahr 2004 erwarb die Heinz Sielmann Stiftung für 2,3 Millionen Euro fast zwei Drittel des ehemaligen Truppenübungsplatzes. Seitdem läuft dort ein einzigartiges Naturschutz-Großprojekt: eine Heidelandschaft von mehr als 3600 Hektar mit einer weitläufigen Kernzone, in der Wisente, Rothirsche und Przewalski-Pferde als große Pflanzenfresser dafür sorgen, dass der Lebensraum für die bedrohten Wildbienen und all die anderen Tier- und Pflanzenarten erhalten bleibt. Sprich: nicht mit Kiefern und Eichen und aus Amerika eingeschleppten Traubenkirschen und Robinien zuwächst. Denn die allermeisten Organismen, die hier leben, sind sogenannte Offenlandarten. Sie brauchen das pralle Sonnenlicht und kommen sowohl mit Trockenheit als auch mit Hitze zurecht. Allerdings begann der ehemalige Truppenübungsplatz in der Zeit, in der er kaum oder gar nicht mehr militärisch genutzt wurde, immer mehr zu beschatten. In vielen Teilbereichen ist ein richtiger Wald entstanden, und gegen den kommen eine Handvoll Wisente und Pferde nicht an. Deswegen unterstützt die Heinz Sielmann Stiftung die Großtiere, indem sie durch das Fällen von Bäumen bestimmte Bereiche auflichten lässt, die fortan durch die Huftiere baumfrei gehalten werden sollen. Irgendwann wird sich zwischen Bäumen und einer ausreichend großen Zahl an Großtieren ein Gleichgewicht einstellen, spekuliert man bei der Stiftung. Ich auch, denn seit 2015 bin ich Mitglied des Stiftungsrats und darf seitdem die Geschicke der Stiftung begleiten. Zielsetzung ist es, dass es in der Döberitzer Heide niemals so viele hungrige Mäuler geben soll, dass der Wald völlig verschwindet. Aber genügend, damit die Fläche nicht zuwächst. Es wird spannend sein zu beobachten, wie dieses Ziel Schritt für Schritt erreicht wird und wie sich das Heidegebiet dabei verändert und entwickelt. Der Reichtum an Arten und Individuen dürfte jedenfalls weiterhin in die Höhe klettern. Eines der »Filetstücke« der Döberitzer Heide ist ein weitgehend nacktes Sandgebiet in der Kernzone, die sogenannte »Wüste«. Die Fläche wurde von der Roten Armee als Übungsstraße für Panzerfahrer genutzt.

Kay, Jonathan und ich sind Hannes Petrischak durch die Sicherheitsschleuse im Elektrozaun gefolgt und befinden uns jetzt in einer wilden Landschaft, in der jederzeit eine Herde

Przewalski-Pferde oder ein Wisentbulle auftauchen kann. Ein erhebendes Gefühl! Vereinzelt sieht man Spuren ihrer Anwesenheit: umgeknickte und angeknabberte Bäumchen, Trittsiegel und Pfade im Sand, Dunghaufen. All diese Strukturen lohnen einen genauen Blick. An verletztem Holz wachsen besondere Flechten und Pilze. Im festgetrampelten Boden haben Wildbienen ihre Brutstollen. An den Dunghaufen tummeln sich jede Menge Kerbtiere. Je nachdem, wie alt der Haufen ist, ganz unterschiedliche. Frisch abgesetzter Pferde- und Wisentdung lockt zahlreiche Mist- und Stutzkäfer sowie Fliegen an, die sich darin vermehren. Es macht mir seit jeher Freude, diesem perfekten Recycling zuzusehen. Wie aus dem Nichts kommen verschiedene Dungkäfer angeflogen und landen stets etwas unbeholfen. Sofort beginnen sie damit, sich in den Dung hineinzuarbeiten. Ihr ganzer Körper ist auf das Graben eingestellt. Die Vorderbeine sind gezähnt und verbreitert – Grabgabel und Schaufel in einem. Im Nu verschwinden sie im Wisentmist. Ich kann sie nicht weiter beobachten, weiß aber, was nun geschieht. Die Käferweibchen legen Tunnel unter dem Misthaufen an und befördern portionsweise Mist hinein, den sie zu kleinen Kugeln formen. Die mitunter hornbewehrten Männchen helfen ihnen dabei, wenn sie nicht gerade den Stolleneingang ihres Weibchens gegen einen Rivalen verteidigen müssen. Das Weibchen legt derweil neben jede kleine Mistkugel ein einzelnes Ei. Wenn die Dungkäferlarve einmal geschlüpft ist, wird ihr dieser Vorrat an Mist genügen, um sich zu einem fertigen, flugfähigen Käfer zu entwickeln.

Ein bisschen fühle ich mich wie auf vergangenen Reisen nach Afrika, wo man sich bei Exkursionen immer wieder umschaut, um sicherzugehen, dass keine tierische Überraschung droht. Wie auf einer Expedition in einem fernen Land stehe ich auch hier im Lebensraum von kleinen Tieren, die ich nur aus Büchern kenne und noch nie lebend gesehen habe. An diesem Nachmittag in der Döberitzer Heide betrifft das unter anderen eine der größten und farbenprächtigsten heimischen Fliegen: die Hornissenraubfliege. Hannes hatte erzählt, dass sie hier gar nicht selten ist. Eine Fliege, die in Größe und Färbung wehrhafte Hornissen nachahmt, um ihre Fressfeinde abzuschrecken. Dieses sagenhafte Insekt will ich seit Langem erleben! Das Habitat ist wie maßgeschneidert: weitläufige Sandflächen mit einem spärlichen Bewuchs aus Silbergras, Besenheide, Natternkopf und Sandstrohblume. Dazu die bereits erwähnten Spuren der großen Tiere, vor allem ihr Dung. Und tatsächlich: Wie von Hannes angekündigt, entdecken wir bald eine männliche Hornissenraubfliege, der ein alter, trockener Dunghaufen als Sitzwarte dient. Fast ununterbrochen putzt sich das offensichtlich recht reinliche Tier die »Hände«, besser gesagt die Fußglieder der Vorderbeine. Dann startet es plötzlich, um einen vorbeifliegenden Mistkäfer zu erbeuten und ihn als Brautgeschenk einem Weibchen zu bringen, das ebenfalls auf der Hinterlassenschaft eines Wisents thront. Nach der Paarung wird sie Eier in den Boden legen, und zwar in der Nähe von Dunghaufen. Der Nachwuchs der Hornissenraubfliegen macht nämlich bevorzugt Jagd auf Mistkäferlarven. Die Dreiecksbeziehung zwischen Wisent, Mistkäfer und Raubfliege spielt sich direkt vor meinen Augen, und den Objektiven unserer Kameras, ab. Die Protagonisten heute beobachten zu dürfen, nehme ich als Glücksmoment wahr, der lange nachwirken wird. Schöner könnte es jetzt selbst in der Serengeti nicht sein!

Mir wird allerdings, wie so oft in solchen Situationen, bewusst, dass ich auf einer kleinen Insel bin, in der die Welt der Tiere noch in Ordnung ist. Ob sich besondere Arten beobachten lassen, hängt dabei nicht nur von der Größe eines

Gebietes ab. In diesem Fall spielt eine wichtige Rolle, dass die Wisente und Pferde nicht gegen Parasiten behandelt werden (und wegen der niedrigen Besatzdichte nicht behandelt werden müssen). Nicht nur die Hornissenraubfliege, auch die Hälfte der heimischen Mistkäferarten ist im Bestand bedroht. Die regelmäßigen Wurmkuren, die die meisten Rinder und Pferde im Land bekommen, schaden den kleinen Mitbewohnern sehr. Die Arzneien vernichten nicht nur Parasiten, sondern auch jede Menge geschützte Insekten, die im, am und vom Dung leben. Deswegen gedeiht die Artenvielfalt, wo in extensiver Weidehaltung auf präventive Medikamentengaben verzichtet wird. So wie hier auf dem ehemaligen Truppenübungsplatz Döberitz.

Auch heute noch ist die vom Militär geschaffene »Wüste« von frischen Trichtern übersät. Allerdings stammen die nicht von abgeworfenen Sprengkörpern. Sie sind kaum fingertief, und am Grund lauert ein Tier, das aussieht wie aus einem Science-Fiction-Film entsprungen. Die Trichterbauer sind buckelige Wesen mit einem Dutzend Augen am Kopf, aus dem schier überdimensional große Mundwerkzeuge ragen: gewaltige Kieferzangen mit je einem Gift- und einem Saugkanal und voller scharfer Zähne. Die Minimonster sind Ameisenlöwen, genauer die Larven der Dünen-Ameisenjungfer.

Bäuchlings zwischen den Trichtern liegend, können wir die Ameisenlöwen mit der Kamera dabei beobachten, wie sie durch das ruckartige Zurückwerfen des Kopfes Garben aus Sandkörnern nach oben schleudern, sobald sich beispielsweise eine Ameise am Kraterrand blicken lässt. Das hat zweierlei Effekte: Einmal kann die Wucht der auftreffenden Mikrogesteinsbrocken das Opfer zum Absturz bringen. Zum anderen verursacht das Hinauswerfen von Sand, dass die Trichterwand nachgibt und Material vom Rand nachrutscht – im Idealfall mitsamt Beute. Die wird dann mit den langen Kieferzangen gepackt und anschließend ausgesaugt. Was mich dabei immer wieder erstaunt, ist die Tatsache, dass die kleinfingernagelgroßen Ameisenlöwen in ihrem Trichter auch bei der größten Mittagshitze im Hochsommer ausharren, ohne dabei zu überhitzen und zu verdorren. Tatsächlich sind die Trichter aber ein guter Hitzeschutz. Wenn die Sonne ihre größte Kraft entfaltet und hoch oben am Himmel steht, treffen ihre Strahlen auf die schrägen Trichterwände in einem flacheren Winkel als auf den umliegenden Sandboden. So heizt sich die Behausung der Ameisenlöwen nicht so stark auf. Steht die Sonne tiefer, gibt es immer eine beschienene und eine unbeschienene Trichterseite. Der Ameisenlöwe kann sich also stets auf die Schattenseite seines Baus zurückziehen und so der Hitze entgehen. In den echten Wüstengebieten der Erde gibt es Ameisenlöwen, die ihre Fangtrichter in Böden anlegen, auf denen Oberflächentemperaturen von 80° C gemessen wurden. Ob es mittags an einem sonnigen Julitag in der Döberitzer Heide wirklich so viel kühler ist?

Mit dem Filmen und Beobachten von besonderen Mistkäfern, Raubfliegen und Ameisenlöwen ist das Soll an diesem Tag noch nicht erfüllt! Erst verfolgen wir mit Hannes Petrischak, wie grünäugige Kreiselwespen ihren Baueingang in beeindruckender Geschwindigkeit freigraben und wieder verschließen. Immer dann nämlich, wenn sie mit einer gefangenen Bremse oder Schwebfliege ihre Larven versorgen, die 20 Zentimeter tief im Sand liegen. Dann begegnen wir auch noch dem zurückgekehrten Raubtier mit der Giftinjektion, das seine Opfer bei lebendigem Leibe vergräbt: die Heuschreckensandwespe. Sie gehört zu den prominentesten heimischen Insekten, weil sie groß und lebhaft gefärbt ist und ihre höchst interessante Biologie unerschrocken zur Schau stellt. Sprich: Sie zeigt keine Scheu vor Menschen bei ihrer Jagd auf Langfühlerschrecken, die sie direkt vor der Nase des Betrachters verschleppt und vergräbt. Die Heuschreckensandwespe ist zwar lange nicht so bekannt und beliebt wie Hirschkäfer und Schwalbenschwanz oder andere »Größen« aus der Insektenwelt. Dabei sprechen die Fachleute, wenn es um die Heuschreckensandwespe geht, ehrfurchtsvoll von »dem Sphex«, was von seinem wissenschaftlichen Namen *Sphex funerarius* herrührt. Der Sphex ist in Südeuropa weitverbreitet, und darüber hinaus findet man ihn in Nordafrika und in Asien. Es handelt sich also streng genommen nicht um ein seltenes Insekt, allerdings verläuft die Grenze seiner Verbreitung durch Deutschland; mal weiter nördlich und mal weiter südlich. Sogar auf Gotland gibt es ein isoliertes Vorkommen. Die schwedische Insel wurde wohl irgendwann in der Vergangenheit besiedelt, als es in Europa wärmer war als heute. Aufgrund des milden Lokalklimas konnte sich die Art dort bis heute halten. In Deutschland schwankt die Häufigkeit der wärmebedürftigen Heuschreckensandwespe mit dem Klima. Alte Aufzeichnungen beschreiben sie als ziemlich gemein. In den 1970er Jahren dagegen (an die ich mich unter anderem deswegen gut erinnere, weil wir als Kinder jedes Jahr weiße Weihnachten hatten und Schneemänner und Iglus im Garten bauten) war die Heuschreckensandwespe aus Deutschland verschwunden. Jetzt, dank Klimaerwärmung, breitet sie sich wieder aus. Und besiedelt bevorzugt trockene und sandige Gebiete wie die Döberitzer Heide vor den Toren Berlins.

Heiden waren und sind keine Spezialität Ost- oder Norddeutschlands. Ohne mir allzu viel Gedanken darüber zu machen, verbrachte ich meine gesamte Kindheit in einer ehemaligen Heidelandschaft. Ich bin nämlich in der »Münchner Schotterebene« aufgewachsen. Was das bedeutete, merkte ich sofort, wenn ich mit der Schaufel in den Boden grub, um einen Strauch zu pflanzen oder einen Amphibientümpel anzulegen. Beides tat ich regelmäßig, nicht nur daheim im Garten meiner Eltern. Die meisten Löcher grub ich als Freiwilliger und als Zivildienstleistender beim Landesbund für Vogelschutz (LBV). Jedes Mal war es dasselbe: Unter einer Humusschicht von 20 oder 30 Zentimetern Dicke kamen Kies und Sand zum Vorschein. Wurde irgendwo in der Nachbarschaft ein Kanal gegraben: Kies. Der Aushub auf der nahen Baustelle: Kies. Ein neuer U-Bahnschacht mitten in München: Kies. Das war für mich als Kind so normal, dass ich der Meinung war, Böden bestünden generell aus Kies. Viel später erkannte ich die Besonderheit dieser Kiesschicht. Sie setzt sich aus zerbröselten Bruchstücken der Alpen zusammen, von Gletschern und Fließgewässern ins Alpenvorland verfrachtet und dabei zermahlen und rund geschliffen.

Worüber ich mir als Jugendlicher ebenfalls wenig Gedanken machte, war, warum der Ort, an dem mein Elternhaus stand, Grasbrunn und die Nachbarorte Putzbrunn, Ottobrunn und Siegertsbrunn hießen. Im gemeinsamen Namensbestandteil liegt der Schlüssel zum Verständnis: All diese Orte waren vor langer Zeit bedeutende Brunnen, und das war hier etwas Besonderes. Die Münchner Schotterebene ist ein 1500 Quadratkilometer großes Areal, das vereinfacht ausgedrückt wie ein Dreieck aussieht, in dessen Mitte die bayerische Landeshauptstadt liegt. In diesem Gebiet haben sich im Laufe mehrerer »Eiszeiten« ungeheure Mengen an Gesteinsschotter abgelagert. Eine gigantische Geröllfläche, im Süden bis zu 100 Meter mächtig, in der es nur wenige natürliche Seen und Bäche gibt. Für die Menschen, die sich im frühen Mittelalter verstärkt in dieser Gegend niederließen, war es aber von zentraler Bedeutung, an Trinkwasser zu gelangen. Die Orte in der Schotterebene, an denen das Grundwasser erreichbar war und sich Brunnen bohren ließen, waren daher begehrte Siedlungsplätze und erhielten einen entsprechenden Namen. Erst im Norden der Münchner Schotterebene wird die Kiesschicht so dünn, dass die Bäume mit ihren Wurzeln durch sie hindurch wachsen und das Grundwasser erreichen können. Wiederum nördlich davon tritt das Wasser aus dem Schotterkörper offen zu Tage. Das hat zur Bildung großer Niedermoorgebiete geführt: Dachauer Moos, Freisinger Moos oder auch das Erdinger Moos. Regionen, denen man ihren Moorcharakter heute freilich kaum mehr ansieht. Wie bei den Heiden sind auch die Moore in dem Maße verschwunden, in dem sich mittels Maschinen und Agrarchemie praktisch jeder Untergrund in eine landwirtschaftliche Produktionsfläche verwandeln ließ.

Was hat nun die Schotterebene mit der Heide zu tun? Das Prinzip ist dasselbe wie in den klassischen Heidegebieten im Norden: ein nährstoffarmer und wasserdurchlässiger Boden, auf dem sich eine besondere Pflanzen- und Tierwelt ansiedelt, die an karge Verhältnisse angepasst ist. Ob nun auf Sandboden wie in der Lüneburger oder der Kyritz-Ruppiner Heide in Norddeutschland oder auf einem Untergrund aus Kies wie hier im Süden. Hier wie da entwickelt sich eine schüttere Vegetation aus Gräsern, Kräutern und Zwergsträuchern. Unterschiede gibt es natürlich. Die blühende Besenheide, die im Norden ganze Landschaften ab August in zauberhaftes Rosa taucht, sucht man in den Heiden auf der Münchner Schotterebene vergeblich. Sie ist ein sogenannter »Säurezeiger«. Der kalkhaltige und deswegen basische Kiesboden aus zermahlenem Alpenfels sagt der *Calluna vulgaris* nicht zu. Das heißt aber nicht, dass es hier weniger farbenprächtig zuginge! Bevor man jedoch bunt blühende Pflanzen auf den Heiden der Schotterebene sucht, muss man erst einmal die Heide selbst wie mit der Lupe suchen. Auch wenn man viel in der Gegend um München unterwegs ist, begegnet einem dieser Lebensraumtyp doch so gut wie nie.

Zu besichtigen sind die süddeutschen Heiden nur noch auf ein paar Restflächen, die fast wie Freilandmuseen wirken. Es gibt hier kaum Besucherandrang, oft ist man sogar allein. Dabei gehören diese Gebiete zum Tafelsilber der lokalen Naturschätze. Wenn man nicht gerade zur Hauptblütezeit kommt, fallen die Heiden kaum auf. Nicht mehr jedenfalls als ebenes Grasland, das weniger saftig grün erscheint als die Wirtschaftswiesen ringsum, sofern diese nicht längst in Maisäcker verwandelt wurden. Wenn man sich jedoch auf sie einlässt, genau hinsieht und auch Interesse mitbringt, erkennt man die ganze Pracht. Das vielleicht exquisiteste Heidegebiet Bayerns ist die Garchinger Heide im Nordosten von München. Hier blühen im Frühling Enziane, Schlüsselblumen, Küchenschellen und Adonisröschen. An kiesigen Stellen oder auf niederliegendem Altgras vom Vorjahr sonnen sich Zauneidechsen und lassen sich – wenn man sich ruhig verhält – bei der Insektenjagd beobachten. In der Luft tirilieren die Feldlerchen, und später im Jahr wimmelt es geradezu von Schmetterlingen. Nach sommerlichen Regenfällen schießen Rötlinge und Saftlinge und andere bunte Pilze der Trockenrasengesellschaften aus dem Boden. Eine enorme Vielfalt an Besonderheiten. Die Garchinger Heide ist dabei keine 30 Hektar groß, das ist nicht einmal ein Drittel eines Quadratkilometers. Man könnte aber auch sagen: immerhin! Die einst 15 000 Hektar große Heidelandschaft, die hier noch vor 150 Jahren existierte, ist bis auf ein paar derartige Fleckchen verschwunden. Die

Region ist seit mehreren Jahrtausenden besiedelt, davon künden die bronzezeitlichen Hügelgräber, die sich noch heute aus der ansonsten brettebenen Garchinger Heide erheben. Über diesen langen Zeitraum hat sich das Gesicht der Landschaft entwickelt und sicher auch permanent verändert. Aber es hat wohl bis ins vorletzte Jahrhundert immer ein Miteinander von Heidenatur und Mensch gegeben. Nicht weil die Bewohner früher mehr für bunte Blumen und summende Insekten übriggehabt hätten. Sondern weil der karge Boden die Bauern vor eine nackte Tatsache stellte: Er war nur unter Mühen und oft auch gar nicht zu bearbeiten. Für die spezialisierten Tiere und Pflanzen war der Mangel auf der eiszeitlichen Schotterfläche dagegen ein Segen. Sie gediehen, während die Bauern in Armut lebten.

Mit der ersten bayerischen Verfassung im Jahr 1808 wurde die Leibeigenschaft aufgehoben, und die Bauern erhielten das Land, das sie bewirtschafteten, zum Eigentum. Nur zu verständlich, dass nach der Auflösung von Allmendeweiden, also dem »Niemandsland« der Dorfweiden, und der Zuteilung von Land jede Familie so gut es ging versuchte, ihren Grund aufzuwerten. Als Ende des 19. Jahrhunderts der Kunstdünger erfunden war und wenig später Maschinen in der Landwirtschaft Einzug hielten, war es nur eine Frage der Zeit, dass das Erwartbare eintrat: 100 Jahre später nämlich waren die kiesigen Heiden um München weitgehend in Wirtschaftsland verwandelt und damit als Lebensraum perdu. Im Jahr 1908 erkannte man bei der Bayerischen Botanischen Gesellschaft, was Sache ist, sammelte Spenden und kaufte ein besonders artenreiches Stück Heide, das 1942 zum Naturschutzgebiet erklärt wurde. Und bald sollte die Garchinger Heide nicht nur die wertvollste Heidefläche weit und breit sein, sondern auch die einzige.

Für die Heidebauern, die hier früher dem mageren Boden ihr karges Auskommen abgerungen hatten, wären die sich schier bis zum Horizont erstreckenden Mais- und Kartoffelfelder von heute sicher wie ein Wunder vorgekommen. Denn damals trieb man mangels Alternativen das Vieh über die Heide: Wiederkäuer mit der geradezu wundersamen Fähigkeit, magere Gräser und Kräuter und das Laub der Bäume in Fleisch und Milch zu verwandeln. Alles dank einer der genialsten Symbiosen im Reich der Tiere, nämlich der zwischen Säugetieren und Mikroorganismen, die im mehrteiligen Wiederkäuermagen den ansonsten unverdaulichen Zellstoff aus der Heidevegetation aufschließen. Durch die Beweidung erhielten die Heiden ihr Gesicht, das wir etwa auf der Garchinger Heide noch bestaunen können.

Ob die Heiden im Süden oder im Norden Deutschlands so ähnlich wie heute ausgesehen haben, bevor es Menschen und Haustiere gab, lässt sich nicht sagen. Aber die Anzahl an Tier-, Pilz- und Pflanzenarten, die nur in derart kargen Habitaten existieren können, deutet darauf hin, dass solch magere Böden und arme Verhältnisse nicht erst durch den Menschen und die Übernutzung der Landschaft neu entstanden sein können. Irgendwo muss die Anpassung all dieser Spezies an humusarme, sonnenverbrannte Sandböden ja stattgefunden haben! Es müssen über lange Zeiträume Lebensräume existiert haben, die eine solche Evolution ermöglichten. Wahrscheinlich war die Urlandschaft dort, wo Kies- und Sandböden dominieren, nicht immer ganz so offen und baumlos. Aber die typischen Organismen der Heide dürften auch seinerzeit schon ihren Platz gehabt haben in dieser Landschaft. Und da eine volle Besonnung für sie alle essenziell ist, wird es entsprechend wenig Schatten spendende Bäume gegeben haben.

Die artenreichen Heidegebiete, wie wir sie kennen, sind das Ergebnis der Nutzung durch den Menschen. Bis vor etwa 150 Jahren schuf und erhielt die Landwirtschaft die Heiden. Ab da war sie der entscheidende Faktor, der die Heiden verschwinden ließ. Übrig blieben nur ein paar kleine Flächen, die dem Naturschutz gewidmet waren. Oder aber etwas ganz Gegensätzlichem, nämlich dem Üben von Kriegshandlungen, so wie in der Döberitzer Heide. Dasselbe gilt für die Kyritz-Ruppiner Heide, die seit dem Zweiten Weltkrieg bis zum Jahr 1993 von der Sowjetarmee als Übungsgelände genutzt wurde. Bekannt wurde dieses Heidegebiet als »Bombodrom«, weil hier der Bombenabwurf im Tiefflug trainiert wurde. Offiziellen Schätzungen zufolge liegen hier noch anderthalb Millionen Bomben und Granaten im Boden. Nicht wenige davon sind wahrscheinlich nach wie vor explosive Blindgänger. Die gesamte Heide von Munition zu befreien ist unrealistisch, weil unbezahlbar. Zwar steckt die Bundesregierung gegenwärtig mehrere Millionen Euro in die Beseitigung von Streumunition in der Kyritz-Ruppiner Heide, was allerdings nur einem kleinen Teil der 120 Quadratkilometer großen Gesamtfläche zugutekommt. Was aber passiert mit dem restlichen Gebiet?

Alles hat zwei Seiten. Sogar die Beendigung des Kalten Krieges! Denn im Rahmen der Annährung von Ost und West und Abrüstung (bei knappen Staatskassen) wurde die militärische Nutzung auf zahlreichen Flächen eingestellt. Was sich nach Frieden für die Landschaft und einem Segen für die Natur anhört, ist für die bedrohten Artengemeinschaften der betroffenen Gebiete ein Problem. Überlässt man eine Heide sich selbst, wuchert sie mit Gehölzen zu, und die bedrohten Tiere und Pflanzen verschwinden früher oder später. Ohne militärische Übungen, ohne Bauern mit ihren Haustieren, ohne Herden von Wildtieren haben die Waldbäume keine Gegenspieler. Sie vermehren sich im wahrsten Sinne des Wortes unkontrolliert. Dieser Prozess läuft, dem kargen Boden geschuldet, etwas langsamer ab als anderswo. Aber letztlich ist die Verwaldung einer aufgegebenen Heide eine unausweichliche Tatsache. Die Samen der Sträucher und Bäume kommen auf dem Luftweg, auch aus vielen Kilometern Entfernung. Entweder bringt sie der Wind mit wie bei Pappel oder Weide. Oder die Tiere. Nüsse und Eicheln sind für viele Vögel und Säugetiere ein wertvoller Wintervorrat und werden beispielsweise von Eichelhähern oder Eichhörnchen in Bodenverstecken deponiert. Viele dieser Verstecke geraten jedoch in Vergessenheit, und aus ihnen können sich dann fernab ihrer Vorfahren Bäume entwickeln. Wieder andere Gehölze erreichen die sterbende Heide über den Darmtrakt von Tieren, die Früchte verdauen und die darin enthaltenen Samen samt einer Portion düngendem Kot hier absetzen.

Deswegen ist es wichtig, die verbliebenen Heidebiotope zu pflegen, um sie zu erhalten. Bäume zu fällen oder Flächen gezielt abzubrennen. Auch wenn das bei oberflächlicher Betrachtung dem Prinzip des »Natur-Natur-sein-Lassens« widerspricht. Für Heidegebiete, die wegen der hohen Munitionsbelastung im Boden nicht betreten werden können, werden gegenwärtig spezielle Heidepflegemaschinen entwickelt: fahrende Roboter, die die Heide zurückschneiden und das Aufkommen von Gehölzen verhindern sollen. Einen Heidebauern aus dem Mittelalter hätte beim Anblick des Prototypen wahrscheinlich auf der Stelle der Schlag getroffen. Aus ökologischer Sicht wäre es das Beste für unsere Heiden, wenn wir mehr Beweidungsprojekte entwickeln würden. Nicht nur mit Schafen, wie es in manchen Gebieten traditionell gemacht wird. Rinder, Pferde und Hirsche wirken sich unterschiedlich auf die Landschaft aus, in der sie leben. Ihr Menü ist verschieden, und sie nutzen den Lebensraum anders. In Kombination gestalten und erhalten sie das Offenland, die Heide, im Sinne der Artenvielfalt.

Eine Mischbeweidung mit Großtieren für alle Heidegebiete zu fordern ist natürlich abwegig. Auch wenn eine klassisch durch regelmäßiges Brennen und Schneiden gepflegte Heide eintöniger in der Artenausstattung ist: Eine solche Landschaft hat ihre Berechtigung, schon als Zeugin vergangener Lebens- und Wirtschaftsweisen. Wo das rosafarbene Blütenmeer viele Touristen (und Touristiker) glücklich macht, ist es durchaus geboten, alles beim Alten zu lassen. Nicht aber auf jenen Flächen, die lediglich unter hohen Kosten und manchmal nur unzureichend gepflegt werden können. Wo beispielsweise ein Gebiet nach Aufgabe der militärischen Nutzung zu verwalden droht, kann das neue, alte Konzept der Beweidung ein Segen für alle Seiten sein.

Unter dem Einfluss großer, wilder Pflanzenfresser sind Offenland-Lebensräume ursprünglich entstanden. Unter dem Einfluss großer, pflanzenfressender Haustiere und der frühen Bauern sind sie erhalten geblieben. Und nun können sie durch eine ökologische Beweidung dauerhaft, kostenneutral und klimafreundlich gesichert werden. Ob dabei Wildtiere wie Wisent und Przewalski-Pferd zum Einsatz kommen oder robuste Rinder- und Pferderassen, ist eine Frage der Abwägung. So schön und wertvoll das Naturschutz-Großprojekt Döberitzer Heide ist, Besucher dürfen die Kernzone mit den Wildpferden und Wisenten nicht einfach so betreten. Und ein kosten- und wartungsintensiver Spezialzaun hält die Tiere im Gebiet. Da mag es für andere Flächen die bessere Wahl sein, auf Robustrassen zurückzugreifen, die denselben Job erledigen wie ihre wilden Verwandten, aber Besuchern gegenüber vertraut und weitgehend harmlos sind.

Der einheitliche, rosa blühende Teppich aus *Calluna*-Heide bekommt durch die Bereicherung der Landschaft mit Großtieren Lücken. Aber die Artenvielfalt nimmt zu. Auch die Diversität der Pflanzen profitiert, wo die Kolosse regelmäßig die Gräser, Kräuter und Baumschösslinge kurz halten. Und auf einmal tummeln sich hier viel mehr Vögel und andere Insektenfresser. Ganz einfach, weil es plötzlich wesentlich mehr Insekten gibt. Nach einem Gewitterregen ist die Trockensuhle des Viehs für ein paar Wochen mit Wasser gefüllt. Darin schwimmen auf einmal unzählige Urzeitkrebse, nach denen kleine Schnepfenvögel fischen. Entlang der Pfade der Rinder und Pferde, wo der Boden dicht und festgetrampelt ist, wimmelt es von Wildbienen, die hier ihre Brutstollen haben. Und an den Dunghaufen ist reger Betrieb. Seit Neuestem fliegen hier wieder die skurrilen Stierkäfer durch die Luft und werden von Hornissenraubfliegenmännchen verfolgt, die auf der Suche nach einem überzeugenden Brautgeschenk sind. Von Insektensterben und Artenrückgang ist auf dieser Fläche nichts mehr zu spüren.

KAPITEL 12

# Zombiebäume

Bevor wir als Tierfilmer mit der Kamera raus in die Natur gehen, bemühen wir uns um Informationen. Dabei ist das generelle Wissen über eine Art oder einen Lebensraum nur die halbe Miete. Ich sammle seit meiner Jugend zoologische Literatur und würde behaupten, dass es kaum heimische Tiere gibt, zu denen nicht irgendwo in meinen Büchern etwas geschrieben steht. Ich mag die Vorstellung, auch ohne Elektrizität etwas nachschlagen zu können, auch wenn diese Situationen – Stromausfall und aufflammende Wissbegierde – noch nie zeitgleich eingetroffen sind. Das »Netz« ist zwar voll von Informationen, die sind aber selten so konkret, dass man gleich loslegen kann. Die Information, dass beispielsweise die Heuschreckensandwespe in Heidegebieten vorkommt, selbst mit dem Zusatz, dass sie im nordöstlichen Teil der Döberitzer Heide mehrfach beobachtet wurde, führt noch lange nicht zum Ziel. Ein Experte vor Ort ist oft der Schlüssel zu gelungenen Filmaufnahmen. Das müssen nicht immer Wissenschaftler sein. Jeder, der mit wachem Blick viel Zeit draußen in der Natur verbringt, ist ein Experte für sein Beobachtungsgebiet. So rief mich im vergangenen Jahr ein Bekannter an, dessen

Familie ein kleines Hochmoor ihr Eigen nennt. Er wollte wissen, ob es mich interessiert, dass ein Schwarzspecht gerade dabei sei, in einem Waldstück hinter dem Moor seine Höhle in eine alte Buche zu zimmern. Da wir gerade an einem Film über wilde Honigbienen arbeiteten, in dem Spechthöhlen als Bienenwohnungen eine wichtige Rolle spielen, war diese Information für mich sehr wertvoll. Die unkonkrete Auskunft aus dem Internet, *dass* Schwarzspechte Buchen für ihre Höhlen bevorzugen, ist dagegen wenig hilfreich.

Natürlich kommt es auch häufig vor, dass wir Motive eigenhändig entdecken. Immer dann nämlich, wenn wir mit der Kamera auf Jagd gehen und uns überraschen lassen. So wie es im Tierfilm früher üblich war. Heute geht man mit mehr Plan an die Sache ran und hat ein Filmkonzept im Kopf. Man möchte ganz bestimmte Naturgeschichten erzählen, von ganz bestimmten Arten. Deswegen ist so viel Vorwissen und Information nötig. Die ungezielten Pirschgänge dienen eher dazu, Zusatzmaterial zu gewinnen, das die Handlungsstränge garniert und einrahmt.

Um das Filmmaterial für unseren Kinofilm *Magie der Moore* zusammenzutragen, waren wir viele Male in dem kleinen Moor, hinter dem im vergangenen Jahr der Schwarzspecht gebrütet hat. Auch andere Moore, in denen bestimmte Tiere oder Pflanzen zu erwarten waren, besuchten wir immer wieder. Mal mit einem Falterexperten, mal mit einem Ameisenforscher, mal allein. Oft waren solche Drehs, die ganz bestimmten Arten galten, vergeblich, weil sich Tiere nicht blicken ließen oder gewünschte Wetterphänomene wie Gewitter, Nebel oder Sonnenauf- und -untergänge nicht wie gewünscht einstellten oder aber hinter Wolken abliefen. Um Tiere zu filmen, die aus den Mooren Deutschlands weitgehend verschwunden sind, fuhren wir bis ins skandinavische Ausland. In Norwegen filmten wir den Tanz der Doppelschnepfen und in Schweden die Balz der Birkhühner. Beides Spektakel aus der Vogelwelt, die es in unseren Mooren kaum oder gar nicht mehr gibt. So sammelten wir mit der Zeit die Aufnahmen zusammen für die Moorgeschichten, die ich uns ins Drehbuch geschrieben hatte. Manches, was geplant war, fehlte später im Film. Anderes, das Zufallsbeobachtungen geschuldet war, kam darin vor. Sogar eine Geschichte, die wir nie erwartet hatten und die einem niemand hätte erzählen können, weil sie ganz einfach nicht bekannt war.

Wir fuhren oft auch des Nachts in die Moore. Um Zeitrafferapparate zu installieren oder zu bergen: regengeschützt aufgestellte Kameras, die alleine im Intervall Fotos schießen. Diese Bilder kann man zu Sequenzen zusammensetzen, 25 je Filmsekunde. Auf diese Weise wollten wir in einem der Voralpenmoore die über den Nachthimmel wandernden Sterne aufzeichnen. Die Dauer der Nacht betrug laut Kalender sechs Stunden. Die Kameras machten jeweils in jeder Minute ein Bild, das dann 30 Sekunden lang belichtet wurde. Sechs Stunden mal 60 Bilder ergeben 360 Fotos. Daraus wurde am Ende, bei 25 Bildern je Filmsekunde, ein Zeitraffer von knapp 15 Sekunden Länge. Damit diese Nachtzeitraffer auch das Moor darstellten und nicht den Sternenhimmel alleine, positionierten wir unsere Kameras hinter moortypischen Strukturen wie Wasserflächen, in denen sich die Sterne spiegeln, oder knorrigen Baumgestalten. Da boten sich die abgestorbenen Kiefern an, die als Baumskelette in vielen Mooren für eine gespenstische Kulisse sorgen. »Betagte Zwerge« könnte man sie nennen, denn obwohl sie mitunter nur armdick sind, weisen sie oft 100 Jahresringe oder mehr auf. So langsam ist – oder war – ihr Wachstum im nährstoffarmen Moor.

Jedenfalls ragten in vielen unserer Sternenzeitraffer bizarr geformte Baumleichen ins Bild. Als wir beizeiten diese Aufnahmen entwickelten und sichteten, staunten wir Bauklötze. In unseren Zeitraffern bewegten sich nicht nur die Sterne auf ihren Kreisbahnen über den Nachthimmel. Sondern auch die toten Bäume selbst! Sie breiteten in der Nacht ihre wie Arme wirkenden abgestorbenen Äste aus und reckten sie am Tage wieder in die Höhe. In jeder Nacht ging das so. In jedem einigermaßen intakten Moor. In anderen Lebensräumen hatten wir so etwas noch nie beobachtet, obwohl wir schon viele Zeitraffer gemacht hatten, auch mit toten Bäumen im Bild.

Wir tauften die scheinbar untoten Bäume aus dem Moor »Zombiebäume«. Die meisten von uns kennen Zombies von Horrorfilmen, selbst wenn sie noch nie einen Zombiefilm gesehen haben. Ein Begriff, der von dem Wort »Nzùmbe« aus einer westafrikanischen Bantusprache herrührt und einen Totengeist bezeichnet. Über Haiti und die dort gebräuchliche kreolische Bezeichnung »Zombi« ist dann der Begriff irgendwann nach Hollywood gelangt. Und über uns ins bayerische Hochmoor.

Jedenfalls staunten selbst die größten Moorexperten über diese Beobachtung, die sich im Film effektvoll darstellen ließ. Alle waren sich einig, dass die Erklärung auf der Hand liegt. Das Holz der abgestorbenen Bäume zieht Wasser aus der enorm hohen Luftfeuchte, die in einem intakten Moor herrscht. Dadurch strecken sich die Äste und Zweige – die Zombiebäume breiten die Arme aus. Am Tag, wenn die Sonne vom Himmel brennt, geben ihre hölzernen Arme die Feuchtigkeit wieder ab und krümmen sich. Selbst der »Moorpapst«, Professor Michael Succow, den ich sehr verehre und mit dem ich bereits gemeinsame Podiumsgespräche bestreiten durfte, kannte dieses Phänomen nicht. Woher auch? Er hat sicher in seinem Leben, wie andere Wissenschaftler auch, Tausende Stunden mit Beobachtungen im Moor zugebracht. Aber noch nie hat er eine ganze Nacht vor einer abgestorbenen Kiefer gesessen und ihr auf die Zweige geschaut. Außerdem offenbaren sich solch langsame Vorgänge ohnehin erst in der Zeitraffung. Sie macht so vieles sichtbar, gerade bei Pflanzen. Auch wenn es sich um scheinbare Untote handelt, die irgendwo im Moor stehen. Unserem vielleicht merkwürdigsten heimischen Lebensraum.

KAPITEL 13

# Lebensraum Moor

Mein Großvater hatte zu Kriegszeiten mit einem Bauern Freundschaft geschlossen, der unweit des Städtchens Grafing bei München in einem uralten Bauernhof lebte und der noch bis in die späten 1980er Jahre von Hand Torf stach. Er wurde »Filzen-Martl« genannt, und ihm gehörte eine Parzelle in den »Katzenreuther Filzen«, an deren Rand sein uriger Hof lag. Als »Filzen« werden besonders in Oberbayern die aufgewölbten und vom Regenwasser gespeisten Hochmoore bezeichnet. Im Gegensatz zum nährstoffreicheren und vom Grundwasser versorgten Niedermoor, das »Moos« genannt wird. Beide Begriffe finden sich im Süden der Republik in zahlreichen Ortsnamen wieder, was darauf hindeutet, wie häufig der jeweilige Landschaftstyp einmal war. Die Katzenreuther Filze haben bis heute überdauert, auch wenn sie durch Entwässerung und Abtorfung ihr ursprüngliches Gesicht verloren. Selbst im unversehrten Hochmoorkern im Inneren der Filze sprießen Kiefern, Birken und Fichten. Ein Zeichen dafür, dass das Moor ausblutet. Dennoch war es für mich eine ungezähmte Wildnis, und hier entstand meine Begeisterung für Moore. Niemand erklärte mir diese wilde Insel in der bayerischen Kulturlandschaft. Ich erschloss sie mir in vielen aufregenden Expeditionen als Kind selbst. Ein Wunderland, in das man wie durch eine Schwingtür eintreten konnte und in der es so merkwürdig und herrlich duftete und alles anders zu sein schien als in der übrigen Natur, die ich kannte. Das Wasser schwappte unter meinen Gummistiefeln, es gab sogar einen richtigen Schwingrasen, also einen Pflanzenteppich, der auf dem Moorwasser schwimmt und mich als Kind gerade so trug. Zum Rand der Filze hin wurde es immer trockener, und der Moorwald umschloss das geheimnisvolle Innere wie ein Ring. Überall lagen bemooste Baumleichen, und es gab geheimnisvolle schwarze Tümpel. Die meisten dieser scheinbar grundlosen Gewässer hatten einen rechtwinkligen Umriss, sie waren ehemalige Torfstiche, in denen der Filzen-Martl und die anderen Bauern einen Brennstoff abbauten. Torf.

Unsere Moore sind nach der letzten Kaltzeit entstanden. Überall dort, wo die sterbenden Gletscher auf ihrem Rückzug Vertiefungen im Boden zurückgelassen hatten und wo sich auf wasserdichtem Untergrund Regenwasser sammelte. Dabei muss man unterscheiden, denn Moor ist nicht gleich Moor. Was alle Moore verbindet, ist, dass der Boden die meiste Zeit des Jahres unter Wasser steht. Das bedeutet, dass hier weniger Sauerstoff vorhanden ist, so dass abgestorbenes Pflanzenmaterial, das etwa jedes Jahr im Herbst anfällt, nicht vollständig verrottet und sich anhäuft. Torf entsteht.

Dabei gibt es zwei grundsätzlich verschiedene Moortypen, bei denen Experten dann wiederum vielerlei Formen unterscheiden. Da sind einmal Feuchtgebiete, die in Verbindung mit dem Grundwasser stehen und mehr oder weniger gut mit Nährstoffen versorgt sind. Die Überreste einer üppigen Sumpfvegetation reichern sich hier als sogenannter Niedermoortorf an. Wächst diese Schicht immer weiter in die Höhe, entfernt sich der lebende Bewuchs auf dem Niedermoor immer weiter vom Einfluss seiner Umgebung, vor allem vom Oberflächenwasser und den darin enthaltenen Nährstoffen und Mineralsalzen. Das Moor wird zunehmend vom Regen allein gespeist. Jetzt können sich Torfmoose ansiedeln, erdgeschichtlich alte und primitive Moose mit einer höchst interessanten Naturgeschichte und einer ebenso merkwürdigen Lebensweise.

Torfmoose haben keine Wurzeln. Der lebendige Teil, der sich der Sonne entgegenreckt, geht ein paar Zentimeter tiefer in einen abgestorbenen Teil über. Nirgendwo sonst in der Natur ist der Übergang zwischen Leben und Tod so gleichmäßig und fließend wie beim Torfmoos. Oben Stämmchen und Blättchen in allen möglichen Grün- und Arttönen; unten Torf in allen Stadien. Dank dieser Pflänzchen, die riesige Teppiche bilden, wächst das Regenmoor, deswegen auch Hochmoor genannt, immer mehr in die Höhe. Und das kann es nur, weil es seine eigene Wasserversorgung hat. Die primitiven Torfmoose aus der Gattung *Sphagnum* speichern nämlich jede Menge Wasser in ihrem kleinen Pflanzenkörper, so viel, dass sie den Wasserstand im Moor halten und anheben. 95 Prozent eines lebenden Hochmoors ist Wasser. Der Regen versickert also nicht einfach im Boden, sondern wird, dank *Sphagnum*, im Moorkörper zurückgehalten. Die Torfmoose gestalten ihren Lebensraum aber nicht nur dadurch, dass sie den Wasserstand so hoch halten. Sie können nur in einer sauren Umgebung gedeihen und sind in der Lage, diese für sie günstigen Bedingungen selbst herzustellen. Die Moose nehmen positiv geladene Kationen aus dem Wasser auf und geben dafür negative Wasserstoffionen ab. Der Chemismus soll uns hier nicht weiter interessieren, der Effekt aber umso mehr. Weil der lebende Mooskörper die erwähnten Ionen abgibt, wird das Wasser in solchen Regenmooren fast so rein wie destilliertes Wasser und so sauer wie Essig. Die darin gelösten, ohnehin dünn gesäten Nährstoffe und Mineralsalze werden vom Torfmoos aufgenommen und über den abgestorbenen Teil im Torf eingelagert. Es gibt nicht viel Konkurrenz aus der Pflanzenwelt, die da mithalten kann. Lediglich ein paar spezielle Moorgewächse schaffen das. Arten, die man nur hier findet und auf die ich weiter unten noch zurückkommen werde.

Die Torfmoose gedeihen in dem von ihnen selbst geschaffenen Reich prächtig und vermehren sich. Entweder indem sie sich einfach verzweigen: Die Stelle, an der ein neues Stämmchen aus einem alten entspringt, wandert immer weiter nach unten und wird irgendwann zu Torf, so dass zwei – genetisch identische – *Sphagnum*-Pflänzchen nebeneinanderstehen. Oder aber das Torfmoos bildet Sporen in kleinen Kapseln, die aus dem Moosteppich der Sonne und dem Wind entgegenwachsen. Im Inneren dieser kleinen Kapseln baut sich ein enormer Druck auf: bis zu sechs Bar. Das entspricht dem Druck in 50 Metern Wassertiefe oder im Inneren eines Lastwagenreifens. Sobald die Kapseln bei warmem Wetter austrocknen, platzen sie mit einem für uns Menschen hörbaren Knall und schleudern die Torfmoossporen einen viertel Meter in die Höhe, damit sie der Wind über das Moor trägt und sie woanders keimen können.

Diese Explosionen im Moor wollten wir vor ein paar Jahren unbedingt für *Magie der Moore* filmen und positionierten uns mit einer speziellen Hochgeschwindigkeitskamera vor Torfmoosen und Sporenkapseln. Dann begann das Warten. Alle paar Minuten – oder auch nur alle zwei Stunden – gab es eine kleine Explosion, die sich freilich eher anhörte wie ein leises Knacken. Dennoch dauerte das Filmen dieses schnellen Vorgangs mehrere Tage. Warum? Schaut man durch den

Kamerasucher oder in den zusätzlich angeschlossenen Monitor, sieht man das Bild, das die Kamera aufzeichnet. Die Bildgestaltung wird dabei nicht nur von der Person bestimmt, die den Bildausschnitt wählt, sondern auch von der gewählten Blende. Je weiter offen sie ist, desto mehr Licht geht hindurch, aber desto geringer ist auch die Tiefenschärfe. Durch das Objektiv betrachtet sieht die Welt nicht so aus, wie wir sie wahrnehmen, wo alles scharf zu sein scheint, wohin wir auch blicken. Im Filmbild gibt es vorne und hinten Unschärfen und in dem Bereich dazwischen den Schärfebereich, der eben je nach Blende größer oder kleiner ist. Also muss man sich für ein paar der Sporenkapseln vor der Kamera entscheiden, auf die man die Schärfe legt. Nur sie sind dann auch ein geeignetes Motiv. Ständig explodieren Sporenkapseln dahinter und davor, also in der Unschärfe, und man neigt dazu, den Fokus immer wieder woandershin zu legen in der Hoffnung, die nächste Explosion finde dort statt. Irgendwann hat es aber geklappt, sogar mehrfach. Anstelle von 25 Bildern je Filmsekunde, der »normalen« Filmgeschwindigkeit, zeichneten wir die Vermehrung der Torfmoose mit 4000 Bildern je Sekunde auf. Spielt man das Ganze dann mit der Bildfrequenz eines Fernsehfilmes ab, erhält man eine 160-fache Dehnung der Zeit. Das bedeutet, dass ein Vorgang, der in Wirklichkeit eine Sekunde dauert, im Film fast drei Minuten lang abläuft. Ein Maikäfer, der in zwei Sekunden seine Flügeldecken öffnet, die darunter liegenden Hinterflügel entfaltet und abhebt, braucht dafür in einer solchen Zeitlupe mehr als fünf Minuten lang.

Unsere Torfmooskapseln hatten in der fertigen Zeitlupe nach dem Absprengen des Operculums, des Deckels mit Sollbruchstelle, die Sporen aus dem Kapselinneren bereits in weniger als zwei Sekunden hinausgeschleudert. Dann schienen die

Sporen fast wie eingefroren minutenlang in der Luft zu stehen. Was zurückgerechnet bedeutete, dass der Vorgang des Hinausschleuderns in Echtzeit keine Fünfzigstelsekunde dauerte. So kurz, dass man diesen Vorgang nicht mit bloßem Auge beobachten kann.

Je länger sich die Torfmoose mittels Verzweigen und explodierender Kapseln vermehren, desto mehr wächst das Moor in die Höhe. Einen Millimeter pro Jahr; einen Meter in 1000 Jahren. Es bekommt eine aufgewölbte Form, fast wie ein Spiegelei mit einem Wasserkörper, der höher liegt als seine Umgebung. In diese mächtigen Torfbuckel begannen die Menschen irgendwann Gräben zu ziehen, damit das Wasser abfließen konnte. Anschließend stachen sie Gruben aus und begannen, das halb verrottete, jahrtausendealte Pflanzenmaterial abzubauen. Die nassen Soden kamen anschließend zum Trocknen, aufgeschichtet zu kleinen Türmchen, neben die wassergefüllten Torfstiche. Brennstoffbriketts von vielleicht zehn Zentimetern Dicke, in denen 100 Jahre Torfmooswachstum steckte. Später verbrannt in ein paar Minuten. Die Kombination aus schwarzen Brikettstapeln, die sich in der Sonne schnell aufheizten, und den Gewässern, aus denen sie stammten, lockten viele Tiere an. Und mich, schon als Kind.

Die Besuche beim Filzen-Martl, im Schlepptau der Großeltern, waren regelrechte Zeitreisen: Man betrat ein urtümliches Bauernhaus mit niedrigen Decken. Im Flur, über den sich ein Kreuzgewölbe spannte, war es kühl, und es roch nach Speck und Rauch. Von hier aus befeuerte der alte Bauer mit dem getrockneten Torf einen Kachelofen. Der Filzen-Martl, mit seiner ledrigen, sonnengegerbten Haut, war aus meiner kindlichen Sicht uralt und dabei äußerst freundlich. Mein Bruder und ich bekamen von ihm Süßigkeiten und Limonade, und er freute sich über unsere Besuche. Was für mich diese Zeitreise damals aber ausmachte, waren nicht Hof und Bauer, die Jahrhunderte in einem Dornröschenschlaf verbracht zu haben schienen. Es waren die Moosteppiche, Moorwäldchen und schwarzen Tümpel in der Talsenke unweit des Hofes, wo der Filzen-Martl seine Torfstiche hatte. Es war eine noch viel mehr aus der Zeit gefallene Natur, eine geradezu urzeitliche Welt, in die ich eintauchen durfte. Und obwohl es in der Mitte der Katzenreuther Filze den Schwingrasen gab, wo man einbrechen und versinken konnte, und jede Menge andere sumpfige Löcher und Gräben, durften wir Kinder dort unbewacht auf Exkursion gehen und spielen, bis sich die Großeltern wieder mit uns auf den Heimweg machten. Die Abenteuer und das Klettern und Herumtollen in der Moorwildnis waren aber nicht das Wichtigste. Viel spannender war es, auf die Suche nach besonderen Tieren zu gehen. Hier fand ich Zauneidechsen mit einem einfarbig rostroten Streifen auf dem Rücken; eine besondere Farbvariante, die es zwar nicht nur hier gab, die aber selten ist. In den Katzenreuther Filzen gelang es mir zum ersten Mal, eine Feldgrille mit einem langen Grashalm aus ihrem Loch zu kitzeln. Hier fand ich meine erste Abwurfstange eines Rehs. Ein »Rehgehörn«, wie mein Großvater korrekt aus der Jägersprache zitierte. Wobei ich als Kind bereits wusste, dass der regelmäßig abgeworfene Kopfschmuck der Hirsche und Rehe biologisch ein »Geweih« ist und man als »Gehörn« eigentlich die ein Leben lang weiterwachsenden Hörner der Rinder-, Schaf- und Ziegenartigen bezeichnet – der Hornträger eben. In den Katzenreuther Filzen fing ich meine ersten Elritzen, kleine Weißfische, in ihrem geradezu unglaublich farbenprächtigen Hochzeitskleid. Und hier aß ich zum ersten Mal so viele Heidelbeeren, dass mir schlecht wurde.

Selbst bei wechselhaftem Wetter war es herrlich da unten in den Filzen. Verstreut im Moorwald standen halb verfallene Torfhütten, in denen einst Geräte und Torfsoden gelagert worden waren. In die konnte man sich bei einem Wolkenbruch zurückziehen. Dann saßen mein Bruder und ich da, blickten auf den Vorhang der Tropfen und warteten auf den nächsten Blitz samt krachendem Donner. Und ich saugte den warmen Regenduft ein und den Geruch, den der Boden aus Torf in der Hütte verströmte. An einem solchen regnerischen Nachmittag wanderte ein buntes Regenschirm-Ensemble hinab zu uns. Es waren meine Eltern und Großeltern, die mitsamt dem Filzen-Martl vom Hof ins Moor kamen. Mein Vater wollte in unserem Garten Bäume pflanzen und hatte den alten Bauern gefragt, ob er bei ihm im Moor welche ausgraben durfte. Der Filzen-Martl wusste, dass jede Menge Birken und Fichten in seiner Moorparzelle heranwuchsen, die langsam, aber sicher das Moor überwuchern würden. Deswegen hatte er nichts dagegen, war sogar dankbar, dass jemand ein paar der Bäume mitnahm. Als wir um die jungen Birken herumstanden, die eine nach der anderen aus dem schwarzen Boden gegraben wurden, wusste ich erst nicht so recht, ob ich mit den kleinen Bäumen oder mit dem Moor fühlen sollte. Und ich entschied mich für das Moor, also für den Lebensraum. Ich hatte hier schon oft nach Reptilien gesucht. Daher wusste ich, wie sehr einzelne Bäume ein Eidechsenbiotop bereichern können und, besonders als abgestorbene und herumliegende Stämme, mitunter sogar erst ausmachen. Mir war aber auch klar, dass Bäume, die auf einer Fläche dicht beieinander heranwachsen, viel Schatten mit sich bringen. So viel, dass sonnenhungrige Tiere wie die Zaun- und Waldeidechsen, die hier beide vorkamen, verschwinden würden. Also war ich zufrieden damit, dass unser Familienausflug dafür sorgte, dass die Eidechsen

# LEBENSRAUM FELDFLUR

1

2

1 In Deutschland werden auf einer Fläche von etwa 275 000 Hektar jährlich etwa 10 Millionen Tonnen Kartoffeln angebaut. Foto: Andreas Hartl

2 Kartoffelkäfer (*Leptinotarsa decemlineata*) stammen aus der Neuen Welt und haben hierzulande kaum Feinde. Sie überwintern im Boden und vermehren sich rasant. Foto: Andreas Hartl

1 Europäische Wachtel (*Coturnix coturnix*). Im Zuge der Industrialisierung der Landwirtschaft sind ihre Bestände stark rückläufig. Da Wachteln gerne Käfer, Läuse, Wanze und Schnecken fressen, gehören sie dort, wo sie noch vorkommen, zu den Nützlingen im Feldbau. Foto: Andreas Hartl

2 Der Feldhamster (*Cricetus cricetus*) besiedelte einst, bis auf den Nordwesten und den Alpenraum, ganz Deutschland zu Millionen. Binnen weniger Jahrzehnte sind die Bestände zusammengebrochen. Experten befürchten das Aussterben der Art in Freiheit bis Mitte des Jahrhunderts. Foto: Andreas Hartl

Gewöhnlicher Erdrauch (*Fumaria officinalis*). Die Pflanze aus der Familie der Mohngewächse ist bereits aus der Steinzeit bei uns nachweisbar. Erdrauch springt aufgrund seiner zarten Blüten und filigranen Erscheinung nicht ins Auge und gehört, obwohl nicht selten, zu den wenig bekannten »Segetalarten«, den Ackerwildkräutern. Foto: Jan Haft

1

2

1 Roggenfeld mit Korblumen (*Cyanus segetum*). Foto: Jan Haft

2 Die Kornblume ist gut an kalte Klimate angepasst und wächst auch nördlich des Polarkreises. Die Art ist bei uns bereits aus der späten »Eiszeit« (= letzte Kaltzeit) nachweisbar und erfuhr mit dem Ackerbau eine flächendeckende Verbreitung. Foto: Jan Haft

1 Klatschmohn (*Papaver rhoeas*). Ein »Weltunkraut«, das mit dem Menschen alle Kontinente erobert hat. In Ländern mit einer modernen, industrialisierten Landwirtschaft wie Deutschland sieht man Felder voller Mohn immer seltener. Foto: Jan Haft

2 Rittersporn (*Consolida regalis*) war einst bei uns weitverbreitet und gilt heute als bedrohtes Ackerwildkraut. Seine Samen im Boden sind nur etwa zehn Jahre lang keimfähig. Foto: Jan Haft

1 Venusspiegel (*Legousia speculum-veneris*). Ein wärmeliebendes und vom Aussterben bedrohtes Ackerwildkraut. Die Art leidet unter Pflanzenschutzmitteln ebenso wie unter dicht stehenden Getreidekulturen, die zu wenig Licht bis auf den Boden dringen lassen. Foto: Jan Haft

2 Die Weiße Nachtnelke (*Silene latifolia*) verströmt erst am Abend einen süßen Duft, der Nachtfalter als Bestäuber zu ihren vom Mondlicht erleuchteten Blüten lockt. Foto: Jan Haft

3 Blauschwarzer Maiwurm (*Meloë proscarabaeus*), ein Vertreter der Ölkäfer. Früher waren Maiwürmer ein häufiger Anblick, als die Äcker giftfrei bewirtschaftet und die Felder und Wege von breiten, blütenreichen Säumen flankiert waren.
Foto: Jan Haft

4 Blaugrünbakterien (*Nostoc commune*) werden im Volksmund auch »Sternenschnupfen« oder »Engelsrotz« genannt, weil sie scheinbar unmittelbar nach Regenwetter auf Feldwegen erscheinen. Eine archaische Lebensform, die es bereits vor drei Milliarden Jahren auf der Erde gab. Foto: Jan Haft

# LEBENSRAUM HEIDE

1 Die Kyritz-Ruppiner Heide im Nordwesten Brandenburgs verwandelt sich zur sommerlichen Heideblüte in ein rosa Blütenmeer. Foto: Nautilusfilm / Jonathan Wirth

2 Das üppige Nektarangebot lockt unzählige Insekten in die sommerliche Heide. Darunter auch viele Schmetterlinge wie den Argus-Bläuling (*Plebejus argus*), eine typische Falterart der Heidegebiete. Foto: Jan Haft

3 Zauneidechsenmännchen (*Lacerta agilis*) mit erbeuteter Maulwurfsgrille. Die flinken Reptilien brauchen halb offene Lebensräume mit Gelegenheiten zum Sonnen und Sträucher und Einzelbäume als Schattenspender und Versteckplätze. Foto: Jan Haft

1 Wisente (*Bos bonasus*) fungieren in der Döberitzer Heide als »Landschaftspfleger«. Wo sie scharren, äsen, suhlen und trampeln, kann die Sonne den Boden erwärmen. So entsteht wertvoller Lebensraum für die Sonnenanbeter aus der Tierwelt. Foto: Hannes Petrischak

2 Auch Przewalski-Pferde (*Equus przewalski*) tragen dazu bei, dass die Offenbereiche nicht zuwachsen. Wildpferde und -rinder werden in der Döberitzer Heide nicht prophylaktisch gegen Parasiten behandelt. Daher ist ihr Dung sehr wertvoll für bestimmte Insekten. Foto: Hannes Petrischak

1 Viele Dungkäfer, wie dieser Stierkopf-Dungkäfer (*Onthophagus illyricus*), stehen auf der Roten Liste, weil es kaum mehr Naturlandschaften gibt, in denen große Weidetiere grasen, die nicht regelmäßig entwurmt werden. Foto: Jan Haft

2 Hornissen-Raubfliege (*Asilus crabroniformis*). Sie gehört zu den größten und schönsten heimischen Fliegenarten und ist ebenfalls auf naturnahe Beweidung angewiesen. Die erwachsenen Tiere nutzen die Dunghaufen der Großtiere als Ansitz bei der Jagd. Ihre Larven leben unter den Haufen, wo sie Jagd auf dungverzehrende Insekten machen. Foto: Jan Haft

3 Eine seltene Kreiselwespe (*Bembix rostrata*) trinkt Heidenektar. Danach fängt sie Bremsen und Schwebfliegen und schleppt sie in selbst gegrabene Brutröhren im Sand, wo sich ihre Larven entwickeln. Foto: Jan Haft

4 Heuschrecken-Sandwespe (*Sphex funerarius*) mit einer erbeuteten Westlichen Beißschrecke (*Platycleis albopunctata*). Diese große Sandwespe ernährt ihren Nachwuchs ausschließlich mit verschiedenen Arten von Langfühlerschrecken. Foto: Jan Haft

1 Gesägtblättriger Zärtling (*Entoloma c.f. serrulatum*) auf einer Heide auf Kiesboden bei Augsburg. Ein seltener Bewohner magerer Wiesen und Weiden. Foto: Jan Haft

2 Trockene Erdzunge (*Geoglossum cookeianum*): ein weiterer seltener und skurriler Pilz, der auf extensiven Weiden und Wiesen wie den süddeutschen Schotterheiden gedeiht. Foto: Jan Haft

3, 4 Safrangelber Saftling (*Hygrocybe acutoconica*) und Kegeliger Saftling (*Hygrocybe conica*) auf einer Heide im bayerischen Lechtal. Sie sind nur zwei Vertreter einer artenreichen Pilzgruppe, die mageres, offenes Grünland benötigt. Die meisten Arten dieses Lebensraumes stehen auf der Roten Liste der gefährdeten Pilzarten. Foto: Jan Haft

Vier typische Arten magerer Wiesen auf kalkhaltigem, eiszeitlichem Kiesboden. Bevor der Mensch durch Beweidung mit Haustieren und Mahd zur Heugewinnung magere Wiesenstandorte schuf, waren diese Pflanzen der Magerrasengesellschaft auf große Pflanzenfresser angewiesen. Sie schufen sogenannte »Weiderasen«, die, voll der Sonne ausgesetzt, Lebensraum für wärmeliebende Pflanzen, Pilze und Tiere waren.

1 Echte Schlüsselblume (*Primula veris*)
Foto: Jan Haft

2 Frühlings-Adonis (*Adonis vernalis*)
Foto: Jan Haft

3 Clusius-Enzian (*Gentiana clusii*)
Foto: Jan Haft

4 Gewöhnliche Kuhschelle (*Pulsatilla vulgaris*)
Foto: Jan Haft

# LEBENSRAUM MOOR

1 Hochmoor am Rande des Ammergebirges. Von dem Hochmoorgürtel, der einst die Nordalpen säumte, ist nur noch ein Bruchteil übrig.
Foto: Jan Haft

2 Obwohl die letzten Hochmoore heute weitgehend unter Schutz stehen, ist das Birkhuhn (*Lyrurus tetrix*) als angestammter Moorbewohner in diesem Lebensraum in Deutschland weitgehend ausgestorben. Nur die norddeutschen Heidegebiete, Truppenübungsplätze und die höheren Lagen der Alpen beherbergen noch dauerhaft überlebensfähige Bestände.
Foto: Andreas Hartl

1

2

1 Die Kreuzotter (*Vipera berus*) besiedelt den Randbereich von Mooren und fühlt sich auch in gestörten, wiedervernässten Hochmooren wohl. Dieses Exemplar weist sich mit schwarzem Zickzackband auf hellgrauem Grund als Männchen aus. Weibchen zeigen sich dagegen in bräunlichen Farben. Foto: Jan Haft

2 Der Hochmoorgelbling (*Colias palaeno*) veranschaulicht exemplarisch, wie wichtig komplexe Lebensraumgefüge sind. Der Falter frisst als Raupe auf Rauschbeerensträuchern im Moor. Als erwachsener Schmetterling braucht er Disteln und andere Nektarpflanzen, die außerhalb des Moores wachsen. Foto: Jan Haft

1

2

3

1 Natürliche Sandbänke sind artenreiche Lebensräume. Sie werden von kleinsten Organismen im Lückensystem zwischen den Sandkörnern bis hin zu Vögeln und Meeressäugern bewohnt. Foto: Nautilusfilm

2 Gemischter Rastplatz von Kegelrobben und Seehunden auf einer Sandbank. Foto: Nautilusfilm

3 Kegelrobbe (*Halichoerus grypus*) mit typischem, lang ausgezogenem Gesicht. Die Männchen haben bei dieser bis zu 300 Kilogramm schweren Robbenart helle Flecken auf dunklem Grund. Bei den Weibchen ist es umgekehrt. Foto: Hannes Petrischak

4 Seehunde (*Phoca vitulina*) werden nur halb so schwer wie Kegelrobben. In der Seegraswiese finden die Meeressäuger reichlich Fisch. Viele Meerestiere nutzen die Seegraswiese als Lebensraum und »Kinderstube«. Foto: Florian Graner

5 Kleine Schlangennadel (*Nerophis ophidion*), Weibchen. Die Verwandte des Seepferdchens kommt in Nord- und Ostsee vor. Die Flossen sind bei diesem Bewohner der Seegraswiesen fast völlig reduziert. Foto: Uli Kunz

6 Kleine Schlangennadel, Männchen. Wie bei den Seepferdchen trägt auch bei den Schlangennadeln das Männchen die Eier an der Bauchseite mit sich, bis die Jungen schlüpfen. Foto: Uli Kunz

4

5

6

# GROSSTIERE

Große Pflanzenfresser der letzten Warmzeit (Eem, 124 000 bis 113 000 Jahre v. d. Z.)
All diese Arten wären potenziell auch heute in Deutschland heimisch.
Zeichnungen: Roman Uchytel

Warmzeit-Mammut (*Mammuthus intermedius*)

Waldelefant (*Palaeoloxodon antiquus*)

Waldnashorn (*Stephanorhinus kirchbergensis*)

Steppennashorn (*Stephanorhinus hemitoechus*)

Flusspferd (*Hippopotamus amphibius*)

Warmzeit-Pferd (*Equus taubachensis*)

Europäischer Esel (*Equus hydruntinus*)

Rothirsch (*Cervus elaphus*)

Riesenhirsch (*Megaloceros giganteus*)

Breitstirnelch (*Cervalces latifrons*)

Europäischer Wasserbüffel (*Bubalus murrensis*)

Auerochse (*Bos primigenius*)

Damhirsch (*Dama dama*)

Reh (*Capreolus capreolus*)

Steinbock (*Capra ibex*)

Gämse (*Rupicapra rupicapra*)

wieder mehr Sonnenplätze hatten. In Wahrheit lässt sich das Zuwachsen eines Moores nicht dadurch aufhalten, dass man ein paar Bäume ausgräbt. Ich ahnte, warum eine Armada von Birken, Fichten, Faulbäumen und Kiefern das Moor bei Katzenreuth bedrohte, nachdem das Gebiet mehrere Tausend Jahre lang baumfrei gewesen war. Letzteres bewiesen ja die Torfstiche, wo man an den senkrechten Torfwänden das Alter des Moores regelecht ablesen konnte. Damit sich diese meterhohe Schicht aus Pflanzenfasern bilden kann, bedarf es praller Sonne. Denn die Pflanzen, deren Reste hier Millimeter für Millimeter abgelagert sind, wachsen nicht im Schatten. Mir war klar, dass die tiefen Entwässerungsgräben der Grund dafür waren, dass das Moor langsam vertrocknete und dass deswegen so viele Bäume auf ihm wuchsen. Nur ein kleiner Bereich, vielleicht ein Hundertstel des ehemaligen Hochmoores, war noch ganz baumfrei und von einem Teppich aus Torfmoos überzogen, in dem Moosbeere, Rosmarinheide, Wollgras und Sonnentau wuchsen. Hier war es noch so nass, dass der Boden unter den Kindergummistiefeln schwankte und schmatzte.

Ich begann ein Gefühl für diesen Lebensraumtyp zu entwickeln, dank vieler Beobachtungen, die ich damals freilich nicht so recht deuten konnte. Auch als Jugendlicher, dann ohne die Großeltern, war ich noch oft in den Katzenreuther Filzen. Die Talmulde, die einst ein Gletscher nach seinem Rückzug in Richtung Süden hinterließ, war auch per S-Bahn und Fahrrad zu erreichen, und so manchen Samstag oder Sonntag habe ich dort zugebracht, stets ausgerüstet mit einem Rucksack voller Beutel und Gefäße und einem Kescher in der Hand. Es gab kaum einen Ausflug ins Moor, auf dem sich nicht Neues und Spannendes entdecken ließ. Am meisten hatten es mir die Torfweiher angetan. Auch wenn hier weniger

Tiere lebten als in den grundwassergespeisten Tümpeln, die ich sonst kannte. Schon das colafarbene Wasser verlieh jedem Kescherzug etwas Geheimnisvolles. Neben den Elritzen gab es besondere Gelbrandkäfer. Es waren nicht dieselben, die in unserem Gartenteich umherschwammen. Diese hier hatten dunklere und rötlich gefärbte Bauchseiten und sahen auch von oben irgendwie anders aus. Daheim schlug ich im *Reitter* nach, einem fünfbändigen Käferbuch von 1908. Und fand heraus, dass es bei uns gleich sechs verschiedene Arten der großen Raubwasserkäfer gab. Nur einer von ihnen, der Gemeine Gelbrandkäfer, war überall häufig. Die anderen mehr oder weniger selten. Also musste ich unbedingt wieder in mein Moor, um herauszufinden, welche Art dort lebte. Vielleicht war das der Auslöser für mein Interesse an Käfern, das dazu führte, dass ich später in einem Gutachterbüro einen für mich als Studenten höchst lukrativen Job bekam, bei dem ich unter anderem Wasserkäfer zu fangen und zu bestimmen hatte.

Mehr Hintergrundwissen zum Ökosystem Moor sammelte ich einige Jahre später, nachdem mich eines Samstags beim Frühstück ein Brief überrascht hatte, in dem stand, dass ich meinen Lebensmittelpunkt für eine Weile nach Ostfriesland verlagern müsse. Zunächst war ich verärgert, fühlte mich geradezu entrechtet. Ich war unlängst als Wehrdienstverweigerer anerkannt worden und wartete auf den Antritt meines 20-monatigen Zivildienstes in der Münchner Geschäftsstelle des LBV (Landesbund für Vogelschutz in Bayern e.V.). Doch bevor es losgehen konnte, stand noch etwas anderes an: ein Lehrgang, den alle angehenden Zivildienstleistenden zu absolvieren hatten. Und dazu wurde ich nach Aurich in Niedersachsen beordert. Dort wurden drei Themen im Umweltbereich angeboten, und ich entschied mich für den

Kurs »Moor« und war schnell damit versöhnt, dass mich der Staat zu diesem Lehrgang zwang. Nicht nur wegen der anderen Zivis aus ganz Deutschland, die ich dort traf, sondern auch wegen des interessanten Lehrganges selbst. Hier lernte ich viele Moorbewohner kennen, die es in »meinen« Katzenreuther Filzen nicht gab. Den schönen Hochmoorgelbling zum Beispiel, dessen Raupe ausschließlich an der Rauschbeere frisst, die am Rand von Hochmooren wächst. Die Art ist bedeutend, weil sie Pate steht für Tierarten, die ein intaktes Lebensraummosaik brauchen. Ein Hochmoor alleine reicht nicht aus, damit der hübsche Gelbling überleben kann. Er braucht auch blütenreiche Wiesen außerhalb des Moores, wo er als erwachsener Falter genügend Nektar findet. In aller Ausführlichkeit ging es in dem mir verordneten Lehrgang aber auch um die Zerstörung der Moore.

Ursprünglich waren um die vier bis fünf Prozent Deutschlands von Hochmooren bedeckt, besonders im Süden und im Norden. Überall dort, wo in der letzten Kaltzeit Gletscher auf ihrer Rutschpartie über das Land Mulden im Gelände hinterließen und der Boden voller abgeriebenen Feinsediments »wasserdicht« war. Zu Füßen der Alpen hatte sich ein regelrechter Hochmoorgürtel gebildet. Der Löwenanteil der Regenmoore lag aber im Norddeutschen Tiefland. Weniger als ein Prozent von ihnen ist heute noch übrig. Und selbst von diesen Residuen ist nicht einmal ein Zehntel intakt. Es gibt fast keine Moore mehr, aus denen nicht Entwässerungsgräben das Leben spendende Regenwasser abführen. Selbst in Naturschutzgebieten werden diese Gräben oft geduldet und sogar unterhalten. Andernfalls würden in den meisten Fällen benachbarte Flächen der Forst- oder Landwirtschaft unter Wasser gesetzt. Das hat weitreichende Folgen. Während intakte, wassergesättigte Moore in ihrem wachsenden

Torfkörper immer mehr Kohlendioxid anreichern, gibt jedes drainierte Moor den gespeicherten Kohlenstoff in Form von Kohlendioxid und Lachgas an die Atmosphäre ab. Je tiefer die Entwässerungsgräben, desto schneller und desto mehr. Schon von daher kommt dem Schutz und der Wiederherstellung der verbliebenen Moorreste eine große Bedeutung beim Klimaschutz zu. Die Vernässung trockengelegter Moore hat großes Potenzial. Zum einen, weil dabei die $CO_2$-Abgabe des trockenen, mit Sauerstoff versorgten Torfkörpers gestoppt wird. Zum anderen, weil sich rasch Moorgewächse ausbreiten und Kohlendioxid aufnehmen, das nach dem Absterben der Pflanzen im nassen Moorboden eingelagert wird. Sobald der Boden im Moor wieder unter den Gummistiefeln schmatzt, bildet sich nämlich Torf. Nach Angaben des Bundesamtes für Naturschutz könnte durch die Renaturierung von trockengelegten Mooren jährlich bis zu 35 Millionen Tonnen Kohlendioxid eingespart werden. Durch die dabei in Gang gesetzten Prozesse, die Wiedererweckung des Moores zu neuem Leben also, reichert sich fortan dauerhaft Kohlenstoff an. Klingt nach purer Synergie zwischen Klima- und Naturschutz. Doch der Teufel liegt auch hier im Detail. Werden ehemalige Moore plötzlich und dauerhaft unter Wasser gesetzt, kann das zur Freisetzung von viel Methan führen. Ein Gas, das entsteht, wenn unter Sauerstoffabschluss Pflanzenmaterial zersetzt wird. Und das mehr als 20-mal klimaschädlicher ist als $CO_2$. Während sich der Kohlendioxid-Gehalt in der Atmosphäre gegenüber dem Durchschnitt des zurückliegenden Eiszeitalters (mit all seinen Kalt- und Warmzeiten) »nur« verdoppelt hat, ist der Gehalt an Methan in den letzten Jahrhunderten und Jahrzehnten auf den vierfachen Wert gestiegen. Praktisch jedes Feuchtgebiet gibt Methan an die Atmosphäre ab. Ein »degradiertes« Moor, das mit einem Schlag wiedervernässt wird, jedoch besonders viel. Und – so paradox es klingt – die Wiedervernässung von trockengelegten Hochmooren kann auch dem Naturschutz schaden. Zwar sind intakte, nasse Hochmoore kostbare Naturjuwelen voller Lebensraumspezialisten unter den Pflanzen, Pilzen und Tieren. Allerdings sind ausgebeutete, entwässerte Moore oft von zahlreichen anderen seltenen und streng geschützten Arten besiedelt. Und viele von ihnen vertragen auf Dauer keine »nassen Füße« und verschwinden, wenn das Wasser zurückkommt. Die Kreuzotter zum Beispiel, eines meiner Lieblingstiere. Die kleine Schlange fühlt sich in teilweise abgetorften Mooren besonders wohl. Hier gibt es nasse und kühle Stellen neben trockenen Torfrücken, die sich zum Sonnenbaden eignen. Außerdem wachsen in nicht mehr intakten Mooren vereinzelt Sträucher und Bäume, die den Kreuzottern Schutz und Unterschlupf bieten. Es bedarf also einer fachlichen Planung und eines behutsamen Vorgehens. Dann allerdings sind die vielen Renaturierungen von Hochmooren, die zurzeit von der EU, dem Bund und den Ländern gefördert werden, ein großer Segen für die heimische Natur (und wegen der positiven Wirkungen auf das Klima auch für die ganze Erde). Es gibt auch immer mehr Privatleute, die als Besitzer von Moorflächen Verantwortung zeigen. So gehört der schönste und feuchteste Teil eines kleinen Moores, das noch dazu das nächstgelegene Moor zu meinem Wohnort ist, einer Familie, die ihr Bauernhaus am Rande des Feuchtgebietes hat. Robert, der Sohn, hat vor einigen Jahren die Landwirtschaft im Nebenerwerb übernommen. Als Erstes sorgte er dafür, dass die große Wiese, die das kleine Hochmoor umgibt, nicht mehr gedüngt wird. Er wollte erreichen, dass sich das Gefleckte Knabenkraut wieder vermehrt, das in seinen Kindertagen reichlich in dieser Wiese wuchs und von dem noch einige wenige Exemplare im Frühjahr ihre pinken

Blütentrauben aus dem Teppich der Gräser schieben. Bei den Dreharbeiten zu *Magie der Moore* unterstützte uns Robert, indem er uns in seinem Moor Aufnahmen machen ließ von Rehen, seltenen Pilzen und allerlei Insekten. Hier gab es die Sonnentau-Federmotte, einen kleinen Schmetterling, der zu den kuriosesten Falterarten der Welt gehört. Die erwachsenen Federmotten haben tief eingeschnittene Flügel, die mit feinen Borsten besetzt sind. Ruht der Falter, hält er die federähnlichen Flügel rechtwinklig zur Seite gestreckt. Ein merkwürdiger Anblick! Ihre Eier legt die Sonnentau-Federmotte auf Sonnentaupflanzen ab. Und die daraus schlüpfenden Larven machen sich über die namensgebenden fleischfressenden Pflanzen her. Nur dass Letztere hier die Opfer sind. Schon ganz kleine Raupen wagen sich zwischen die etwa 100 Tentakel, die auf dem fleischigen Blatt des Rundblättrigen Sonnentaus stehen und an deren Ende sich jeweils ein Klebtröpfchen befindet, mit dem die Pflanze sich nähernde Insekten normalerweise zur Beute und dann zur Stickstoffquelle macht. Denn Stickstoff ist ein gesuchter Rohstoff im nährstoffarmen Moor. Die Federmottenlarve spaziert jedoch unbeschadet auf dem Fangblatt herum und knabbert es an. Tentakel für Tentakel verschwindet zwischen den Mundwerkzeugen des unerschrockenen Winzlings; das konnten wir in diesem Moor mit unseren Kameras und Spezialobjektiven vielfach beobachten. Einmal gewachsen, frisst die Larve einfach das ganze Blatt von der Seite her auf. Und damit nicht genug! Insekten, die sich im Pflanzenklebstoff verfangen und die der Sonnentau in seinen eingerollten Blättern umschlossen hält, um sie auf der Blattoberfläche zu verdauen, werden von der Schmetterlingsraupe einfach mitgefressen. Ob die werdenden Federmotten Blätter »mit Fleischfüllung« bevorzugen und gezielt nach der Beute des Sonnentaus suchen, ist nicht bekannt.

Beim Thema Sonnentau machte ich während der Dreharbeiten noch eine ganz andere spannende Beobachtung. Robert hatte uns erlaubt, sein Moor zu betreten und an einer bestimmten Position, mit Blick auf eine pittoresk aus dem Moosteppich ragende Moorkiefer, vier Pflöcke in den Torfboden zu rammen. Das ist nicht selbstverständlich, schließlich gilt der delikate Pflanzenbewuchs auf dem meterdicken Torfkörper gemeinhin als ziemlich empfindlich. An die Pflöcke schraubten wir eine Haltevorrichtung, und in die hängten wir in Abständen von ein paar Wochen Kameraschienen. Auf denen wiederum fuhr dann jeweils auf einem selbst gebauten Schlitten die Kamera ganz langsam hin und her; immer von derselben Anfangs- in dieselbe Endposition. Ziel war es, in einer einzigen Kamerabewegung alle Jahreszeiten im Moor zu durchlaufen. Weil wir also im Abstand von ein paar Wochen exakt denselben Fleck im Moor aufsuchten, jenen nämlich, wo die Pflöcke waren, zertrampelten wir hier kleinräumig den Boden. Vor allem in dem schmalen Bereich hinter den Kameraschienen, wo wir bei jedem Dreh mehrmals hin und her gingen, um die Aufnahme zu bewerkstelligen. Am Ende des Jahres war da, wo wir immer gearbeitet hatten, ein nackter brauner Streifen. Ich erkannte, dass die Moorvegetation nicht nur als empfindlich gilt; sie ist es auch. Die Torfmoose waren abgestorben, und Weißtorf war zum Vorschein gekommen, also die oberste Bodenschicht aus jüngerem, noch nicht so stark zersetzten Pflanzen. Als wir im Jahr darauf nach Beendigung der Dreharbeiten zurückkamen, um die Pflöcke aus dem schmatzenden Boden zu ziehen, da war ich bass erstaunt: Der Streifen, der so unter unseren Schritten gelitten hatte, war übersät mit kleinen Pflänzchen! Ich sah genauer hin und stellte fest, dass unter ihnen jede Menge Sonnentaukeimlinge waren! Drei oder vier Jahr später war ich noch einmal dort und erkannte die Stelle wieder, an der wir die Kamerafahrten zu allen Jahreszeiten gemacht hatten. Der Boden hatte wieder eine geschlossene Pflanzendecke aus Torfmoos und den anderen typischen Moorgewächsen. Aber noch immer standen hier mehr Sonnentaupflanzen als in der gesamten Umgebung.

Von anderen Lebensräumen, wie dem Wald oder der Wiese, kennt man dieses Prinzip: Störstellen im Boden sind für viele Arten ein wichtiges Keimbett. Daneben, im dichten Bewuchs aus Pflanzen, die um Platz, Licht und Nährstoffe konkurrieren, können viele Gewächse nicht emporkommen. Jemand muss erst den Boden für sie öffnen, so wie der Bauer, der erst den Boden pflügen muss, um Getreide anzubauen. Streut er die Weizenkörner dagegen einfach in eine Wiese, kommt kaum ein Getreidepflänzchen hoch. Wühlstellen von Wildschweinen oder die Trittsiegel von Rindern auf einer Almwiese sind eben mehr als nur eine Verletzung der obersten Bodenschicht. Beides bietet kleinen und konkurrenzschwachen Pflänzchen die Möglichkeit, zu wurzeln und heranzuwachsen, bevor sich die Lücke wieder schließt. Dieses Prinzip gilt offensichtlich auch im Hochmoor. Schon möglich, dass die ausgestorbenen Großtiere, die dereinst vielleicht mal ins Moor kamen, um sich abzukühlen, auf diese Weise Helfer bei der Vermehrung kleiner Moorpflänzchen waren. Was uns dennoch keinesfalls ermutigen sollte, einfach so kreuz und quer durchs Moor zu stapfen, so wie ich es als Kind gerne getan hatte.

Kürzlich war ich wieder in den Katzenreuther Filzen. Der geschwungene Kiesweg führt nach wie vor hinab in die Talsenke, die einst ein Gletschereispanzer hinterlassen hat, und durchquert dann das ehemalige Moor, von Rand zu Rand, in schnurgerader Linie. Der Weg wird noch immer von tiefen Entwässerungsgräben begleitet, die das Moorwasser dem

Schauerachgraben zuführen, der ein paar Kilometer weiter in das begradigte Flüsschen Attel mündet. Allerdings ist der Wasserstand mittlerweile stark gesunken. Im Zentrum des Moors führt der Weg über eine mit Eisenbahnschienen armierte Brücke. Als ich ein Kind war, stand das Wasser hier bis zur Fahrbahn, und ich konnte vom Weg aus Wasserkäfer, Molche und Wasserskorpione keschern. Heute ist das Gewässer nur noch ein Rinnsal, der Weiher zu beiden Seiten der Brücke verschwunden. Mit Mühe konnte ich die zugewachsenen Wege ausfindig machen, die früher zu abseits gelegenen Parzellen mit Torfstichen führten. Längst türmen sich hier keine Torfbriketts mehr zum Trocknen auf. Die meisten Stiche waren schon zu meiner Kindheit aufgelassen, aber immer noch voll schwarzem Wasser und der prallen Sonne ausgesetzt. Deswegen gab es hier viele Tiere: Feld-Sandlaufkäfer flogen überall von den moorigen Pfaden auf. Torf-Mosaikjungfern und Kleine Mooslibellen jagten die Gewässer entlang. Überall quakten Wasserfrösche, und es gab jede Menge Ringelnattern. Diese Orte, an denen ich als Kind beim Betreten oft Herzklopfen bekam, sind heute beschattet und weitgehend trocken. Die Torfstiche haben nicht mehr die rechtwinklige Form, weil sie seit Jahrzehnten nicht mehr unterhalten wurden und der Witterung und dem Wurzelwerk der Sträucher ausgesetzt waren. Sie sind verlandet und mit Büschen und Bäumen überwachsen.

Im Regenmoor spielten wohl niemals die großen Pflanzenfresser eine Rolle als Gegenspieler aufkommender Gehölze. Es war der vom Grundwasser unabhängige Wasserspiegel des Moores selbst, der verhinderte, dass Wald aufkam. Das Moor gehört zu den wenigen heimischen Lebensräumen, die sich selbst erschaffen und erhalten können, solange die abiotischen, sprich: nicht durch Lebewesen hervorgerufenen,

Umweltbedingungen stimmen. Die wichtigste davon ist die ausreichende Versorgung mit Wasser. Da das Moor von Katzenreuth aber sicher seit mehr als 100 Jahren – und nach wie vor – drainiert wird, konnten Gehölze Fuß fassen: Faulbaum, Weide, Birke, Kiefer und Fichte. Der ehemals baumfreie Moorkörper ist längst ein Wald mit ein paar offenen, sonnigen Stellen. Einige der Torfhütten, in denen wir als Kinder bei Regen Schutz gesucht hatten, stehen noch. Diesen Zweck würden sie zwar heute kaum mehr erfüllen, sie erinnern als stumme Zeugen aber daran, wie es in den Katzenreuther Filzen einmal ausgesehen hat. 1989 wurde das sterbende Moor zum Landschaftsschutzgebiet erklärt. In den 2000er Jahren begann man, die im Rahmen internationaler Klimaschutzvereinbarungen aufgelegten Förderprogramme zur Moorrenaturierung zu nutzen, um hier etwas für das Klima und die Biodiversität zu tun. Dreh- und Angelpunkt war und ist der Plan, das Gebiet wieder unter Wasser zu setzen, um das Mineralisieren des verbliebenen Torfkörpers zu stoppen und neues Moorwachstum zu ermöglichen. Aus der Kohlenstoffquelle soll wieder eine Kohlenstoffsenke werden. Und ein Lebensraum für die bedrohten Hochmoorbewohner. Die Bäume würden dabei automatisch zurückgedrängt, und theoretisch könnte wieder ein baumfreies Regenmoor entstehen, auch wenn das wohl ein paar Hundert Jahre dauern würde. Staatliche Gelder zum Ankauf von Flächen sind ausreichend vorhanden. Nicht aber der Wille der fast 100 Grundstücksbesitzer. Nur die wenigsten haben bislang ihre Moorparzelle an die Kommune verkauft. Das Mosaik der Besitzverhältnisse verhindert, dass das Wasser, das Lebenselixier eines jeden Moores, zurückkehrt.

Natürlich existieren auch in einem solchen Hochmoor, das den Namen im Grunde genommen nicht mehr verdient, besondere Tiere. Überall dort, wo wir Menschen nicht zu intensiv eingreifen und wirtschaften, leben interessante Arten, und immer sind auch welche dabei (und leider werden es immer mehr), die auf den Roten Listen stehen und besonders schutzwürdig sind. Und überall in der Natur können Kinder glücklich sein, Erfahrungen machen und das ungeheuer spannende Reich der Pflanzen, Pilze und Tiere erkunden. Da aber Hochmoore im Vergleich zu ihrer ursprünglichen Ausdehnung mehr oder weniger aus der Landschaft verschwunden sind, sollten wir uns bemühen, so viele von ihnen zu retten wie möglich. Ein Gebiet unter Schutz zu stellen ist dabei nicht genug, wie am Beispiel des Moores meiner Kindheit ersichtlich. Wasser muss her! Es braucht starke Anreize oder andere Maßnahmen, damit sich nicht Einzelne dem Gemeininteresse in den Weg stellen. In Artikel 14 des Grundgesetzes heißt es unter Absatz 2: »Eigentum verpflichtet. Sein Gebrauch soll auch dem Wohle der Allgemeinheit dienen.« Ob die fortwährende Entwässerung eines der letzten Moorgebiete weit und breit und die daraus resultierenden Auswirkungen auf Klima und regionale Artenvielfalt messbar dem Allgemeinwohl schaden, sei dahingestellt. Man kann das sicher so sehen. Aber müsste man dann nicht auch die Autofahrten mitsamt der Kameraausrüstung ins Moor und den energiehungrigen Computer, an dem ich diese Zeilen schreibe, unter demselben Aspekt betrachten? Ich glaube ja, wir alle sollten das. Flugreisen lassen sich von zu Hause aus mittels gekaufter $CO_2$-Kompensationen abgelten. Für unsere Autofahrten haben wir uns etwas Ähnliches überlegt. Wir überschlugen die gefahrenen Kilometer, ermittelten großzügig das dabei ausgestoßene Kohlendioxid und fanden eine sehr passende Möglichkeit, um drei Jahre Dreharbeiten zu kompensieren: »Moorfutures«. Klimaschutz-Zertifikate gegen Geld, das in unserem Fall in die dauerhafte Renaturierung und Wiedervernässung von Mooren in Niedersachsen investiert wird. Darauf sprach mich ein Journalist an, dem ich auf einem Naturfilmfestival gegenüberstand. Er wollte wissen, ob es mich als Bayer betrübe, dass die geleisteten Kompensationen in norddeutsche Moore fließen. Ich antwortete ihm, dass beim Thema Moorschutz meine Heimat bis an die Nordsee reicht. Mindestens. Und spätestens beim Klimaschutz einmal um die ganze Erde.

KAPITEL 14

# Die fabelhafte Welt der Käfer

Jagenden Libellen über einem schwarzen Moortümpel zuzusehen ist faszinierend. Genauso schön ist es, das bunte Treiben der Insekten auf einer blühenden Heuwiese zu belauern. Die Beobachtung von Tieren ist eine Beschäftigung, der sich in praktisch jedem Lebensraum nachgehen lässt. Wiederholungstäter beginnen irgendwann, sich Fragen zu stellen, zunächst einmal nach den Namen der beobachteten Tiere. Das ist der Anfang aller Artenkenntnis.

Die intensive Auseinandersetzung mit einer bestimmten Tiergruppe verschafft einem nicht nur Verständnis für die Lebensumstände der betrachteten Lebensformen im Speziellen. Sie fördert das Verständnis für das Zusammenleben der Arten im Allgemeinen. Und sie macht auch einfach viel Freude, und zwar desto mehr, je tiefer man in die Naturgeschichte »seiner Gruppe« eintaucht und je länger man sich mit ihr beschäftigt. Jeder Naturkundler kann das bestätigen: Es wird niemals langweilig.

Am Anfang steht jedoch der erste Schritt, sozusagen das Aufstoßen der Tür. An dieser Stelle sei zur Abwechslung einmal ein Loblied auf das Händi gesungen. Über Bestimmungs-Apps,

Bilder- und Geräuschgalerien und den mobilen Zugang zur Fachliteratur ist es heute wesentlich einfacher als früher, zu vorläufigen Artdiagnosen zu gelangen und im Zweifel Spezialisten zu kontaktieren. Und das sogar dann, wenn man gerade mitten »im Feld« ist! Ich kann also in der Wiese stehend den Ruf einer Heuschrecke abspielen und ihn mit dem Live-Gesang vergleichen. Das ist sehr komfortabel.

Als ich meinen Zivildienst beim LBV in der Münchner Innenstadt absolvierte, fand ich eines Tages heraus, dass nicht weit von meiner Arbeitsstelle regelmäßig die »Societas Coleopterologica« tagte, der Münchner Käferverein. Im Hinterzimmer einer Gaststätte im Glockenbachviertel trafen sich einmal im Monat eine Handvoll Männer, die sich bei Bier und »Schinu« (Schinkennudeln) über Käfer austauschten. Eine artenreiche Tiergruppe, die allein in Deutschland etwa 7000 Arten umfasst. Jeder der Herren hatte seine eigene Käfersammlung zu Hause, die oft noch zu Lebzeiten der Zoologischen Staatssammlung oder einem anderen Naturkundemuseum übereignet wurde. Bei den Stammtischmitgliedern waren alle Berufsgruppen vertreten, vom Handwerker bis zum Professor. Aber alle waren Gelehrte auf ihrem Gebiet. Mein Zivikollege Jakob und ich hatten als Kinder bereits Erfahrung mit dem Sammeln von Insekten gemacht, wir konnten also die brach liegende Leidenschaft wieder aufleben lassen und wähnten uns im Käferverein sofort und zu Recht in besten Händen.

Käfersammeln heißt nicht, möglichst viele große und bunte, vielleicht zudem noch seltene Kerbtiere auf Nadeln zu spießen. So was ist auch bei den Insektenkundlern verpönt. Aber das Sammeln und das Präparieren gehören unabdingbar dazu, anders lassen sich viele Arten gar nicht bestimmen – die Grundlage von Forschung und Naturschutz. Hier kommen die Möglichkeiten der Digitalisierung an ihre Grenzen. Das analoge Erleben und Erfahren ist kaum durch den Computer zu ersetzen.

Die meisten »Käferer« haben sich eine oder mehrere Käferfamilien herausgepickt und beackern nur dieses ganz bestimmte Feld. So gab es beim Münchner Käferstammtisch einen Mann, der ausschließlich Marienkäfer sammelte. Von denen gibt es alleine in Deutschland gut 80 Arten. Weltweit sind 6000 Coccinelliden bekannt, und unzählige Marienkäfer harren sicher noch ihrer Entdeckung. Viele hat der Mensch wohl schon ausgerottet, bevor sie jemals gefunden und klassifiziert hätten werden können. Ein anderer Vereinskollege sammelte vorwiegend Pilzkäfer, meist kleine, oft düster gefärbte Käferchen mit einer Vorliebe für dunkle, feuchte Bereiche an modernden Baumstämmen. Für die meisten Menschen nicht viel mehr als ein krabbelnder Krümel, der keines Blickes wert ist. Der Pilzkäfermann hatte jedoch die Vielfalt dieser Gruppe erkannt und sah in jeder einzelnen Art, was sie ist: das perfekte Ergebnis einer Jahrmillionen währenden Evolution und eine zoologische Kostbarkeit, die in manchen Fällen nur an ganz wenigen Orten vorkommt. Denn nicht nur der Pilzkäfer, sondern auch der Pilz selbst hat seine je verschiedenen Ansprüche und gedeiht nicht in jedem beliebigen Wald.

Ich selbst hatte mir die Elateriden vorgenommen, die Schnellkäfer. Schon als Kind hatte ich immer wieder begeistert Käfer dieser Familie auf meine Hand gelegt, und zwar mit dem Rücken nach unten. Dann lässt sich beobachten, wie sich die Käfer zunächst tot stellen und dann plötzlich, wie aus dem Nichts, mit einem deutlich hörbaren Klickgeräusch in die Höhe schnellen. Dabei spannt der Käfer einen Fortsatz am Außenskelett in eine Kerbe und sorgt mit enormer Muskelkraft dafür, dass er aus dieser Stellung herausrutscht. Die schlagartige Verlagerung des Schwerpunktes im Käferkörper bewirkt ein Hochschnellen, wodurch das Tierchen seinen Fressfeinden entkommen kann. Ich muss zugeben, dass es mir in meiner Zeit im Käferverein nicht einmal ansatzweise gelungen ist, zum Schnellkäferexperten zu werden. Ich hatte wahrscheinlich zu viele andere Interessen rechts und links der Ordnung Coleoptera. Nach meinem Zivildienst beim LBV habe ich die Käfersammelei sowieso an den Nagel gehängt und mich dem Filmen und Fotografieren gewidmet. Der Münchner Käferverein löste sich später selbst auf. Die alten »Käferer« waren gestorben oder nicht mehr aktiv; Nachwuchs gab es keinen. Dennoch sind die Käfer bis heute eine Tiergruppe, der ich mit besonderem Interesse begegne. Denn sie besiedeln alle erdenklichen Ecken und Winkel der Heimat. Wir kennen Lauf- und Pillenkäfer, die in den höchsten Alpenregionen leben. Und es gibt Wassertreter und Mooskäfer, die sogar an der Küste von Nord- und Ostsee vorkommen. Ihrer Umwelt wollen wir das letzte Lebensraumkapitel in diesem Buch widmen. Ein Naturraum, der nicht so leicht zu erkunden ist, weil wir keine Wasserkäfer sind, die einfach losschwimmen und abtauchen können. Was uns Menschen allerdings nicht davon abhält, das Meer so gründlich umzugestalten und auszubeuten wie vielleicht keinen zweiten heimischen Naturraum.

KAPITEL 15

# Lebensraum Küste

Deutschland hat eine Küstenlinie von fast 2400 Kilometern Länge. Wenn man an ihr entlangspaziert, können völlig unterschiedliche Stimmungen herrschen, je nachdem, wo man sich gerade befindet. An der Nordsee weht einem vielleicht salzige Gischt von den brechenden Wellen ins Gesicht, während das zurücklaufende Wasser Myriaden Muschelschalen rasseln lässt, die sich auf dem nassen Sand neu sortieren. Das schäumende Salzwasser brennt in einer kleinen Wunde am Fuß, und zwei große Mantelmöwen stehen im Wind und lassen ihr tiefes, wie nach Stimmbruch klingendes Jauchzen ertönen. An der Ostsee dagegen mag es im selben Moment zwischen grünen Schilfstängeln plätschern, die die Meeresküste lieblich wie ein Seeufer erscheinen lassen. Das Wasser spielt sanft um die Knöchel, während ein Schwarm Lachmöwen mit ihren schokoladefarbenen Köpfen vor dem Buchenwald kreist, der sich wie eine grüne Wand hinter dem Strand voller Kiesel und rundgeschliffener Findlinge erhebt …

So ähnlich oder auch ganz anders, je nach Standort, kann man die deutsche Küste erleben. Die Grundzüge unserer beiden Meere gehen zwar im wahrsten Sinne des Wortes fließend ineinander über, doch es bleiben prinzipielle Unterschiede. Obwohl die beiden Schelfmeere ähnlich groß sind, ist die Nordsee tiefer und salziger als die Ostsee. Je weiter östlich und nördlich man kommt, desto süßer wird das Binnenmeer zudem. Das ist der Grund dafür, dass das Ostseeufer vielerorts von Schilf gesäumt ist. Am Strand der Nordsee kann das Wassergras nicht gedeihen. Hier ist dafür etwas anderes gut ausgeprägt. Etwas, das eine klassische Meeresküste für viele erst ausmacht: die Gezeiten. Zweimal am Tag Ebbe und zweimal Flut. Und das hat – wenn auch nicht nur – mit der Anziehungskraft des Mondes zu tun.

Wie die Gravitation zustande kommt, ist der Wissenschaft bis heute ein Rätsel, nicht aber, wie sie wirkt. Die Anziehungskraft der Massen ist einfach da und lässt sich durch nichts abschirmen. Sie sorgt dafür, dass der Mond die Erde umkreist. Mit seiner Geschwindigkeit von etwa einem Kilometer in der Sekunde benötigt er für eine vollständige Umrundung gut 27 Tage. Weil sich die Erde aber um sich selbst dreht, geht er für unser Empfinden täglich auf und wieder unter und braucht knapp 25 Stunden, bis er wieder ungefähr dort steht, wo er am Tag bzw. in der Nacht zuvor war. Da die Kraft der Gravitation zwischen allen Massen wirkt, wird nicht nur der 80-mal leichtere Mond in seiner Bahn um die Erde gehalten. Auch der Mond wirkt anziehend; auf uns und auf alle anderen Körper, etwa das Wasser der Ozeane. Wo der Trabant über der Erde steht, macht das Meer unter ihm einen Buckel, einen Flutberg. Demnach müsste es an den Küsten jeweils alle 25 Stunden Flut und Ebbe geben. Das Ganze passiert aber nicht ein-, sondern zweimal am Tag, denn der Mond ist nicht der alleinige Verursacher der Gezeiten. Auf der mondabgewandten Seite der Erde gibt es noch so einen Wasserbuckel, hervorgerufen durch die Fliehkraft der Erde. Denn die dreht sich nicht um ihren eigenen Mittelpunkt, sondern um einen gemeinsamen Schwerpunkt mit dem Mond. Dieser befindet sich zwar im Inneren der Erde, aber etwas in Richtung Mond verschoben. Deswegen »flieht« das Wasser in Richtung mondabgewandter Seite. Und als ob es darum ginge, das Ganze noch komplizierter zu machen, zieht auch noch die Sonne das Wasser an. Je nachdem also, wie das Zentralgestirn, die Erde und der Mond zueinander stehen, schwappen die Meere stärker oder schwächer hin und her. Zweimal am Tag Flut, zweimal Ebbe. Alle sechs Stunden und 12 Minuten ungefähr. Wie groß dabei der Tidenhub ist, also der Unterschied zwischen Hoch- und Niedrigwasser, hängt wieder von mehreren Faktoren ab, wie der Größe des Meeres, der Wassertiefe oder bestimmten Strömungen. So hat die Nordsee einen zehnmal höheren Tidenhub als die Ostsee. Bei dieser betragen die Wasserstandsschwankungen gerade mal 20 Zentimeter. Und das auch nur im westlichen Teil, wo sie von der Nordsee und dem riesigen Atlantik beeinflusst ist. Im östlichen und nördlichen Teil der Ostsee sind Ebbe und Flut kaum mehr vorhanden. Das Binnenmeer ist nämlich nur über ein paar Engstellen zwischen Dänemark und Schweden mit den Weltmeeren verbunden, so dass der Flutberg, der sich über dem Atlantik aufbaut, kaum genügend Zeit hat, um in sie hineinzuströmen, bevor wieder die Ebbe einsetzt. Ganz anders die Nordsee, die offen ins Europäische Nordmeer übergeht, wodurch die Wassermassen des Atlantiks und die Gezeiten ungehinderten Zugang haben.

Ebbe und Flut haben einen beträchtlichen Einfluss auf die Natur. Viele Tiere richten sich in ihrem Tagesrhythmus ganz nach den Gezeiten, würden ohne sie gar nicht satt. Das kann man besonders gut im Wattenmeer beobachten, dem Paradelebensraum, was die Gezeiten angeht. Es ist eine 9000 Quadratkilometer große Wildnis, die sich von den Niederlanden aus 450 Kilometer lang über die Ost- und Nordfriesischen Inseln bis nach Dänemark erstreckt. Eine unscheinbare Natur, ohne Bäume und Sträucher und völlig eben, versteht sich. Aber voller Leben. Watt herrscht überall da auf der Welt vor, wo der Boden bei Ebbe vorübergehend trockenfällt. Aber nirgendwo ist dieser besondere Lebensraumtyp so groß und weit wie im heimischen Wattenmeer. Und dort, genauer auf der Nordseeinsel Föhr, machten meine Eltern mit uns Kindern einmal Urlaub. Neben den üblichen Annehmlichkeiten eines Nordseeurlaubs wie Baden und Eisessen bot die Reise auch einiges, was mit Tieren zu tun hatte und mich sehr interessierte. Der Besuch einer Vogelkoje zum Beispiel, einer Wildenten-Fanganlage. Vogelkojen sind Teiche, von denen mit Netzen überdachte Kanäle wegführen, an deren Enden sich Reusen befinden. Hier konnte der Kojenwart die Wildenten, die sich darin in großer Zahl fingen, »kringeln«, d. h. ihnen den Kopf umdrehen. Da die Kojenwarte den Fang nicht nur zu versorgen, sondern auch zu zählen hatten, weiß man gut über die Fangzahlen Bescheid. Allein in der Alten Oevenumer Koje auf Föhr wurden vom 18. bis ins 20. Jahrhundert mehr als drei Millionen Enten gefangen. Diese ungeheure Menge beeindruckte mich als Kind sehr. Und es gab ja unzählige weitere Entenkojen auf den Nordseeinseln (und auch entlang der Flüsse auf dem Festland). Die Jagdmethode wurde in den Niederlanden entwickelt, wo allein es mehrere Tausend Anlagen gab. Von dort breitete sich der Einsatz von Vogelkojen über die Nordseeanrainerstaaten aus.

Mein Hauptinteresse als Kind galt jedoch nicht den Gefiederten. Wie gut, dass es auf Föhr vieles gab, das für mich noch spannender war als die Vogelkojen. Ich musste meine Lieblinge anfassen können, zumindest theoretisch. Fische aus dem Kescher holen, einen Käfer in die Hand nehmen oder eine flüchtende Kreuzotter am Schwanz hochheben – das waren die Momente, für die es sich lohnte weit zu laufen und lange zu suchen. Durch den physischen Kontakt mit einem Tier entsteht eine enge Bindung. Wer Käfer sucht, findet und anschließend bestimmt, lernt sie wirklich kennen. Wer nur über Büchern brütet, wird es schwer haben. Naturerfahrung und die dafür notwendigen und daraus resultierenden Kenntnisse lassen sich nur in begrenztem Umfang digitalisieren.

Das Besondere am Meer ist, dass man zu den Objekten seines Interesses in vielen Fällen nicht so recht vordringen kann. Es ist, als wollte man sich vom Waldrand aus mit Pilzen, Vögeln und den Bäumen beschäftigen, die im Waldesinneren leben. Natürlich kann man als Froschmann punktuell und gezielt in die Meereswelten eintauchen. Oft genug war ich in Ostsee, Nordsee und im Atlantik, gut verpackt im Trockentauchanzug, als Kameramann auf Bilderjagd. Aber das staunende Schlendern, das forschende Sichtreibenlassen ist unter Wasser nur in sehr begrenztem Umfang möglich. Dafür gibt es am Meer etwas, das keiner der anderen Lebensräume hat. Eine ergiebige Grenzlinie, die dem neugierigen Grenzgänger einiges zu bieten hat: der Spülsaum! Es hat mich immer fasziniert und beglückt, an ihm entlangzugehen. Den Blick über das Angeschwemmte, Gestrandete schweifen zu lassen. Auf jeder Reise ans Meer habe ich das gemacht. Zuletzt im vergangenen Jahr, als wir für *Heimat Natur* an die Küste fuhren, um uns diesen Lebensraum unterhalb der Wasseroberfläche mit der Kamera anzusehen.

Als Kind, im Nordseeurlaub mit den Eltern, zog mich diese Grenze zwischen Meer und Land an wie ein Magnet. Im Spülsaum am Föhrer Südstrand gab es vieles, das man anfassen und von allen Seiten betrachten konnte. Einmal fand ich eine »Nixentasche«, ein sonnengegerbtes, papiertrockenes Rochenei. Es sah aus wie eine mattbraune Ravioli mit langen Zipfeln an den vier Ecken. Erst später erfuhr ich, was für eine Besonderheit ich da in Händen hielt, denn die Eikapsel stammte vom Nagelrochen. Nagelrochen waren einmal häufig, sogar die häufigsten Rochen in der Nordsee. Anfang des letzten Jahrhunderts ging der Fang allein im deutschen Wattenmeer noch jährlich in die Zehntausende. Das war wohl der Hauptgrund dafür, dass der Nagelrochen ein paar Jahrzehnte später mehr oder weniger ausgestorben war. Als Kind überkamen mich wohlige Schauer bei dem Gedanken, dass das Ei von einem Rochenweibchen irgendwo in der Tiefe abgelegt wurde, ein Lebensraum, der für mich – damals noch ohne Tauchschein – unerreichbar war. Das glatte Rochenei in meinen Händen, das nach Salz und Tang und ein bisschen faulig roch, war die gedankliche Verbindung zu einer verschlossenen und geheimnisvollen Unterwasserwelt. Ich stellte mir vor, wie es dort unten wohl aussah und was dem Rochenweibchen so alles begegnete, wenn es mit sanften »Flügelschlägen« über sandigem Boden durch sein Reich glitt. Dann steckte ich die duftende Reliquie in meine Sammeltasche und stapfte weiter. Ich hörte das Rauschen der Wellen und die Schreie der Silber- und Mantelmöwen. Meine Konzentration galt weiterhin ganz dem Spülsaum, der wie ein wellenförmiges Band von mir bis in die Unendlichkeit zu führen schien. Er bestand vor allem aus Tang, Seegras, Weichtierschalen, Holz und anderen Resten von Landpflanzen sowie – auch in den 1980er Jahren schon – aus Müll. Streckenweise waren Muschel- und

Schneckenschalen der Hauptbestandteil. Vor allem die weniger als einen Zentimeter langen Häuschen der Gemeinen Wattschnecke bildeten manchmal regelrechte Teppiche. Wattschnecken sind äußerst flexibel, was ihre Umgebung betrifft. Mehrere Meter Wassertiefe machen ihnen ebenso wenig aus wie das Trockenfallen des Watts. Bei Niedrigwasser graben sie sich einfach ein paar Millimeter tief in den Sand ein, um nicht auszutrocknen. Mehrere Zehntausend Exemplare können auf einem einzigen Quadratmeter Meeresboden leben. Ihre massenhaften Ausscheidungen tragen wesentlich zur Wattbildung bei. Die kleinen Schnecken kriechen ganz langsam über den Sand- oder Schlickboden und weiden den Aufwuchs aus Mikroorganismen und Algen ab. Sie sind aber nicht immer im Schneckentempo unterwegs! Wattschnecken können sich ein Floß aus dem eigenen Schleim bauen. Damit hängen sie sich bei steigendem Pegel unter die Wasseroberfläche und schwimmen mit der Flut davon. Kein Wunder, dass sie nicht nur das gesamte Wattenmeer bewohnen, sondern bis ins tropische Afrika vorkommen.

Von der größten Schneckenart des Wattemeeres dagegen, der Wellhornschnecke, fand ich meist nur einzelne und oft beschädigte Gehäuse. Diese Art wird so groß, dass man sie nicht mehr mit der Hand umschließen kann. Im Spülsaum lagen vereinzelt auch ihre angeschwemmten Eigelege, die aussehen wie mit platt gedrückten Maiskörnern beklebte Tischtennisbälle. Sie bestehen aus mehreren Hundert Eiern, von denen aber stets nur einige wenige befruchtet sind. Die restlichen sind »Nähreier«, die dem glücklichen Dutzend Schlüpflingen als Mahlzeit dienen, bevor mit der Nahrungssuche der Ernst des Wellhornschneckenlebens beginnt.

Meine Sammeltasche wurde voller und schwerer. Bei den Herzmuscheln, Schwertmuscheln und anderen suchte ich besonders nach Exemplaren, wo die beiden Schalenhälften noch aneinanderhingen. Zu Hause gab es einen Schaukasten über meinem Bett, und da kamen die schönsten Schalenpärchen hinein. Ganz besonders liebte ich die Baltischen Plattmuscheln. Ihre Schalen sind nicht besonders groß oder auffallend geformt, aber die Innenseiten zeigen leuchtende Pastellfarben, vor allem Gelb, Creme, Rosa und Rot. Weniger schön ist, dass diese Plattmuschelart mittlerweile zu den Verlierern des Klimawandels zählt. Sie ist nur bei weniger als 15° C aktiv. Wird es wärmer, stellt sie das Wachstum ein und wartet für sie angenehmere Zeiten ab. Erwärmt sich das Meer dauerhaft, stirbt sie. Aus den südlichen Teilen ihres Verbreitungsgebietes im Atlantik ist sie bereits verschwunden. Das ist von großer Bedeutung für andere Tierarten. Manche Fische und Vögel ernähren sich bevorzugt von Plattmuscheln, die in enormen Dichten von mehr als 1000 Individuen je Quadratmeter Meeresboden vorkommen. Verschwindet die Muschel aus einem Gebiet, werden ihre Fressfeinde nicht mehr so leicht satt.

Zwischen den angespülten Schalen von Muscheln und Schnecken gab es noch jede Menge andere Fundstücke am Föhrer Strand: Tierknochen, Fischschädel und Fossilien. Vereinzelt lagen zwischen Weichtierschalen und Kieselsteinen sogar versteinerte Seeigel im Sand. Bei allen konnte man den um die Längsachse symmetrischen fünfzähligen Aufbau gut erkennen. Sogar die warzenartigen Gelenkhöcker, auf denen vor Jahrmillionen die Seeigelstacheln ansetzten, waren bei einigen Exemplaren gut erhalten. Mit 12 Jahren lief ich also barfuß einen sonnigen und windigen Strand am Wattenmeer entlang und steckte einen Schatz nach dem anderen ein. Die

Stücke später zu sortieren und (sicher nicht immer richtig) zu bestimmen bereitete mir großes Vergnügen. Mein Kinderzimmer glich nach jedem Urlaub mehr einem Ausstellungsraum (andere würden sagen: einer Rumpelkammer), und mein Wunsch, einmal als Wissenschaftler in einem Museum zu arbeiten, verfestigte sich zunehmend. Ein Weg, den ich lange verfolgte, bis ich irgendwann abbog und zum Tierfilm kam.

Sosehr mich früher die Nordsee faszinierte, weil sie ein »wildes« und »echtes« Meer war, begann ich irgendwann die Ostsee zu lieben. Ausflüge mit den Eltern in diesen Teil der Heimat beschränkten sich auf die westliche, schleswig-holsteinische Ostseeküste, insbesondere Fehmarn. Weiter östlich, wo es spannend wird, weil die Ostsee ihren ganz eigenen Charakter entfaltet, gab es damals noch einen Todesstreifen, und dahinter war die DDR. Diesen »neuen« Teil meiner Heimat konnte ich erst viel später kennenlernen, als wir für eine unserer Dokumentationen viel Zeit in Mecklenburg-Vorpommern verbrachten: für einen Film über Seeadler. Als ich ein Kind und mit den Eltern auf Föhr war, stand der Seeadler in Westdeutschland kurz vor dem Aussterben. In Ostdeutschland ging es ihm nicht ganz so schlecht. Dank wiedervereinigter Schutzbemühungen brüten heute fast 1000 Seeadlerpaare im ganzen Land. Etwa die Hälfte davon in Mecklenburg-Vorpommern. Die Ostsee hat viele Gesichter. Aber kreisende Adler sind heute fast überall ein gewöhnlicher Anblick. Salz- und Sauerstoffgehalt im Ostseewasser nehmen von West nach Ost ab. Da sie von Nord nach Süd 1300 Kilometer misst, liegt sie auch in ganz unterschiedlichen Klimazonen. So friert der nördliche Teil im Winter zu, was viele Tiere zu jahreszeitlichen Wanderungen veranlasst. Auch die Seeadler.

Die Ostsee ist ein geologisch sehr junges Meer. Sie begann erst vor 12 000 Jahren zu existieren, und zwar zunächst als Schmelzwassersee. Nach der letzten Kaltzeit zogen sich die Gletscher vor der wiederkehrenden Wärme nach Norden zurück. Das Schwinden des kilometerdicken und schwer auf die Erdoberfläche drückenden Eisschildes führte zu einer Druckentlastung und dazu, dass sich das Land zu heben und anderswo zu senken begann. In der Folge stieg der Seespiegel immer weiter an, bis das mit Gletscherwasser gefüllte Becken irgendwann Kontakt zur Nordsee und so mit dem Salzwasser des Atlantiks hatte. Die Nordsee ist dagegen wesentlich älter. Sie entstand bereits vor Jahrmillionen, im Zeitalter des Paläogen. Ihre heutige Form, den Feinschliff quasi, erhielt sie jedoch wie die Ostsee durch die ausgehende »Eiszeit« und die Gewalt der Gletschermassen.

Wenn ich heute ein kleines Stück an der 2400 Kilometer langen heimischen Küstenlinie entlanggehe, blicke ich auf eine scheinbar unendliche Wasserwildnis. Bei schlechtem Wetter und in der Nebensaison bin ich vielleicht sogar allein am Strand. Außer mir nur der Himmel, das Wasser, der Sand, ein paar Vögel und der Spülsaum mit all seinen Überraschungen. Das perfekte Idyll. Doch der Schein trügt. Die Wasserkante, an der ich stehend aufs Meer schaue, lag vor 100 Jahren im Durchschnitt 25 Zentimeter tiefer. In 100 Jahren wird sie, wenn die Klimaerwärmung ungebremst voranschreitet, einen halben oder sogar ganzen Meter höher liegen. Hört sich gar nicht so dramatisch an, wenn man wie ich 465 Meter über dem Meeresspiegel in Bayern wohnt. Für die Bewohner der Inseln oder die Einwohner der überflutungsgefährdeten Küstengebiete sieht das dagegen ganz anders aus. Das sind allein in Niedersachsen mehr als eine Million Menschen. Ebenfalls nicht sehr dramatisch nimmt sich beim ersten Hinhören der Anstieg der Meerestemperaturen aus. Seit Mitte des letzten Jahrhunderts zeigen Messungen des Alfred-Wegener-Instituts auf Helgoland, dass das Wasser der Nordsee im Durchschnitt um 1,7° C wärmer wurde. Das ist ein größerer Temperaturanstieg, als ihn viele andere Meere der Welt aufweisen. Da mag man sich an vergangene Nordseeurlaube und kaltes Wasser erinnern und denken, eine Erwärmung sei allemal besser als eine Abkühlung. Und man mag sich fragen, was 1,7 Grad schon groß ausmachen. Aber wie bei der Baltischen Plattmuschel beschrieben, haben bereits geringfügige Abweichungen der Durchschnittstemperaturen den Rückzug von Organismen zur Folge, die man als »systemisch« bezeichnen kann. All jene Arten drohen zu verschwinden, deren Bedürfnis nach kühlen Temperaturen gerade noch erfüllt war, bevor es wärmer wurde. 1,7 Grad reichen aus, um das Artengefüge in Nord- und Ostsee ordentlich durcheinanderzubringen. Da eine Art von der anderen abhängt, können Kettenreaktionen entstehen, die ebenso unvorhersehbar wie weitreichend sind. Und die uns alle betreffen, selbst in Bayern. Zumindest dann, wenn wir gerne Fisch essen.

Der wenige Millimeter große Ruderfußkrebs *Calanus finmarchicus* etwa schätzt kaltes Wasser. Er bevölkert in ungeheuren Mengen Nordsee und Nordatlantik, von der lichtdurchfluteten Oberfläche bis hinab ins ewige Dunkel in mehreren Kilometern Tiefe. Temperaturen um den Gefrierpunkt machen dem winzigen Krustentier nichts aus. Ab plus 20° C gerät er dagegen in ernsthafte Schwierigkeiten. Der kleine Ruderfußkrebs ist eine Schlüsselart in der Nahrungskette im Meer; von ihm ernähren sich andere Krebse, Fische und am Ende auch große Säugetiere wie die Wale. Und jetzt wird es ökonomisch interessant (manche Menschen horchen ja leider erst dann auf). Der Kabeljau gehört zu unseren beliebtesten Speisefischen und ist ein Eckpfeiler der Fischereiwirtschaft. Und seine Larven ernähren sich vorwiegend von jenen in Massen auftretenden Ruderfußkrebsen. Wenn sie verschwinden, haben die Kabeljaularven ein Problem. Zwar ist es nicht so, dass *Calanus finmarchicus* dort, wo er sich zurückzieht, für immer eine klaffende Lücke im ökologischen Gefüge hinterlässt. Wo es ihm zu warm geworden ist, wird er von einer nah verwandten Art ersetzt: *Calanus helgolandicus*. Das Problem dabei ist, dass diese Ruderfußkrebsart deutlich kleiner ist als die ursprünglich heimische. Möglicherweise zu klein, um als Nahrung für Fischlarven ab einem bestimmten Alter infrage zu kommen. Das könnte gravierende Auswirkungen auf die Fortpflanzung des Kabeljaus haben. Nicht nur seine Larvennahrung, auch der Kabeljau selbst ist eine nordische, kälteliebende Art. Obwohl er einer der fortpflanzungsstärksten Fische der Welt ist und einst auch zu den häufigsten gehörte, hat die Weltnaturschutzunion IUCN den Kabeljau mittlerweile als »gefährdet« eingestuft. Die Bestände in der Nordsee sind in den letzten vier Jahrzehnten um 90 Prozent eingebrochen.

Neben dem Kabeljau ist der Hering die wirtschaftlich wichtigste Fischart in der Ostsee. Die beiden Arten machen zusammen fast 90 Prozent des Fischfangs aus. 2020 haben Wissenschaftler des GEOMAR Helmholtz-Zentrums für Ozeanforschung die Situation der beiden Arten in der Ostsee untersucht. Die Forscher kamen zu einem Ergebnis, das viele Berufsfischer aus eigener Beobachtung bestätigen: Es sind kaum mehr Jungfische da, so wenige wie nie zuvor. Warum, das ist nicht abschließend geklärt. Die Wissenschaftler befürchten, dass Dorsch und Hering dank erhöhter Wassertemperaturen früher im Jahr ablaichen als vormals. Doch einmal aus den Eiern geschlüpft, müssen die Fischlarven fressen. Sie sind auf das Vorhandensein ihrer winzigen Nahrung angewiesen. Wenn sich aber das Plankton weiterhin erst später im Jahr entwickelt, weil es sich etwa von der Tageslichtlänge steuern lässt und nicht so sehr von der Temperatur, dann fehlt den Fischlarven die Startnahrung. Auch hier wirken sich die erhöhten Temperaturen nicht nur direkt auf die Fische aus, sondern auch indirekt über die Nahrungskette.

Kabeljau und Hering – und die Organismen, die ihre Nahrung bilden – haben im Verlauf ihrer Geschichte zwar schon viele Klimaschwankungen mitgemacht. Und sie haben offenkundig bis heute überlebt. Zuletzt war es bei uns im Atlantikum, der langen Klimaperiode von vor 9000 bis vor 5000 Jahren, wärmer als heute. Allerdings weiß niemand, wie schnell die natürliche Erwärmung damals vonstattenging. Möglicherweise hatten die Meerestiere mehr Zeit als heute, um sich anzupassen. Außerdem – und das dürfte der springende Punkt sein – gab es längst noch keine industrielle Fischerei, die die natürlichen Fischbestände auf einen Bruchteil heruntergewirtschaftet hätte. Gesunde und große Populationen haben mehr Potenzial sich anzupassen als kleine, die unter Druck stehen. Wie groß dieser Druck heute ist, zeigt, dass einige Fischarten bereits ihr äußeres Erscheinungsbild verändert haben. Sie sind kleiner geworden! Je länger ein Kabeljau lebt, desto wahrscheinlicher wird es, dass er irgendwann doch in einem Schleppnetz oder an einem Angelhaken landet. Und je später ein Kabeljau fortpflanzungsfähig wird, desto größer ist die Wahrscheinlichkeit, dass er vor dem ersten Eierlegen auf dem Teller endet. Umgekehrt gilt: Individuen, die früh geschlechtsreif werden, haben unter dem enormen Druck der Fischerei eine größere Chance, ihre Gene erfolgreich weiterzugeben. Ursprünglich laichte ein Kabeljauweibchen bei einer Durchschnittslänge von 70 Zentimetern zum ersten Mal ab. In der Nordsee sind diese »Erstlaicher« heute nur noch einen halben Meter lang. Man darf davon ausgehen, dass sich in der langen Evolution des Kabeljaus Alter und Länge beim erstmaligen Ablaichen als ökologisch sinnvolle Größen entwickelt haben. Dass die industrielle Fischerei die Fische binnen weniger Jahrzehnte kleiner werden ließ, ist möglicherweise an anderer Stelle von Nachteil für sie.

Die Liste der Arten, deren Bestände bedroht oder sogar zusammengebrochen sind, ist lang. Eigentlich sind alle der etwa 20 kommerziell interessanten Speisefische in der Nordsee überfischt. Ein paar Arten sind sogar bereits ausgerottet, wie Nagelrochen oder Stör.

Ich erinnere mich an Kindertage, als mein Vater, der ein passionierter Segler war, des Öfteren Schillerlocken vom Viktualienmarkt in München mit nach Hause brachte. Ich liebte die saftigen und fetten, nach Rauch und Meer schmeckenden Fischstücke. Was ich da aß, wusste ich allerdings nicht so genau. Schillerlocken sind eine recht fragwürdige Spezialität (die ihren Handelsnamen tatsächlich Friedrich Schillers Haarpracht verdanken). Es handelt sich um die geräucherten Bauchlappen des Dornhais. Der trat als einer der häufigsten Haie der Welt früher in gewaltigen Schwärmen auf. Und auch diese Art ist in der Nordsee durch Überfischung bedroht. Nur ein Zwanzigstel des ursprünglichen Bestandes ist noch da. Im Bereich des Nordostatlantiks, zu dem auch Nord- und Ostsee gehören, gilt die ehemals in Massen vorkommende, kleine Haiart jetzt offiziell als vom Aussterben bedroht. Ein Dornhai-Weibchen wird erst in einem Alter von zehn Jahren geschlechtsreif. Nach der Paarung dauert es sage und schreibe 20 Monate, bis es seine Handvoll lebender Junge zur Welt bringt. Diese langsame Vermehrungsrate war in Millionen Jahren Evolution genau richtig. Unter der industriellen Ausbeutung der Meere kollabiert jedoch der Bestand. Mittlerweile ist der Fang von Dornhaien vor der deutschen Küste verboten. Schillerlocken gibt es noch immer an der Fischtheke, aber die stammen von importiertem Dornhai, meist aus Nordamerika. Und auch dort sind mittlerweile die Bestandszahlen rückläufig.

Allgemein wird die kommerzielle Fischerei als derzeit größtes ökologisches Problem für Nord- und Ostsee gesehen. Der Mensch entnimmt den beiden miteinander verbundenen Ökosystemen jedes Jahr drei Millionen Tonnen Fisch. Das sind mehr als eine Milliarde Tiere! Aus der kleinen Nordsee allein stammen fünf Prozent des weltweit angelandeten Speisefischs. Jeder Quadratmeter Meeresboden wird bis zu viermal im Jahr von Schleppnetzen umgepflügt. Dabei sind die Organismen, die hier leben, an statische und nicht auf dynamische Verhältnisse angepasst. Selbst im Nationalpark darf gefischt werden, auch mit Schleppnetzen. Nur ein paar magere Prozent des Weltnaturerbes Wattenmeer sind von der kommerziellen Ausbeutung gesetzlich verschont. Dieses Abschöpfen der natürlichen Produktion, das in vielen Fällen nicht nachhaltig ist und die Bestände vieler Arten gefährdet (und das im Grunde genommen leicht abzustellen wäre), ist allerdings nicht das einzige Problem unserer Küsten. Wenn heute ein Kind mit Sammeltasche am Spülsaum den Nordseestrand entlangwandert, findet es auch viele Schalen von exotischen Muscheln und Schnecken: Amerikanische Bohrmuschel, Sandklaffmuschel, Brackwasserdreiecksmuschel, Amerikanische Schwertmuschel, Neuseeländische Zwergdeckelschnecke, Amerikanische Pantoffelschnecke und andere. Manche sind schon vor über 100 Jahren hierher verschleppt worden, andere erst vor Kurzem und mitunter sogar absichtlich.

Nachdem die Europäische Auster an der deutschen Nordseeküste bereits um 1930 ausgestorben war, siedelte man in den 1970er und 1980er Jahren die viel größere Pazifische Auster an. Sie stammt aus den Küstengebieten des Japanischen Meeres. Damit sie sich vermehren kann, muss ihr Wohngewässer wärmer als 20° C sein. So hoffte man, dass diese gebietsfremde Art im Wattenmeer nur bis zur Ernte wachsen, nicht aber sich vermehren und ausbreiten würde. Ein frommer Wunsch! Es kam nämlich anders. Ein paar ungewöhnlich warme Sommer veranlassten die ersten Austernweibchen, jeweils 100 Millionen Muscheleier in die Nordsee zu entlassen. Mittlerweile sind große Teile des Wattenmeers von der neuen Riesenauster besiedelt. Sie ersetzt dabei in ökologischer Hinsicht nicht die ausgestorbene Europäische Auster. Letztere war im Flachwasser zu Hause, während die pazifische Neubürgerin tieferes Wasser bevorzugt. Die japanische Muschelart ist heute über das ganze Wattenmeer verbreitet und bildet immer neue Muschelbänke aus mehreren Millionen Individuen. Weil sich die Pazifischen Austern gerne auf Miesmuschelbänken ansiedeln und vermehren, haben Meeresbiologen die Sorge, dass die eingeschleppte Auster die alteingesessene Miesmuschel überwuchert und verdrängt. Das hätte Konsequenzen für die Wasserqualität in der Nordsee. Miesmuscheln reinigen nämlich das Meerwasser besonders gründlich. Jede einzelne von ihnen filtert in der Stunde ein bis zwei Liter Wasser, entnimmt ihm die Schwebstoffe und ernährt sich von dem darin enthaltenen Plankton. Man sagt, dass das gesamte Wasser des Wattenmeers einmal in der Woche durch die Miesmuscheln gefiltert wird. Wird nun dieser »Filterchampion« von der eingebürgerten Auster verdrängt, könnte das weitreichende Konsequenzen für die Wasserqualität haben.

Es ist bemerkenswert, wie leichtfertig der Mensch solch irreversible Freilandexperimente durchführt, wenn ökonomische Interessen dahinterstehen. Zwar werden die Folgen wissenschaftlich begleitet und dokumentiert. Um einzugreifen, ist es aber längst zu spät. Genau genommen schon seit dem Zeitpunkt, als das erste Austernweibchen ihre Eier der Flut übergeben hat.

Das Bundesamt für Naturschutz stuft von knapp 1700 untersuchten Meeresorganismen der deutschen Küsten- und Meeresgebiete rund 30 Prozent als gefährdet ein. Für rund ein weiteres Drittel fehlen aussagekräftige Daten. Und nur ein Drittel der Meeresbewohner gilt als ungefährdet. Die Organismengruppe, die die stärksten Einbußen zu verzeichnen hat, sind die Großalgen. Zu ihnen gehört etwa der Blasentang, den viele vom Nordseeurlaub kennen und von dem später noch die Rede sein wird. Von den mehr als 300 Großalgen, die von der deutschen Küste her bekannt sind, ist mittlerweile fast ein Zehntel ausgestorben. Bei den wirbellosen Tieren sind es prozentual etwa halb so viele. Eine erschreckende Bilanz! Worunter leiden aber die vielen bedrohten Arten, die nicht dem Einfluss der Fischerei unterliegen? Was macht den Großalgen, Igelwürmern, Seescheiden, Asselspinnen, Moostierchen und vielen anderen zu schaffen? Die Effekte des Klimawandels haben wir bereits gesehen. Komplizierte Rochaden spielen sich nicht nur zwischen den Fischen und den ihnen als Nahrung dienenden Krebschen ab. Das Beziehungsgefüge aller Arten, in jeder bekannten oder noch unbekannten Kombination, kann durcheinandergeraten, wenn sich wichtige Parameter in ihrem Lebensraum – etwa die Temperatur – plötzlich verändern.

Und es gibt noch mehr Faktoren, die unter der Wasseroberfläche verheerend wirken. Etwa dass auf dem Boden der Nordsee allein rund 600 000 Kubikmeter Müll liegen. Der Zustrom an Unrat aus Flüssen und Bächen und Kläranlagen reißt nicht ab. Auf jedem einzelnen der 2400 Kilometer Küstenlinie liegen im Durchschnitt 2500 Müllteile. Der überwiegende Teil ist Plastikunrat. Der zerfällt irgendwann und wird zerrieben. Übrig bleiben Mikroplastikpartikel, die kleiner als fünf Millimeter sind und aus denen am Ende Nanoplastik wird. Diese unsichtbaren Plastikteile sind nach der Definition kleiner als ein zehntausendstel Millimeter. Sie sind in jedem Kubikzentimeter Strand und Meerwasser nachweisbar und auch in den Meeresfrüchten, die aus Nord- und Ostsee stammen. Sie können nach allem, was man weiß, in die Organe, ins Gehirn und ins Muskelgewebe der Fische gelangen. Davor warnt zumindest das seriöse Thünen Institut. Dann kommt der Müll, der aus unseren Haushalten stammt, über den Umweg durchs Meer wieder zurück in unsere Küche. Guten Appetit!

Andere Veränderungen im Ökosystem Meer, die der Mensch verursacht hat, haben dagegen etwas von ihrem Schrecken verloren. Windkraftanlagen etwa. Inzwischen stehen mehr als 1500 dieser »Spargel mit Propeller« in Nord- und Ostsee. Sie lieferten im vergangenen Jahr elektrische Energie von gut 27 Terawattstunden (Tera = Billion). Diese Form der Stromerzeugung soll in den nächsten Jahrzehnten massiv ausgebaut werden. Zurzeit sind Offshore-Anlagen mit einer Gesamtleistung von weniger als 10 Gigawatt am Netz. Bis 2030 soll die Leistung durch zahlreiche neue Windkraftanlagen auf 20 und in den folgenden zehn Jahren auf 40 GW erhöht werden. Die nicht allzu tiefen Schelfmeere Nord- und Ostsee, deren Bodengrund zum Festlandsockel gehört, eignen sich dafür gut. Der Anteil der erneuerbaren Energien am deutschen Strommix würde sich damit auf 65 Prozent erhöhen. Windenergie ist das Rückgrat des 2019 aufgelegten nationalen Klimaschutzprogramms und unverzichtbar, wenn Deutschland bis 2050 klimaneutral sein will. Dank beständiger Winde sind Offshore-Windparks besonders effizient. Und weil sie so abgelegen stehen, ärgern sich nicht so viele Menschen über ihre Nachbarschaft wie auf dem Festland. Sie sind jedoch fast immer ein Zankapfel zwischen Klima- und Artenschützern. Klimafreundlich ist die Windenergie grundsätzlich. Umweltfreundlich nicht immer.

Der massive Ausbau der Offshore-Parks wird mehr und mehr Flächen beanspruchen. Allzu dicht dürfen die Anlagen nämlich nicht stehen, weil sie sich sonst gegenseitig den Wind wegnehmen. Schon jetzt stehen viele Anlagen in Schutzgebieten, etwa dem »Vogelschutzgebiet Östliche Deutsche Bucht«. Die negativen Folgen der Windkraftanlagen sind dabei nicht in erster Linie, dass die Rotoren geschützte Vögel erschlagen, was bei Anlagen auf dem Festland, vor allem in Waldgebieten, ein Problem ist. Offshore-Windparks können Vogelbestände dezimieren, ohne ein Tier zu verletzen. In der Deutschen Bucht überwintern zwei Seetaucherarten, die den Sommer in ihren Brutgebieten im hohen Norden verbringen: Sterntaucher und Prachttaucher. Beide Arten konnte ich in Skandinavien mehrfach filmen. Sie gehören für mich zu den schönsten Vögeln der Welt, und ihre Rufe, die über einen spiegelglatten Tundrasee hallen, elektrisieren mich jedes Mal, wenn ich sie wieder hören darf. Beide Arten sind nach der EU-Vogelschutzrichtlinie besonders geschützt. Professor Stefan Garthe von der Universität Kiel konnte zeigen, dass die beiden ihre traditionellen Überwinterungsgebiete auf dem offenen Meer verlassen, wenn in sichtbarer Entfernung Windkraftanlagen errichtet werden. Sie meiden die neuen Strukturen und rasten und fressen künftig einige oder gar viele Kilometer weiter oder bleiben gleich ganz weg. Wenn es dort aber weniger Fisch zur Nahrung gibt, kehren Pracht- und Sterntaucher möglicherweise nicht, oder zumindest weniger gut genährt, in ihre skandinavischen Brutgebiete zurück. Die Folge: Sie haben keinen oder weniger Nachwuchs. Und das macht sich im nächsten Winter dann auch bei uns bemerkbar. Vogelzählungen haben ergeben, dass der Bestand überwinternder Seetaucher in der Deutschen Bucht stark abgenommen hat. Und zwar um 43 Prozent gegenüber der Zeit vor dem Bau des ersten Offshore-Windparks.

Auf der anderen Seite ist auch belegt, dass die Sockel der Windräder als neue, künstliche Riffe fungieren und so auch Leben ermöglichen. Im Lückensystem der Steinschüttungen, die die Anlagensockel schützen, finden unzählige wirbellose Meerestiere einen Unterschlupf. Fische nutzen die Windkraftanlagen im Meer als Zufluchtsort, und so erhöhen die »Spargel mit Propeller« punktuell durchaus die Artenvielfalt im Meer. Vielleicht gewöhnen sich Pracht- und Sterntaucher und die anderen Seevögel an die neue Landschaft, die irgendwann von Hunderten Windparks und 10 000 und mehr Masten geprägt sein wird. Momentan sind Anlagen in der Entwicklung, deren Rotorblätter einen Durchmesser von 220 Metern haben. Man kann nur hoffen, dass künftig mit großer Sorgfalt und nach gründlicher Abwägung die besten Standorte ausgewählt werden.

Über Jahrhunderte war die Jagd auf Zug- und Brutvögel im Wattenmeer der Negativfaktor schlechthin für viele Arten. Diese Zeiten sind fast vorbei. Fast, weil auch heute noch bestimmte Wasservögel geschossen werden dürfen, auch mitten im Nationalpark. In einem trilateralen Abkommen haben sich die Niederlande, Dänemark und Deutschland eigentlich verabredet, die Jagd im gesamten Schutzgebiet Wattenmeer zu beenden. Dank lokaler Widerstände und hartnäckig verteidigter Pfründe offensichtlich ein schwer zu erreichendes Ziel. 2018 wurden die Jagdpachtverträge im Nationalpark Niedersächsisches Wattenmeer neu verhandelt und für neun Jahre verlängert. Zuständig ist das Landwirtschaftsministerium, das – am Umweltministerium vorbei – die Jagd innerhalb der Nationalparkgrenzen nicht nur verlängert, sondern noch ausgeweitet hat.

Ist die Jagd aber überhaupt ein entscheidender Faktor? Ist bei jenen Brut- und Zugvogelarten, bei denen die Verfolgung durch den Menschen längst gänzlich eingestellt wurde, alles in Butter? Keineswegs. Bei der Mehrzahl der Arten sind die Bestände sogar rückläufig. Viele Gründe kommen dafür infrage: der Anstieg des Meeresspiegels, Müll und Giftstoffe, Beunruhigung durch Tourismus und Energiewirtschaft etc. Hier ist noch viel Forschung nötig.

Ist also an der Küste in puncto Naturschutz alles schlecht? Mitnichten. Es gibt sie, die frohen Botschaften! Auch an Nord- und Ostsee sind ausgerottete oder selten gewordene Tierarten zurückgekehrt, wie Seeadler und Fischotter. Und zwei besonders charismatische Meeresbewohner. Zwei, die immer wieder verwechselt werden, obwohl sie doch ziemlich verschieden sind: Seehund und Kegelrobbe. Während der Seehund bei einer Länge von 1,80 Metern um die 100 Kilogramm wiegt, wird die Kegelrobbe zweieinhalb Meter lang und dreimal so schwer. Seehunde haben einen rundlichen Kopf mit sehr großen Augen. Der Kopf der Kegelrobbe mit den etwas kleineren Augen ist lang gezogen. Seehunde bringen außerdem ihre Jungen im Sommer zur Welt; und die können bereits mit der ersten Flut schwimmen. Die Kegelrobben bekommen ihren Nachwuchs im Winter. Und der verbringt seine ersten Lebenswochen an Land. Eine Gemeinsamkeit der beiden Robbenarten ist, dass sie noch vor gar nicht langer Zeit bis an den Rand der Ausrottung verfolgt wurden. Bis in das 20. Jahrhundert bezahlte man staatliche Prämien für jeden erlegten Seehund und jede getötete Kegelrobbe. Der Grund: Die Fischer betrachteten die beiden Fischfresser als Konkurrenten. Die angehende Überfischung von Nord- und Ostsee machte sich bereits vor über 100 Jahren bemerkbar. Da kamen die beiden Robbenarten als Sündenböcke gerade recht. Um 1930 herum waren Kegelrobbe und Seehund aus dem deutschen Teil von Nord- und Ostsee weitgehend eliminiert. Und natürlich waren Hering und Kabeljau nicht wieder mehr geworden, nachdem die Meeressäuger verschwunden waren. Der Hauptgrund für sinkenden Ertrag war ja noch da – die kommerzielle Fischerei.

Zwar vertilgt jede Kegelrobbe am Tag etwa 10 Kilo Fisch. Bei dem aktuellen Gesamtbestand in Ost- und Nordsee von etwa 40 000 Tieren macht das im Jahr 146 000 Tonnen. Klingt zunächst nach viel. Doch die Zahl relativiert sich, wenn man bedenkt, dass der Mensch jährlich 20-mal so viel Fisch aus denselben Gewässern holt, obwohl er gar nicht zu den eigentlichen Bewohnern dieses Lebensraumes zählt. Nach der gezielten Ausrottung von Seehund und Kegelrobbe dauerte es noch mehrere Jahrzehnte, bis ihnen ein umfassender Schutz zuteilwurde. In den 1970er Jahren verbot man schließlich die Seehundjagd im deutschen Wattenmeer, und die Bestände begannen sich zu erholen.

Im Jahr 2020 wurden im deutschen, niederländischen und dänischen Wattenmeer aus der Luft insgesamt 41 700 Seehunde gezählt, der größte Teil davon auf deutschem

Hoheitsgebiet. Die Kegelrobbe erholt sich in der Nordsee dagegen deutlich langsamer. Zwar hat sich ihr Bestand nach Angaben des Weltmeeressekretariats seit Beginn der Zählflüge verdreifacht, aber es sind immer noch (und immerhin) weniger als 8000 Tiere. Ursprünglich dürften die beiden Robbenarten gleich häufig gewesen sein.

In der Ostsee sieht die Situation etwas anders aus: Die großen Kegelrobben sind hier zahlenmäßig den kleinen Seehunden überlegen. Von den einstmals geschätzt mehr als 100 000 Kegelrobben ist etwa ein Drittel der Population wieder vorhanden. Gerade einmal 300 von ihnen leben in Deutschland, an der Küste Mecklenburg-Vorpommerns. Dafür leben in der gesamten Ostsee nur ein paar Tausend Seehunde. Und von denen lassen sich an unserer Küste bislang nur einzelne Tiere blicken.

Zahlen hin oder her – die Situation unserer großen Meeressäuger hat sich deutlich verbessert. Es gibt viele Arten, um die wir uns mehr Sorgen machen müssen als um Seehund und Kegelrobbe. Besonders wegen eines Faktors, unter dem nicht nur Nord- und Ostsee leiden und den wir hier noch gar nicht angesprochen haben: die Überfrachtung der Meere mit nährendem Stickstoff. Einem in der Natur heiß begehrten Lebenselixier, das im Übermaß verabreicht zu starken Turbulenzen im natürlichen Gefüge der Arten führt. Es ist der vielleicht gravierendste Eingriff ins Ökosystem Meer, den wir Menschen zu verantworten haben. Was es mit diesem ominösen Stickstoff auf sich hat, woher er kommt und was er bewirkt, das wollen wir uns im nächsten und letzten Kapitel ansehen. Dazu werden wir ein paar Fakten aus dem Chemieunterricht hervorkramen. Denn hier passiert alles im ganz Kleinen. Und unter der Wasseroberfläche. Verborgen vor den Augen des kleinen Jungen, der mit seiner Sammeltasche voller

Schätze den Spülsaum entlangspaziert und dem das Salzwasser in einer kleinen Schnittwunde am Fuß brennt. Der immer wieder stehen bleibt und versonnen hinausschaut aufs Meer, während die zurücklaufenden Wellen Myriaden von Muschelschalen rasseln lassen. Der staunend den Horizont betrachtet und den Schaumkrönchen und Möwen zusieht, die im Wind spielen.

KAPITEL 16

# Achtzig Prozent

Eines Sonntags im April 2018 sitze ich frühmorgens am Sumpf hinter unserem Haus in einem Tarnzelt. Die Sonne ist noch nicht aufgegangen, in meinen Händen dampft ein Thermosbecher mit Kaffee, und ich schaue erwartungsvoll durch ein Stück Stoffgitter. Ich hatte das Versteck bereits am Vortag vor einer üppig blühenden männlichen Salweide aufgestellt und bin nun voller Hoffnung, dass mein Vorhaben klappt. Im Grunde genommen will ich etwas ganz Gewöhnliches filmen: den Vorgang der Bestäubung durch fliegende Besucher. Aber ich habe es nicht auf die üblichen Verdächtigen abgesehen, die Insekten. Erst vor Kurzem hatte ich aus einer Veröffentlichung in einer Fachzeitschrift erfahren, dass auch Blaumeisen effektive Bestäuber von Salweiden sind und im Vorfrühling die Bäume gezielt anfliegen, um Nektar zu trinken. Demnach können die Vögel im Vorfrühling ihren gesamten Tagesbedarf an Energie mit dem Nektar der Weiden decken. Ich hatte schon oft Meisen in blühenden Weiden dabei beobachtet, wie sie von Ast zu Ast und von Blüte zu Blüte hüpfen. Ohne viel darüber nachzudenken, war ich stets davon ausgegangen, dass die Vögel hinter den Insekten her sind, die sich ihrerseits an den Blüten tummeln. Da die Vögel im Gegensatz zu den Hummeln, Seiden- und Honigbienen flüchten, wenn sich der Mensch nähert, habe ich ihnen auch selten in Ruhe bei ihrem Treiben in der Weide zugeschaut. Jedenfalls hatte ich da etwas Spannendes übersehen.

Die Sonne geht auf und lässt im Schein ihrer ersten Strahlen die von Nektar und Pollen strotzenden männlichen Weidenkätzchen rosa-orangefarben aufleuchten. Während die Pastelltöne langsam in ein helleres Gelb münden, kommt die Wärme, und mit ihr erscheinen die ersten hungrigen Hummeln. Kurz darauf fliegt die erste Blaumeise an und hüpft von Blüte zu Blüte. Beim Blick durch das Teleobjektiv kann ich erkennen, dass der Vogel seinen Schnabel in die vielen kleinen Einzelblüten steckt, die dicht an dicht in den Kätzchen beisammenstehen. Ganz unten, am Blütengrund, kommt der Nektar aus speziellen Drüsen. Jedes Mal, wenn die Blaumeise so ein Nektartröpfchen sucht, fährt sie mit ihrem kleinen Schnabel durch einen Miniaturwald aus Staubbeuteln und bepudert sich den Schnabelgrund mit Pollen. Bald kommen weitere Meisen, und alle trinken an den Weidenkätzchen. Jetzt, wo ich davon weiß, erkenne ich es sofort! Irgendwann fliegen sie davon, vielleicht zu einer weiblichen Salweide. Da sehen die Kätzchen nicht so schön farbenfroh aus, weil ihnen naturgemäß der gelbe Blütenstaub fehlt. Weibliche Weidenkätzchen sind schlanker und unscheinbar grünlich gefärbt. Aber sie enthalten jede Menge Nektar, sogar mehr als die männlichen Kätzchen. Daher lohnt sich ein Besuch für die Blaumeisen, die nun den am Schnabelgrund haftenden männlichen Pollen an den grünlichen Narben der weiblichen Blüte abstreifen. Die Bestäubung ist perfekt. Ich bin glücklich und überlege, ob ich vielleicht sogar der Erste bin, der dieses Verhalten filmisch eingefangen hat, als plötzlich das Telefon klingelt. Es ist

Günther, der Vogelkundler, der an diesem Morgen für mich nach Zaunkönigrevieren Ausschau halten wollte. In seiner Stimme ist Verunsicherung und Entsetzen …

Was war vorgefallen? Ein kleiner Bach, an dem Günther nach singenden Zaunkönigen suchen wollte, ist der letzte seiner Art in der weiteren Umgebung um unseren Wohnort. Er beherbergt noch Teile der Kleinfischfauna, die einst für alle Bäche in der Moränenlandschaft des Inn-Chiemsee-Hügellandes typisch waren. Schwärme von farbenprächtigen Elritzen ziehen im Frühjahr noch das Bächlein hinauf, um abzulaichen. Schwarz-blaue Groppenmännchen bewachen derweil ihre Brutplätze unter flachen Steinen und knurren eindringende Artgenossen an. Und hier leben kleine Forellen mit ungewöhnlich vielen kirschroten Flecken auf dem Leib. Sie sehen ganz anders aus als die farblosen Besatzfische aus der Forellenzucht. Der Bach, der sich an einem sonnigen Waldrand mit alten Bäumen entlangwindet, ist von bunten Frühlingsblühern gesäumt, und wenn die kleinen Fische tausendfach zu ihren Laichplätzen im Oberlauf wandern, steht frühmorgens oft der Schwarzstorch im knöcheltiefen Wasser auf der Lauer.

Als Günther also an diesem Morgen an das Gewässer kam, stank es gewaltig, und das Wasser hatte eine braune Farbe. An das Ausfindigmachen von Zaunkönigrevieren war nicht mehr zu denken. Deswegen hatte er mich angerufen. Da ich noch mit den Blaumeisen beschäftigt war und mir das Ausmaß der offensichtlichen Verschmutzung nicht klar war, bat ich Günther zu warten und informierte meinen Freund Andi, der das Gewässer und die ganze Gegend seit Jahrzehnten kennt. Er versprach, sich die Sache anzusehen. Eine halbe Stunde später war er vor Ort, ging der braunen Brühe bachaufwärts nach und gelangte über ein schäumendes Rinnsal, das über eine

Hangwiese plätscherte, an das Ende eines Rohres. Und das ragte aus einem nicht mehr ganz neuen Güllelager, in dem, wie sich bei Ermittlungen herausstellte, betriebliche und häusliche Abwässer gelagert wurden. Andi rief die Polizei. Die begutachtete den Schaden und rief das Technische Hilfswerk und die Feuerwehr. Inzwischen war ich ebenfalls an den Unglücksort gefahren und traute meinen Augen kaum. Im Wasser meines Lieblingsbaches trieben Tausende, wenn nicht Zehntausende tote und nach Luft schnappende Elritzen und Mühlkoppen. Es tat weh, den Tieren zuzusehen, wie sie vergeblich aus der bestialisch stinkenden Brühe zu entkommen versuchten. Wie sie die Augen rollten. Ihre durchgebogenen Körper sich im verblassenden Laichkleid wanden. Sie ihre Kiemendeckel abspreizten, unter denen es grässlich brennen musste … Unendliches Tierleid. Strengstens geschützte Arten lagen massenhaft im Sterben. Auch ihre Eigelege: verloren.

Der Abfluss der Fäkalien musste kurz vor der Morgendämmerung begonnen haben. Das Rohr, das hangabwärts in die Wiese ragte, legte für den Laien eine absichtliche Entsorgung nahe. Der Besitzer von Hof und Güllelager war an diesem Tag frühmorgens zu einer Wanderung in die Berge aufgebrochen und konnte erst am Nachmittag verständigt werden. Natürlich zeigte er sich betroffen. Die Einsatzkräfte hatten inzwischen den Bach unterhalb der Unglücksstelle mit Sandsäcken abgesperrt und pumpten die braune Brühe ab. Die Landwirte der Nachbarhöfe waren hilfsbereit und verteilten die Flüssigkeit mit ihren Maschinen zur biologischen Klärung auf den Wiesen der Umgebung. Den ganzen Tag über machten wir Filmaufnahmen von Bach, Fischsterben und Säuberungsaktion. Am Nachmittag erschien der Hofbesitzer am Ort des Geschehens und half bei den Reinigungsarbeiten mit. Nachdem er anfangs kleinlaut darum bat, man möge ihn weder zeigen noch beim Namen nennen (was wir selbstverständlich zusicherten), änderte er tags darauf die Strategie und ging zum Gegenangriff über. Er behauptete, wir hätten das Schlimmste verhindern können, wenn wir zügiger die Polizei alarmiert hätten. Er wies uns sogar eine Mitschuld an dem Fischsterben zu. Der Landwirt erklärte bei der Polizei den Vorfall zum Unfall und kam damit durch. Bei meiner telefonischen Vernehmung machte sich der Beamte diese Argumentation zu eigen und fragte beharrlich nach den zeitlichen Abläufen. Und ich hatte das unbestimmte Gefühl, er nehme den Verursacher des Fischsterbens in Schutz. Mein Vertrauen in die Staatsmacht war für eine Weile erschüttert.

Wir besuchten den Unglücksort im Anschluss mehrfach die Woche. Noch über Tage lag Verwesungsgeruch in der Luft. Nicht nur von den zahllosen Fischleichen, sondern auch von verendeten Kaulquappen, Wasserschnecken und Insektenlarven. Und von unzähligen vierkantigen Wasser-Regenwürmern, die man sonst nie sieht, weil sie für gewöhnlich im Bodengrund sauerstoffreicher Fließgewässer umherkriechen. Und Sauerstoff war dem Bach vorübergehend abhandengekommen. In dieser Woche erschienen auch mehrere Zeitungsartikel, Leserbriefe, Posts in »sozialen« Medien und viele Beschimpfungen in alle Richtungen. Alles in allem ziemlich viel Aufmerksamkeit für einen Gülleunfall, der statistisch in Deutschland mehr als einmal am Tag vorkommt.

Wir besuchten den Bach weiterhin regelmäßig und wollten sehen, ob er sich wieder erholen würde. Und ich war bass erstaunt, wie schnell das ging. Zwei Wochen nach der Havarie der Fäkaliengrube schien unser Bach wie neu. Anscheinend waren Elritzen und Mühlkoppen von oberhalb und unterhalb eingewandert und hatten die entstandene Lücke geschlossen. Das Gleiche bei den Wasserinsekten. Sicher lebten jetzt weniger Tiere in dem Bach. Aber im Großen und Ganzen war das Nachher kaum vom Vorher zu unterscheiden. So viel zu einem Vorfall, der viele Menschen aus unterschiedlichen Gründen sehr bewegt hat und der von der Natur offensichtlich gut verkraftet worden war. All das organische Material aus den Tierleichen war im Kreislauf der Nährstoffe zerrieben und aufgenommen worden.

Bäche haben dank der in ihnen lebenden Mikroorganismen ein enormes Regenerationsvermögen. Plötzliche Nährstofffluten müssen sie immer wieder bewältigen. Etwa wenn das Gewässer nach einem Herbststurm auf einmal voller Falllaub ist. Auch dieser natürliche Abfall zehrt Sauerstoff. Erst wenn der Nährstoffüberschuss dauerhaft anhält, kollabiert das System. Allerdings nicht plötzlich, stinkend und begleitet von schrecklichen Bildern grausam verendender Tiere. Sondern schleichend und unauffällig, so dass es kaum jemandem auffällt.

So ein permanenter unnatürlicher Überschuss an düngenden Nährstoffen ist heute an dem kleinen Bach tatsächlich festzustellen, und nicht nur dort. An jedem Ort. In jedem Naturschutzgebiet. Unter jeder Wasseroberfläche. Überall. Der Stoff, um den es hier geht, heißt Stickstoff. Er gehört zu den größten Umweltgiften unserer Zeit. Was hat es aber genau damit auf sich, und besteht nicht schon die Atmosphäre zu fast 80 Prozent aus Stickstoff?

Tut sie. Mit jedem Atemzug füllen wir unsere Lungen mit mehreren Litern davon. Stickstoff macht fast vier Fünftel der Luft aus, von der wir leben. Sein Name rührt daher, dass man mit ihm Flammen ersticken kann – und Lebewesen. Stickstoff ist aber gleichzeitig eine der wichtigsten Komponenten im Kreislauf der Nährstoffe. Er ist ein unverzichtbarer Baustein von Proteinen, und aus denen bestehen etwa Muskeln, Hirn,

Haut und Haare. Stickstoff ist ein Hauptelement des Lebens! Je mehr Stickstoff, desto mehr Wachstum, könnte man sagen. Deswegen haben sich viele Lebewesen allerhand Tricks einfallen lassen, um an mehr Stickstoff zu gelangen oder, anders gesagt, um mit einem Stickstoffmangel auszukommen. Aber wenn doch die Luft zu 80 Prozent aus diesem Lebenselixier besteht, ist dann nicht mehr als genug davon für alle da?

Ja und nein. In der Atemluft liegt der Stickstoff in einer molekularen Form mit der chemischen Formel $N_2$ vor. Je zwei Stickstoffatome bilden zusammen ein Molekül. Darin sind sie so fest miteinander verbunden, dass sie fast nichts auseinanderbringen kann. Pflanzen und Tiere können so viel von diesem molekularen Stickstoff einatmen, wie sie wollen, sie atmen es unverändert wieder aus. Rein rechnerisch ist seit Anbeginn des Lebens jedes Luftstickstoffmolekül eine Million Mal ein- und wieder ausgeatmet worden, ohne dass es sich dadurch verändert hätte. Aber es ist nur etwa eintausend Mal in einen Tier- oder Pflanzenkörper eingelagert worden. Zuvor musste jedoch etwas mit ihm passieren. Für die Herstellung der lebenswichtigen Proteine und anderer Stoffe ist der molekulare Stickstoff nämlich unbrauchbar. Erst wenn das $N_2$-Molekül geknackt wurde und sich die Stickstoffatome mit anderen Elementen verbunden haben, können Pflanzen auf diesen »reaktiven Stickstoff« zugreifen und ihn verarbeiten. Danach können Tiere, die Pflanzen fressen – und Tiere, die Pflanzenfresser fressen –, den Stickstoff aus den organischen Verbindungen in ihrer Nahrung weiterverarbeiten. Zwischen dem Überschuss an molekularem Stickstoff in der Atmosphäre und dem zunächst für Pflanzen verfügbaren reaktiven Stickstoff im Boden stehen also Prozesse, die das $N_2$ aufbrechen und die Bildung verwertbarer Stickstoffverbindungen ermöglichen. Das kann nur unter einem großen

Energieaufwand geschehen. Von Natur aus passiert das zum Beispiel dort, wo hohe Temperaturen herrschen. Zu jedem Zeitpunkt gibt es an verschiedenen Orten auf der Erde Gewitter, und in jeder Sekunde fahren rund 100 Blitze irgendwo aus den Wolken. Und bei diesen enorm energiereichen Entladungen entsteht reaktiver Stickstoff. Die durch die Hitze frei gewordenen Stickstoffatome verbinden sich mit Sauerstoff zu den berüchtigten Stickoxiden. Die können von Pflanzen in einem gewissen Umfang direkt über die Blattoberfläche aufgenommen werden, wie Forscher an der amerikanischen Purdue University in Lafayette, Indiana, unlängst herausgefunden haben. Spätestens beim nächsten Regen aber bildet sich aus den im Wasser gelösten Stickoxiden ein Stoff, den Pflanzen lieben: Nitrat. Dieser wird auch in größeren Mengen über die Wurzeln absorbiert.

Die wichtigste natürliche Quelle für reaktiven Stickstoff ist jedoch die unermüdliche Arbeit von bestimmten Mikroorganismen. Namentlich Bakterien und Blaugrünbakterien, die wir in Kapitel 9 bereits als »Engelsrotz« kennengelernt haben. Sie schaffen, was kein Tier und keine Pflanze kann. Sie knacken das $N_2$ und stellen aus den Stickstoffmolekülen Ammonium her. Manche dieser Bakterien leben in einer Symbiose mit Pflanzen und liefern den reaktiven Stickstoff direkt ab. Wenn ich aus dem Fenster schaue, dann sehe ich Galeriewäldchen aus Erlen, die zwei kleine Bäche auf ihrem Weg durch das Isental begleiten. Jede einzelne Erle bildet Wurzelknöllchen aus, in denen stickstoffsammelnde Bakterien leben. Auch Hülsenfrüchte leben in Symbiose mit Knöllchenbakterien, die ihnen den Baustein Stickstoff direkt und in einer Form liefern, der für sie weiterverwendbar ist. Deswegen werden besonders im Ökolandbau Bohnen, Erbsen, Wicken und andere Leguminosen (Hülsenfrüchtler) als Zwischenfrüchte und Gründünger auf den Feldern angepflanzt. Im Gegensatz zu den Feldfrüchten entziehen diese Pflanzen dem Boden keine Nährstoffe. Sie reichern sie an.

Stickstoff ist in der Natur also Mangelware. Viele Organismen haben Tricks entwickelt, um diesem Mangel zu begegnen. Das beste Beispiel sind die weltweit 1000 Arten fleischfressender Pflanzen, die in besonders nährstoffarmen Lebensräumen zu Hause sind und die mit Klebe-, Saug-, Klapp- und Reusenfallen kleine Tiere fangen und verdauen, um auf diese Weise ihren Stickstoffbedarf aus organischen Verbindungen zu decken. Auf der anderen Seite gibt es auch von Natur aus relativ nährstoffreiche Lebensräume wie die Flussauen, in denen schnellwüchsige und stickstoffliebende Pflanzen zu Hause sind. Auch sie sind letztlich Lebensraumspezialisten. Verpflanzt man eine Brennnessel aus der Aue ins Moor oder in die Heide, verhungert sie (wenn sie nicht zuvor vertrocknet). Je mehr Wachstumsleistung eine Pflanze an den Tag legt, desto mehr Stickstoff benötigt sie.

Besonders viel Zuwachs wird bei den Feldfrüchten in der Landwirtschaft erwartet. Sie sind daraufhin gezüchtet, möglichst üppig Biomasse abzuwerfen. Mitte des letzten Jahrhunderts lag der durchschnittliche Ertrag im Getreidefeldbau in Deutschland bei etwa drei Tonnen je Hektar. Mittlerweile sind es fünf bis acht Tonnen. Es versteht sich von selbst, dass eine solche Steigerung ohne entsprechende Düngergaben nicht möglich ist.

Bis vor gut einem Jahrhundert brachten die Bauern vor allem Stallmist, Kompost und anderes organisches Material auf den Feldern aus. Was eben auf dem Hof anfiel und beim Verrotten unter anderem Stickstoff freisetzte. Im Landhandel war importierter Chilesalpeter (ein Mineral) und Guano (Exkremente von Seevögeln) erhältlich, die aus Südamerika stammten. Aber die Mengen waren begrenzt und Maschinen zum Düngen kaum vorhanden. Die Revolution kam mit dem Patent Nr. 235.421, erteilt am 8. Juni 1911 vom Kaiserlichen Patentamt in Berlin. Die Patentschrift trug den Titel »Verfahren zur synthetischen Darstellung von Ammoniak aus den Elementen« und stammte von dem Chemieprofessor Fritz Haber. Der Chemiker und Industrielle Carl Bosch entwickelte daraus ein praktisches Verfahren, mit dem große Mengen an künstlichem Stickstoffdünger hergestellt werden konnten. 1913 begann die industrielle Herstellung des Düngemittelgrundstoffs in der Nähe von Ludwigshafen-Oppau mit der Herstellung von 20 Tonnen Ammoniak täglich. Im Jahr 1940 war bereits die Marke von einer Million Tonnen erreicht. Heute werden weltweit jedes Jahr etwa 150 Millionen Tonnen Ammoniak nach dem Haber-Bosch-Verfahren hergestellt. Von dem damit produzierten Stickstoffdünger kommen heute jährlich ungefähr zwei Millionen Tonnen auf die deutschen Äcker. Außerdem noch, in geringeren Mengen, die Hauptnährstoffe Kalium und Phosphor sowie Magnesium, Schwefel und Kalzium.

Seit der Erfindung des Haber-Bosch-Verfahrens ist die Mangelware Stickstoff als wichtigster Pflanzennährstoff plötzlich in schier beliebiger Menge verfügbar. Wie oben anhand der Heide bereits erläutert, bedeutete dies das baldige Aus für viele wertvolle Lebensräume auf armen Böden, die bis dahin kaum bewirtschaftet werden konnten. Moorböden, Heideböden, Kiesböden und andere waren einst Synonyme für Nährstoffmangel auf der einen Seite, Artenvielfalt aber auf der anderen. Nun konnten sie mühelos »aufgewertet« werden, wodurch die Kiesheiden im Münchner Umland in wenigen Jahrzehnten auf nicht viel mehr als ein Tausendstel zusammenschrumpften. Aus Sicht der Natur und des Naturschutzes ist das aber nicht das einzige Problem. Ein weiteres ist die veränderte Form der Landnutzung im 20. Jahrhundert. Da auf fast jeder Fläche etwas angebaut werden konnte, war es irgendwann am einfachsten, das Vieh nicht mehr raus auf die Weide zu treiben, sondern im Stall stehen zu lassen und das gut gedüngte, üppig gewachsene Futter nach Ernte und Haltbarmachung zu den Tieren zu karren. Ob es ethisch vertretbar ist, Rinder mit ihrer angeborenen Herdenstruktur und Familienbeziehung nebst differenziertem Verhaltensrepertoire dicht an dicht in einen Stall zu sperren und dort ganztägig anzubinden, sei hier dahingestellt. Fakt ist, dass die Tiere nun draußen, in der Landschaft, fehlen. Viehweiden auf armen Böden waren oft weitläufig und hatten einen geringen Besatz. Man wollte ja die spärliche Vegetation nicht überstrapazieren. Solche Weiden, die oft über Jahrhunderte immer gleich bewirtschaftet wurden, waren wohl die artenreichsten Gebiete im Land. Wir können das noch heute in den Alpen beobachten, wo viele Almen seit mehreren Hundert Jahren beweidet werden. Nirgendwo ist die Pracht an blühenden Kräutern größer, springen mehr Heuschrecken umher, flattern mehr Schmetterlinge über einen hinweg als auf den Almwiesen im Bergland. Würde man auch hier das Milchvieh in Ställe sperren und die Almwiesen mähen oder gar düngen, die ganze Vielfalt wäre im Nu verloren. Der Ökologe Herbert Nickel hat sich die Almwiesen in den vergangenen Jahren genauer angeschaut und die dort vorkommenden Zikaden untersucht. Diese Tiergruppe eignet sich hervorragend, um den Wert und die Ursprünglichkeit eines Lebensraumes zu bewerten. Unter den mehr als 600 Zikadenarten, die bei uns leben, gibt es jede Menge Spezialisten. Deren Anwesenheit (oder Abwesenheit) auf der untersuchten Fläche erlaubt mitunter präzise Rückschlüsse. Wo niemals gedüngt wurde und niemals gemäht, wo aber sehr wohl große Pflanzenfresser dafür sorgen, dass die Vegetation nicht »ins Kraut schießt«, gibt es die meisten Zikaden. Und die stehen pars pro toto für all die anderen Tiergruppen dieses Lebensraumes. Herbert Nickel sieht in den artenreichen Almwiesen Abbilder der Viehweiden, wie es sie einst überall im Land gab, die aber im Flachland zu fast 100 Prozent verloren gegangen sind. Die kontinuierliche und nachhaltige Beweidung ist der entscheidende Faktor, nicht die Lage in den Bergen. Ganz vereinzelt gibt es historisch alte Weiden auch noch außerhalb der Alpen. Und sie sind genauso artenreich wie die Almen in den Bergen. Der Verein »Naturnahe Weidelandschaften« (NWL) trägt Informationen zu solchen Gebieten zusammen und setzt sich für ihren Schutz ein. Der Wert der letzten Flächen außerhalb der Alpen, die in ihrer Geschichte nie gedüngt und nie gemäht, aber kontinuierlich beweidet wurden, hat sich auch in Naturschutzkreisen noch nicht so richtig herumgesprochen.

Dass mit dem Aufkommen des Kunstdüngers unendlich viel Fläche für die Artenvielfalt verloren ging, ist eine logische Konsequenz dieser revolutionären Entwicklung. Man denke nur daran, dass vor 100 Jahren noch jede Wiese eine artenreiche Blumenwiese war. Heute sind 99 Prozent davon gedüngt und saftig grün, dafür jedoch eintönig und stumm. Das Intensivgrünland liefert jetzt hochwertiges und eiweißreiches Futter. Aber die Biodiversität ist dafür aus ihm gewichen. Früher waren die Äcker so lückenhaft mit Getreide bestanden, dass die Sonne bis auf den Ackerboden schien und sich die jungen Feldlerchen in ihrem Nest sonnen konnten. Heute ist kaum mehr Platz für sie im Hochleistungsfeldbau.

Kann man die Landwirte hier schuldig sprechen? Wohl kaum. Die Bauern am Anfang des 20. Jahrhunderts waren arm, besonders wenn ihre Scholle wenig hergab. Die Bevölkerung wuchs, und ihre Ernährung musste sichergestellt werden. Wer kann es den Bauern von damals verübeln, dass sie dankbar zu dem neuen Wundermittel Kunstdünger griffen und dafür sorgten, dass es ihren Familien besser ging? Wer kann sich darüber beschweren, dass sich auch die Landwirte an den technischen Möglichkeiten orientieren und bemüht sind, Ertrag und Gewinn zu steigern?

Die enormen Mengen an reaktivem, also pflanzenverfügbarem Stickstoff, die heute jedes Jahr auf unseren Feldern und Wiesen landen, erzeugen allerdings eine ganze Reihe von – durchwegs unbeabsichtigten – Kollateralschäden. Die zwei Millionen Tonnen künstlich erzeugter Stickstoffdünger aus dem Haber-Bosch-Verfahren sind dabei nur eine Seite der Medaille. Auf der anderen stehen 200 Millionen (!) Kubikmeter Gülle, die unter der Bezeichnung Wirtschaftsdünger in der Agrarlandschaft verteilt werden. Je nach Gülle- bzw. Tierart ist der Anteil an Stickstoff unterschiedlich groß. Wenn man von Rindergülle und einem Durchschnittswert von vier Kilogramm je Kubikmeter ausgeht, kommen da noch einmal 800 000 Tonnen Stickstoff dazu. Genau genommen müsste man auch den Stickstoff aufführen, der von Hülsenfrüchten und ihren bakteriellen Mitbewohnern aus der Luft gefischt und umgewandelt wird. Und jenen, der von Gärresten aus den etwa 9000 Biogasanlagen stammt, die sich vor allem im Süden und Nordwesten Deutschlands konzentrieren. Allerdings gibt es hier Überschneidungen, denn ein kleiner Teil der oben aufgeführten Gülle durchläuft zunächst eine Biogasanlage, bevor die verbliebenen Inhaltsstoffe aufs Feld gefahren werden.

Die Landwirtschaft ist bei Weitem nicht die einzige Quelle von düngendem Stickstoff in unserer Umwelt. Große Mengen entstehen dort, wo wir es zunächst gar nicht vermuten würden. Wir haben eingangs erörtert, dass große Energiemengen nötig sind, um das $N_2$, also den inerten Luftstickstoff, aufzuknacken, den wir jetzt gerade, während des Lesens, ununterbrochen ein- und wieder ausatmen. Bei Gewittern, genauer: wenn die energiereichen Blitze zur Erde fahren, entstehen Stickoxide, also Verbindungen von Stickstoff und Sauerstoff. Vulkane tragen ebenfalls ein wenig zum Stickoxidgehalt der Luft bei. Der Löwenanteil stammt heute jedoch aus Verbrennungsvorgängen. Hauptsächlich aus Verkehr, Industriefeuerungen und privaten Haushalten. Überall dort, wo es heiß genug ist, entweicht Stickstoff. Ob es sich um Gas, Kohle, Diesel oder Holz handelt, immer wird dank der hohen Energie Luftstickstoff aufgespalten, und der kommt anschließend als Stickstoffmonoxid (NO) oder Stickstoffdioxid ($NO_2$) aus dem Auspuff oder dem Schornstein.

Die Sachlage ist auch hier etwas unübersichtlich. So entweicht auch aus landwirtschaftlich genutzten Böden in Deutschland ein Teil des ausgebrachten Düngers wieder in Form von gasförmigem Stickoxid. Das macht gut ein Sechstel der Menge aus, die aus dem Straßenverkehr stammt; immerhin fast 100 000 Tonnen. Dazu kommen noch ein paar weitere, diffuse Stickoxidquellen wie Mülldeponien und Abwässer. Alles in allem werden in Deutschland jedes Jahr etwas mehr als eine Million Tonnen Stickoxide freigesetzt. Eine trotz allem positive Nachricht, denn vor 30 Jahren war die Menge fast dreimal so groß!

Das zeigt, was Gesetze und technologischer Fortschritt zu bewegen vermögen. Dennoch: Der Mensch bringt jährlich mehrere Millionen Tonnen düngenden, reaktiven Stickstoff in die Umwelt, zusätzlich zum natürlichen Aufkommen. Zehnmal so viel wie vor der Industrialisierung der Landwirtschaft und der weltweiten Verbreitung von Fahrzeugmotoren. Der größte Teil dieses Stickstoffs wandert in einen Kreislauf, kommt als Dünger aufs Feld und landet später als Blumenkohl, Brot und Steak bei uns auf dem Teller. Doch ein erklecklicher Teil des von uns erzeugten reaktiven Stickstoffs – anderthalb Millionen Tonnen – entweicht in Form von Gasen in die Luft. Womit wir bei des Pudels Kern angelangt wären.

Auf jeden Quadratmeter Heimat (wie auch global) geht ein permanenter Fallout an reaktivem Stickstoff nieder. Er kommt mit dem Wind und mit dem Regen. Er sammelt sich in Oberflächengewässern und im Grundwasser. Stickstoff kommt aus Quellen gesprudelt und wird in Seen und Meere geschwemmt. Und überall richtet er einen Schaden an den Ökosystemen an. Es ist nicht nur ein »Zuviel des Guten«, es ist ein handfestes Umweltproblem, das allerdings in der Öffentlichkeit bislang wenig Beachtung findet. Um zu verstehen, was der reaktive Stickstoff alles anrichtet, knüpfen wir an unser letztes Kapitel an. Im Kapitel »Lebensraum Küste« haben wir bei der Betrachtung der Probleme von Ost- und Nordsee diesen wichtigen Faktor nämlich nur am Rande gestreift. Schauen wir uns also genauer an, was der Stickstoff dort so alles verändert.

Von Natur aus ist Stickstoff auch im Meer Mangelware und damit einer der begrenzenden Faktoren für das Wachstum von großen und kleinen Algen. Diese Mangelware ist dank Landwirtschaft, Verkehr und Industrie auf einmal in großer Menge auch im Meer verfügbar. Nach Auskunft des Umweltbundesamtes führen allein Emissionen über die Luft der Nordsee jährlich mehr als 100 000 Tonnen Stickstoff zu – nur aus Deutschland. Das Wasser unserer Flüsse spült sogar noch etwas mehr hinein, und von »Direkteinleitern«, die ihre Abwässer ohne Umwege im Meer entsorgen, erhält die Nordsee noch ein paar weitere Tausend Tonnen. Damit gelangt ein Vielfaches an künstlich erzeugtem Stickstoff in die Nordsee, als natürlich war und wäre. Bei der Ostsee sieht es nicht viel anders aus: gut 50 000 Tonnen aus der Luft, 20 000 über die Flüsse und fast 1000 Tonnen von den Direkteinleitern. Ursprünglich galt die Ostsee, zumindest an der Oberfläche, als ausgesprochen nährstoffarmes Gewässer. Der Nährstoffgehalt an Stickstoff (und Phosphor) hat sich jedoch längst vervielfacht.

Diese unbeabsichtigte Überdüngung des Meeres führt zu einem verstärkten Algenwachstum. Wir kennen die Zeitungsmeldungen zum Thema Algenblüte, besonders im Sommer, wenn die Wassertemperaturen hoch sind. Dabei kommt es zu unvorhersehbaren Verschiebungen im natürlichen Gefüge, denn nicht alle Arten reagieren gleich auf die veränderten Verhältnisse. Je nach Algenart kann das Wasser durch die explosionsartige Vermehrung unterschiedliche Farben annehmen, aber auch gefährlich werden. Es gibt mehrere Algenarten, die unter bestimmten Umweltbedingungen Giftstoffe produzieren. Forscher warnen davor, dass diese Arten sich jederzeit stark vermehren könnten. In anderen Erdteilen hat man so etwas bereits erlebt.

Ob giftig oder nicht, nach dem Absterben der Algen machen sich Bakterien über ihre einzelligen sterblichen Überreste her. Sie bauen in der Tiefe das gesunkene Plankton ab und verbrauchen dabei mitunter den gesamten verfügbaren Sauerstoff. So können sich regelrechte Todeszonen bilden, in denen es kein höheres Leben mehr gibt. Je wärmer das Wasser, desto schneller ist der Sauerstoff weg. Und als Binnenmeer hat die Ostsee nur einen begrenzten Wasseraustausch mit Nordsee und Atlantik. Laut einer Studie der Universität Göteborg haben sich diese Todeszonen in der Ostsee seit den 1960er Jahren alle zehn Jahre verdoppelt. Mit 70 000 Quadratkilometern umfassen sie inzwischen ein Gebiet, das so groß ist wie Bayern. Eine riesige Fläche, die als Lebensraum nicht mehr zur Verfügung steht, was Auswirkungen auf das Ökosystem hat. Denn es fallen dadurch etwa drei Millionen Tonnen Bodenlebewesen als Fischnahrung aus.

Auch in der Nordsee hinterlassen die mehr als 200 000 Tonnen Stickstoff, die allein aus Deutschland ins Meer gelangen, ihre Spuren. Wie überall, führt der Nährstoffüberschuss in der Nordsee immer wieder zu Algenblüten. Und auch hier zieht das übermäßige Wachstum nach dem Absterben der Algen zu Sauerstoffmangel am Meeresboden nach sich. Die bakterielle Zersetzung zehrt den Sauerstoff auf, was in den betroffenen Bereichen zum Absterben sämtlicher Meeresbodenbewohner wie Muscheln, Krebse und anderer Wirbelloser führt. Wäre da nicht die weiträumige Verbindung zum Atlantik, der die Nordsee mit großen Mengen sauerstoffreichem und kühlem Wasser versorgt, die Todeszonen wären vielleicht noch größer als jene in der benachbarten Ostsee.

Im Winter, wenn das Leben im Meer eine Art Pause einlegt, reichern sich dort die natürlichen und die vom Menschen freigesetzten Nährstoffe besonders an. Werden dann im Frühjahr die Tage länger und die Wärme kommt zurück, vermehren sich die im Meerwasser schwebenden Algen schlagartig und viel stärker als früher. Die Algenblüte ist heute nicht nur ausgeprägter, sie hält auch länger an. Das beeinträchtigt manche andere Gewächse massiv. Auch eine der ganz wenigen echten Blütenpflanzen, die es im Laufe der Evolution geschafft haben, den Meeresgrund als Lebensraum zu besiedeln: das Seegras.

Es wächst im Salzwasser, blüht im Salzwasser und wird im Salzwasser bestäubt. Nicht von Meeresbewohnern, aber von der Strömung. Der Seegraspollen ist fadenförmig und verklumpt gern zu kleinen Schwebeteilchen. Die werden durch die Wasserbewegung und mit viel Glück zu einer weiblichen Blüte getragen, wo sie hängen bleiben. Oder die Pollenpakete steigen auf und schwimmen an der Oberfläche. Wie winziges Treibgut werden sie dann von den Wellen in Richtung Ufer getragen. Da es auch Seegrasbestände gibt, deren Blätter bei Ebbe die Oberfläche berühren und sogar im Trockenen liegen, werden diese Bestände besonders gründlich bestäubt und haben zusätzlich zu dem Pollen ihres eigenen Bestandes auch jenen von den Pflanzen aus der Tiefe zur Verfügung. Deswegen sind die in Ufernähe wachsenden Seegrasbestände meist genetisch vielfältiger als jene, die unterhalb der Gezeitenzone wurzeln. Wie tief auch immer – das Seegras bildet auf Sandböden dichte und großflächige Bestände: Seegraswiesen. Die festigen den Meeresboden, indem sie Partikel aus der Strömung fischen und Sand anhäufen. Sie speichern Kohlendioxid und geben Sauerstoff ans Wasser ab. Und sie stellen ein eigenes, enorm artenreiches und schützenswertes Ökosystem dar.

Die wundersame Seegraswiese wollten wir uns im Sommer 2020 einmal genauer ansehen und sie und ihre Bewohner im Kino in *Heimat Natur* vorstellen. Dafür bin ich zusammen mit meinem langjährigen Tauchpartner, dem ausgezeichneten Unterwasserfotograf Tobias Friedrich, an die Ostsee gefahren. Mit einer behördlichen Genehmigung in der Tasche wollten wir in den Nationalparks Vorpommersche Boddenlandschaft und Jasmund tauchen. Zwischen der Halbinsel Darß-Zingst und Rügen existieren nämlich die größten Seegrasbestände Mecklenburg-Vorpommerns. Ein bedeutender

Lebensraum! Viele Fische vermehren sich in der Seegraswiese, weil ihr Nachwuchs nach dem Schlupf hier Schutz vor Fressfeinden findet. So legen etwa Hornhechte und Heringe ihre Eier gern in Seegrasbeständen ab. Andere Fische leben auch als erwachsene Tiere vorwiegend im Gewirr der grünen Blätter. Manche von ihnen sehen sogar selbst aus wie Seegras, damit sie Raubfischen nicht so schnell auffallen. Jedenfalls hatte ich mir vorgenommen, die Tangwälder und Seegraswiesen der Ostsee im Film zu zeigen und zu erzählen, warum sie bedroht sind. Und damit das alles nicht so abstrakt ist, wollte ich einen ihrer Bewohner vorstellen, den der Zuschauer lieb gewinnen kann und mit dem er fühlt, wenn er davon hört, dass seine Heimat bedroht ist: die Kleine Schlangennadel. Ein Tier, das perfekt und fast bis zur Unsichtbarkeit getarnt ist. Und das gleichzeitig so farbenprächtig und wie von Künstlerhand verziert erscheint, dass es schwerfällt, es nicht für eine (besonders gute) Laune der Natur zu halten. Also quartierten wir uns in einer geräumigen Ferienwohnung ein, in der wir uns und den Inhalt der Kisten mit der Tauch- und Filmausrüstung ausbreiten konnten.

Die Tauchgänge fallen einigermaßen ernüchternd aus. Nicht nur, weil ein Tiefdruckgebiet heraufgezogen ist und sich die Sonne selten zeigt. Es herrscht auch ein beständiger Wind, der eine Dünung erzeugt, in der die Motive und wir Taucher selbst unablässig hin- und herschaukeln. Die Bewegungen der Wellen sind geradezu nervtötend, als wir im sperrigen Trockentauchanzug und mit schwerem Kameragehäuse in der Hand lange Flachwasserbereiche durchtauchen müssen, um endlich die ersten Seegräser zu erreichen, die sich ab vier Meter Tiefe ausbreiten. Einige der Aufnahmen von in der Dünung schaukelnden Tieren und Pflanzen haben wir später, im Filmschnitt, zu einer kleinen Sequenz zusammengefasst.

Die eigens komponierte elektronische Filmmusik hat an dieser Stelle einen Dreivierteltakt. Jetzt begleitet ein »Electro-Walzer« die Bilder von Ostseebewohnern, die im trüben Wasser hin- und herwiegen.

Beim Arbeiten unter Wasser sind wir auf den Inhalt unserer Pressluftflaschen angewiesen. Der hält im flachen Wasser länger vor als in der Tiefe. Die Menge an Luft, die man aus der Flasche in die Lungen strömen lassen muss, um ordentlich einzuatmen, hängt vom Wasserdruck ab: Je tiefer man taucht, desto schneller ist die Flasche leer. Dennoch sind es auch hier, im vergleichsweise flachen Wasser, nicht mehr als anderthalb Stunden, die uns für die Suche nach den Bewohnern der Seegraswiesen bleiben. So ist auch diesmal nicht allzu viel Zeit, um sich umzuschauen und zu genießen. Aber ein paar unverhoffte Erlebnisse gibt es doch, die mich begeistern, auch wenn ich sie nicht auf Film bannen kann. Etwa als ein Kormoran keine zwei Meter vor meiner Taucherbrille vorbeitaucht. Der Vogel ist in eine silberne Schicht aus Luftbläschen gehüllt und wirkt fast wie die Animation eines futuristischen Roboters aus Metall. Einen Augenblick später nimmt mich der Fischjäger wahr und ist mit ein paar Schlägen seiner schwimmhautbesetzten Füße wieder weg. Vereinzelt ziehen Hornhechte und Scharen von Jungheringen an mir vorbei. Beides Arten, die Seegraswiesen als Ort für die Eiablage brauchen. Dann tauchen die ersten Seegraspflanzen auf. Fast wie im tropischen Regenwald wachsen jede Menge Epiphyten, also Aufsitzerpflanzen, auf den Blättern der Meeresblütenpflanzen: Braun- und Rotalgen, deren winzige Wedel faden- oder blattartig gestaltet sind und die aussehen wie Flechten oder winzige Bäumchen. Zwischen ihnen tummeln sich zahllose kleine Flohkrebse und Meeresasseln; vereinzelt schweben dazwischen gläserne Garnelen. Über die Seegrasblätter rutschen Myriaden von Strand-, Watt- und Zwergschnecken. Und es dauert nicht lang, bis die erste kleine Schlangennadel auftaucht. Wahrscheinlich habe ich schon mehrere übersehen, so gut getarnt sind sie. Schlangennadeln sind zusammen mit anderen Seenadelverwandten in der Ostsee die lang gestreckten Cousinen des Seepferdchens. Das Weibchen vor mir zeigt, wie perfekt sie an diesen Lebensraum angepasst sind. Es ist auf seinem vielleicht 25 Zentimeter messenden Körper oberseits seegrasgrün gefärbt. Die Unterseite, besonders im vorderen Teil, ist von Sienarot und Purpur überhaucht. Die Seiten seines Kopfes, der zu einer langen Röhre ausgezogen ist, zieren leuchtend himmelblaue, sich verzweigende Linien; das haben nur die Weibchen. Ein Wesen wie von einem anderen Stern, zumindest wie aus dem tropischen Korallenriff. Trotz der bunten Farben fällt der schlangenförmige Fisch, der bis auf eine am Rücken keinerlei Flossen hat, nicht auf. Er ringelt seinen spitz zulaufenden Schwanz um einen Halm, wiegt sich senkrecht stehend hin und her und mimt ein Seegrasblatt. Vielleicht trägt die quietschbunte Färbung dazu bei, dass sich die Gestalt des Tiers im Spiel von Sonnenlicht und Schatten auflöst. Wenn ich zur Seite blicke, weil eine Grundel oder ein Krebs meine Aufmerksamkeit erregt, und wieder dorthin schaue, wo die Kleine Schlangennadel ist, muss ich jedenfalls erst kurz suchen, um sie wieder zu entdecken. Dann, auf einmal, löst die Kleine den Ringelgriff um ihren Halm und verschwindet, scheinbar ohne sich anzustrengen, im Dschungel der wogenden Halme …

Was unter Wasser nur zu ahnen war, bestätigt sich beim Studium der Literatur. Die Artengemeinschaft der Seegraswiese hat, auch mitten im Nationalpark, ein Problem. Das Schutzgebiet kann alle möglichen Störungen fernhalten. Aber der

Stickstoff, der auf jeden Hektar im Nationalpark herabregnet und der mit der Strömung die gesetzlich geschützte Küste umspült, hält sich an keine Verbote. Und seine düngende Wirkung lässt auch im Nationalpark die Algen ins Kraut schießen. Sowohl die Schwebealgen im Plankton als auch die Makroalgen, die auf den Seegrasblättern wachsen. Durch die Planktonmassen ist das Wasser trüber und lässt weniger Licht hindurch. Darunter leiden Arten, die in tieferen Wasserschichten auf das Sonnenlicht angewiesen sind. Denn weniger Licht bedeutet etwa für das Seegras weniger Photosynthese und dadurch weniger – oder sogar zu wenig – Nahrung in Form von Zucker. Das führt dazu, dass das Seegras an seinen tiefer im Wasser gelegenen Standorten hungert und abstirbt. In der Ostsee war die ungewöhnliche Blütenpflanze ursprünglich bis in 15 Metern Tiefe zu Hause. Heute ist oft schon in sechs Metern Tiefe Schluss, weil Plankton und Aufsitzerpflanzen das Licht rauben. Dasselbe gilt für Großalgen wie den Blasentang. Tangwälder sind nicht minder artenreich als die Seegraswiesen und ebenfalls eine wichtige Vermehrungsstätte für viele Fischarten. Sie haben sich sogar noch deutlicher aus den tieferen Wasserschichten zurückgezogen als das Seegras. Viele ehemalige Tangstandorte sind sogar ganz verwaist. Würde man den nicht mehr von Tang und Seegras besiedelten Bereich zwischen fünf und 15 Metern Wassertiefe mit der Länge der Küstenlinie multiplizieren, käme allein für die deutsche See eine Fläche von mehr als 2000 Hektar heraus, die als Lebens- und Brutstätte verloren gegangen ist. Natürlich hinkt der Vergleich, weil nicht entlang der gesamten Küste Seegraswiesen oder Tangwälder existieren. Aber die Zahl zeigt, wie massiv sich kleine Veränderungen in den Lebensräumen aufsummieren können. Es wird deutlich, dass Straßenverkehr, Industrie und Landwirtschaft in Hunderten

Kilometern Entfernung negative Auswirkungen selbst auf derart abgelegene Artengemeinschaften haben.

Das größte zusammenhängende Vorkommen von Seegras in Deutschland befindet sich in Nordfriesland. Auch hier führt der erhöhte Stickstoffeintrag zu einem verstärkten Bewuchs der Blätter mit Aufsitzeralgen, was die Photosynthese beeinträchtigt und die Seegraspflanzen schwächt. Es gibt aber auch positive Entwicklungen: Seit Mitte der 1980er Jahren wird eine Abnahme der Nährstoffzufuhr ins Wattenmeer gemessen, wodurch sich die Wasserqualität verbessert hat. In den 1990er Jahren reagierten die Seegrasbestände zumindest im nördlichen Wattenmeer positiv auf diese Entwicklung und nahmen wieder zu. Inzwischen konnten die Seegraswiesen ihre Ausdehnung hier sogar verfünffachen! Im nördlichen Wattenmeer sind die Seegraswiesen so groß wie seit 100 Jahren nicht mehr. Allerdings ist diese positive Entwicklung eine Besonderheit des nördlichen Wattenmeers, weil dieses Gebiet von den Mündungen der großen Flüsse weit genug entfernt liegt. Und die spülen nach wie vor gewaltige Mengen an Stickstoffdünger ins Meer. Vor der Küste Niedersachsens gehen die Seegrasbestände deswegen nach wie vor zurück, und die Pflanze steht zu Recht auf der Liste der bedrohten Arten.

Bei unseren Tauchgängen am Darß und vor Rügen sahen und filmten wir aber nicht nur Seegras und Tang und Krebse und Schlangennadeln. Wir bekamen auch riesige Schwärme von Rotaugen bzw. Plötzen, von Barschen und anderen Süßwasserfischen vor die Linse. Für mich ein merkwürdiger Anblick, denn diese Fische kenne ich vor allem aus krautreichen Seen im Alpenvorland. Aber das Wasser hier, östlich der »Darßer Schwelle« (einer Untiefe, die die Wassermassen in der Ostsee trennt), ist viel weniger salzig als etwa jenes der Nordsee, so dass viele Süßwasserfische darin gut zurechtkommen.

Was mich bei ihrem Anblick noch irritierte, waren die vielen Quallen, die man bei genauerem Hinsehen überall entdecken konnte. Vor allem die »Meerwalnuss«, eine aus Nordamerika eingeschleppte, für uns harmlose Rippenqualle, die sich spätestens seit 2006 in Nord- und Ostsee ausbreitet. Bis zu 100 Exemplare findet man in einem Kubikmeter Wasser. Die Stickstofffracht aus der Luft und aus den Flüssen hilft ihr bei der Vermehrung. Denn dank verstärkter Planktonentwicklung hat die Meerwalnuss ganz einfach jede Menge Futter. Inwieweit die massenhaft auftretende eingeschleppte Rippenqualle wirtschaftlich interessanten Fischarten die Startnahrung wegfrisst, wird sich erst noch erweisen.

Die Düngung eines jeden einzelnen Quadratmeters unserer Heimat mit reaktivem Stickstoff ist ein gigantisches Freilandexperiment mit ungewissem Ausgang. Besonders im Zusammenspiel mit dem Klimawandel und den damit einhergehenden höheren Temperaturen führt sie zu Verschiebungen in den Artengefügen, deren Auswirkungen vielfach noch gar nicht abschätzbar sind. Durchaus möglich, das die sogenannten Ökosystemdienstleistungen, also das, was die Natur uns kostenlos an überlebenswichtigen Leistungen zur Verfügung stellt, darunter leiden. Die kollektive Sorglosigkeit, mit der die Politik zusieht, wie Millionen Tonnen Düngemittel in die Luft geblasen und in die Gewässer geschwemmt werden, ist atemberaubend. Fachleute warnen seit vielen Jahren vor den Effekten der Überdüngung. Auf zahlreichen Konferenzen diskutiert man über die Nährstofffrachten, die der Mensch in die Böden, in die Luft, in das Grundwasser, ins Meer und in die Binnengewässer bringen darf. Gesetze und Vorschriften werden erlassen, doch überall sind die Stickstoffkonzentrationen (und die weiterer Stoffe) zu hoch. Das zeitigt mitunter überraschende Umstände. So wird es dank der Düngung aus der Luft in mancher Naturschutzwiese – trotz Klimaerwärmung – zu kalt für seltene Schmetterlinge, die in der Folge lokal aussterben. In mageren Wiesen, die so wie alles im Land aus der Luft mit Stickstoff versorgt werden, wachsen einige der Gräser und Kräuter plötzlich schneller, dichter, höher. Die Sonne kann den Boden nicht mehr so gut erreichen und weniger stark aufwärmen. Schmetterlinge, deren Raupen oder Puppen viel Zeit in Bodennähe, an der Basis ihrer Futterpflanzen, verbringen, entwickeln sich deswegen mitunter langsamer. Sie können den Entwicklungszyklus nicht vollenden, bevor das Insektenjahr vorbei ist. Solche Effekte hat eine Untersuchung der Technischen Universität München in Zusammenarbeit mit der Zoologischen Staatssammlung München ergeben. Die Studie konzentrierte sich auf wertvolle und seit Langem streng geschützte Magerrasengebiete bei Regensburg. Obwohl sich über die vergangenen 200 Jahre auf den ersten Blick kaum etwas an diesen Flächen verändert hat, verschwanden mit der Zeit sehr viele streng geschützte Insektenarten. Gab es in den 1840er Jahren auf diesen Magerrasen noch 117 Tagfalter und Widderchen, so waren es Anfang der 2010er Jahre nur noch 71. Und diese Zahlen vermitteln noch nicht das ganze Ausmaß des Schwundes. Lebten hier früher hauptsächlich Lebensraum- und Nahrungsspezialisten, flattern heute auch eine Menge Generalisten herum, also Arten, die man als »Gartenschmetterlinge« bezeichnen könnte. Sie sind wunderschön, aber kommen überall häufig vor, weil sie zu der Minderheit der Falterarten gehören, die mit gut gedüngten Lebensräumen und deren Pflanzenausstattung zurechtkommen. Es ist kein Zufall, dass so viele der häufigen Schmetterlinge in unseren Gärten, etwa Kleiner Fuchs, Admiral, Tagpfauenauge, Distelfalter und Landkärtchen, die

Brennnessel als Raupenpflanze bevorzugen. Brennnesseln gab es früher auf den extrem nährstoffarmen Magerrasen an den Donauhängen bei Regensburg nicht. Heute, dank Düngung aus der Luft, findet man die Stickstoffzeigerpflanze Brennnessel selbst dort. Im selben Maße, wie sich inmitten des Regensburger Magerrasens Löwenzahn, Disteln und Sauerampfer breitmachen, verschwinden die filigranen und delikaten Gewächse, die mit dem permanenten Regen an reaktivem Stickstoff nichts anfangen können. Und unter ihnen sind auch viele Nahrungspflanzen für spezielle Schmetterlinge sowie Zikaden, Käfer und andere Insekten. Jan Christian Habel, der die Studie leitete, gab einmal auf die Frage eines Journalisten, ob angesichts des flächendeckenden Stickstofffallouts in den heimischen Flora-Fauna-Habitat-Gebieten ein effektiver Naturschutz überhaupt möglich sei, die lakonische Antwort: »Ganz offensichtlich: Nein!«

Das Naturschutzgesetz verbietet es Kindern bei Strafe, Käfer und Federn zu sammeln oder Kaulquappen und Schmetterlinge zu fangen. Es unterbindet auf diese Weise, dass sich kleine Spezialisten herausbilden, die später zu großen Experten werden. Und die brauchen wir mehr denn je, um den ungeheuer vielfältigen und komplexen Naturschatz unserer Heimatnatur zu erforschen und zu bewahren. Das Naturschutzgesetz schiebt aber unglücklicherweise den großflächigen Veränderungen unserer Lebensräume keinen wirksamen Riegel vor. Es steht als machtloser Gesetzestext im Regal, während draußen die Artenvielfalt unaufhörlich schrumpft. Ob in den Alpen oder im Wald, entlang unserer Flüsse, in Moor und Heide oder an der Küste: Die Stickstoffdüngung verändert die Lebensräume, macht sie ärmer und eintöniger. Zunächst die Pflanzenwelt und – nicht zu vergessen – die

Pilze. Zu etwa 90 Prozent kann die heimischen Flora nur, oder zumindest deutlich besser, mit einem Pilzpartner zu ihren Füßen existieren. Dass der Schwund auch bei den Pilzen nicht akademische Theorie, sondern ganz real ist, zeigt das Beispiel des Pfifferlings.

Der Massen- und Marktpilz steht neuerdings auf der Roten Liste. Nicht weil er so eine große Rarität im deutschen Wald wäre. Sondern weil die Geschwindigkeit seines Rückgangs besorgniserregend ist. In meinem Isental, das die Grenze zwischen dem Tertiären Hügelland auf der einen und den Inn-Chiemsee-Schotterplatten auf der anderen Seite markiert, sind die Böden gut und schwer, und seit jeher prägt Landwirtschaft dieses Gebiet. Zwischen den Feldern und Wiesen in der Hügellandschaft sind zahlreiche kleinere und größere Wälder eingestreut. Hier gehe ich jeden Herbst ein paarmal auf Pilzsuche. Mindestens einmal im Jahr muss ein ordentliches Pilzgericht auf den Tisch: »Rahmschwammerl mit Semmelknödeln«! Ich habe ein paar todsichere – selbstverständlich geheime – Steinpilzstellen. Dazu sammle ich gerne Hexenröhrlinge, Edelreizker, Semmelstoppelpilze und ein paar andere. Aber einer fehlt: der Pfifferling. Man könnte denken, dass er in dieser Gegend eben nicht vorkommt. Als mir aber mehrfach ältere Nachbarn erzählten, dass sie als Kinder in die Wälder geschickt wurden, um für den Markt am nächsten Tage einen Korb Pfifferlinge »zu brocken« (= sammeln), wurde ich stutzig. Auf Nachfrage bei der Deutschen Gesellschaft für Mykologie (DGfM), wo sich das geballte Wissen über Pilze sammelt, erhielt ich die klare Antwort: Der reaktive Stickstoff führt ab einer gewissen Konzentration zum Absterben bestimmter Pilzarten. Zu ihnen gehört der Pfifferling. Man findet ihn heute nur noch in großen Waldgebieten. In Regionen also, in denen es wenig Landwirtschaft gibt und kaum Industrie und Verkehr.

Nach Angaben des Bundesamtes für Umwelt erhält jeder Hektar Landesfläche pro Jahr durchschnittlich 30 Kilogramm Stickstoff aus der Luft. Dieser besteht zu etwa gleichen Teilen aus Ammoniak und Stickoxiden. Deutschland hat eine Fläche von exakt 35 758 200 Hektar. Multipliziert mit den 30 kg, ergibt sich die Gesamtmenge von reichlich einer Million Tonnen reaktivem Stickstoff, der Jahr für Jahr die Natur belastet. Und das ist nur die gasförmige Variante. Der reaktive Stickstoff, der ins Grundwasser einsickert oder über die Flüsse in Seen und Meere geschwemmt wird, kommt hier noch obendrauf. Da sich die unbeabsichtigte Düngung in allen Lebensraumtypen als Artenkiller erweist, müsste man eigentlich kompromisslos fordern, dass diese Emissionen – möglichst gegen null – heruntergefahren werden. Zumal sich derselbe gasförmige Stickstoff in Form von Ammoniak und Stickoxid auch als stark gesundheitsschädigend für uns Menschen erweist. Stickstoffverbindungen gelangen ins Grundwasser und können Krebs auslösen. Und schließlich entweicht ein Teil in Form von Lachgas in die Atmosphäre, wo er als Klimagas 300-mal schädlicher ist als Kohlendioxid. Genügend Argumente, um dem allgegenwärtigen unnatürlichen Stickstoffüberschuss den Kampf anzusagen. Auch wenn es mit Einschränkungen einhergehen mag: Das Stickstoffangebot, das gegenwärtig viel größer ist als der Bedarf, muss wieder zu einem Mangel werden. Darauf ist die Natur eingestellt. Der Überschuss ist zur Gefahr geworden für die Natur und unsere Gesundheit.

Eines Tages im letzten Sommer saß ich wieder frühmorgens in einem Tarnzelt, hielt einen dampfenden Thermosbecher voll Kaffee in den Händen und schaute durch einen Fetzen Stoffgitter nach draußen. Und es geschah, was immer wieder geschieht, wenn man auf die Tiere wartet: nichts. Ich habe vergessen, was ich damals eigentlich filmen wollte. Aber ich weiß noch, dass ich den Becher irgendwann zur Seite stellte und der Wärme, die die Strahlen der Sonne im Inneren des kleinen Kuppelzeltes wie in einem Gewächshaus erzeugten, erlag. Ich lehnte meinen Kopf an den großen, blauen Kamerarucksack und begann zu träumen: Ich wandere durch eine abwechslungsreiche Landschaft, in der es wunderbar riecht. Von allen Seiten dringen die Gesänge der Vögel und das Summen der Insekten zu mir herüber. Dann beginnt es auf einmal ganz warm zu regnen, aber alles, was ich im Traum rieche, sind die Düfte von Blüten, Heu und dem nassen Feldweg. Dass Gülle bei regnerischem Wetter auf dem Grünland »entsorgt« wird, gehört längst der Vergangenheit an. Ich hebe ab und fliege über die Landschaft. Aus der Luft kann ich endlos breite Wiesenstreifen sehen, die sich an Bächen und kleinen Gräben entlangziehen. Die Äcker sind von breiten, bunt blühenden Rainen gesäumt. Ich erkenne lichte Wälder, in denen Pferde und Kühe weiden, und dahinter eine Flussaue, die eine schier endlose Wildnis ist. Tierherden stehen am Ufer: Rinder, Wasserbüffel und Hirsche. Plötzlich bin ich wieder am Boden vor einem feuerroten Traktor, von dem ein lachender Landwirt steigt. Er erzählt mir, dass er Biodiversitätswirt in zweiter Generation ist und gerade von seiner wertvollsten und gewinnträchtigsten Fläche kommt. Die Bienenragwurz und die Silberdistel hätten sich gut entwickelt, sagt er. Heidelerche und Steinschmätzer seien häufig wie noch nie, fährt er fort und berichtet, dass gerade ein Mann vom Amt da gewesen sei, um ihm die Bescheinigung »Betrieb mit mehr als 200 Wildbienenarten« zu überreichen. Das bedeute finanziell einen schönen Zuschuss, feixt er, wedelt mit dem dazugehörigen Umschlag und lässt den wasserstoffbetriebenen Traktor wieder an. Ich weiß noch genau, wie mich Motorengeräusch aus dem Schlaf riss. Aber es war nicht der futuristische Schlepper aus meinem Traum, sondern meine geliebte Frau Melanie, die mich zum verabredeten Zeitpunkt abholte und mit zwei Nussschnecken in der Hand aus dem Wagen stieg.

Wie unsere Natur in Zukunft tatsächlich aussieht, hängt zwar in erster Linie von der Politik ab. Aber auch von jedem und jeder Einzelnen von uns. Je mehr wir über die Zusammenhänge in der Natur wissen und je mehr wir die Arten und Artengemeinschaften wertschätzen, desto eher sind wir bereit, auf Änderungen zu drängen und vielleicht auch Verzicht zu üben.

Wir brauchen eine andere Landwirtschaft mit anderen Forderungen und Anreizen. Und mehr Geld für die kleinen und mittleren Betriebe. Wir brauchen mehr regionale und nachhaltige Produkte. Und weniger Produktion! Vor allem weniger Fleisch. Dafür mehr Fleisch von Tieren, die ein wirklich artgerechtes Leben auf großen Weideflächen hatten. Äcker, auf denen bislang Futter für Masttiere und Biogasanlagen wächst, sollten Anbauflächen für vegetarische Lebensmittel für Menschen sein und gleichzeitig wieder Lebensraum. Ein Teil des Intensivgrünlandes muss wieder in blühende Wiesen – und besser noch – in artenreiche Weiden rückverwandelt werden. Und die Agrargifte müssen aus der Landschaft verbannt werden.

Die Digitalisierung der Landwirtschaft ist eine der großen Zukunftschancen. Es gibt bereits selbst fahrende Systeme mit optischer Unkrauterkennung, bei denen ein Laser punktgenau das Unkraut vernichtet. Präzise und ohne Pestizide. Natürlich kann man einem solchen System auch beibringen, Feldlerchennester zu umfahren oder bedrohte, aber harmlose Ackerwildkräuter im Feld stehen zu lassen. Mit derselben

Technologie lassen sich künftig auch Düngemittel gezielt und punktgenau ausbringen, anstatt sie breitwürfig in die Landschaft zu kippen.

Jeder Wassertropfen schwemmt heute schädliche Stoffe in unsere Natur. Weil wir fahren, heizen, kaufen, leben. Vielleicht ist es an der Zeit, unsere Ziele zu überdenken. Das endlose Wachstum infrage zu stellen. Wir brauchen eine Politik, die in die Zukunft schaut. Und den Schutz und die Wiederherstellung der Heimatnatur nicht als notwendiges Übel, sondern als Sicherung der Zukunft versteht. Einer Zukunft für die ganze Erde, die doch unser aller Heimat ist.

# DANK

Dieses Buch fußt auf Zusammenhängen und Zahlen, die nach bestem Wissen und Gewissen recherchiert sind. Die jedoch, abgesehen von selbst Erlebtem, von anderen erarbeitet wurden, oftmals in jahrelanger und mühsamer Kleinstarbeit. Es ist gar nicht hoch genug einzuschätzen, dass wir alle das globale Wissen anzapfen können, das sich jedes Jahr verdoppelt. Mit einer gewissen Spürnase, bequem und von zu Hause aus, über Glasfaserleitungen darauf zugreifen zu können ist ein Privileg, das meiner Generation als erster zuteilwurde. Ich bin den vielen Biologen und Naturkundlern zutiefst dankbar für ihre Veröffentlichungen, die nicht nur die Grundlage schaffen für Bücher wie dieses, sondern auch für weitergehende Forschungen, für praktischen Naturschutz, für gehaltvolle Naturfilme und vieles mehr.

Trotz allem ist der persönliche Kontakt zu Fachleuten unersetzlich, weil sich im begeisterten Gespräch über das gemeinsame Thema viele wertvolle Informationen vermitteln, die in der elektronischen Niederschrift von Untersuchungsergebnissen keinen Platz haben. An dieser Stelle möchte ich zwei Personen besonders danken, die ich als Spezialisten für die

Natur unserer Heimat kontaktiert hatte und deren Unterstützung und sogar Freundschaft ich vieles zu verdanken habe: dem Bereichsleiter Naturschutz der Heinz Sielmann Stiftung Hannes Petrischak und dem Zikadenexperten und Biodiversitätsforscher Herbert Nickel. Beide haben mir über die Beantwortung meiner Fragen hinaus zahlreiche Impulse und Denkanstöße gegeben, was in Film und Buch Niederschlag gefunden hat.

Literaturstudium und stundenlange Fachsimpelei sind nur möglich, wenn das eigene Umfeld dies mitträgt. Wo ich als Kameramann in der eigenen Naturfilmproduktion ausfiel, um mich dem Buchprojekt zu widmen, haben meine Kollegen und Kameraleute dafür gesorgt, dass stets nicht nur das gefilmt wurde, was gefilmt werden musste. Hier möchte ich besonders Kay Ziesenhenne, Jonas Blaha und Jonathan Wirth hervorheben, mit denen ich seit Jahren eng zusammenarbeiten darf. Mein ebenfalls langjähriger Mitarbeiter Gerwig Lawitzky hat mit gewohnter Hingabe für Film und Buch recherchiert. Andreas Hartl entdeckt derweil immer aufs Neue Orte für Naturbeobachtungen um unseren gemeinsamen Wohnort herum. All diese Menschen haben zum Gelingen des Projektes *Heimat Natur* beigetragen.

Auch ohne die wohlwollende Unterstützung des Penguin-Verlages wäre das Buch nicht zustande gekommen. Mein Dank geht an die Programmleiterin Natur und Umwelt, Julia Hoffmann, für das Interesse am Thema und für fruchtbare Diskussionen. Ebenso dankbar bin ich Arno Matschiner, der von Verlagsseite das Lektorieren des Manuskriptes übernommen hat.

Bei all dem wäre dieses Buch, wie so vieles andere in meinem Leben auch, nicht entstanden, wenn mir meine Familie nicht stets den nötigen Freiraum eingeräumt hätte. Als ich ein Kind war, erlaubten mir meine Eltern (fast) immer, meinem schier zügellosen Naturinteresse nachzugehen. Meine eigenen Kinder haben es dagegen stets hingenommen, wenn ich als Nachtarbeiter morgens am Frühstückstisch fehlte und so manches *Mensch ärgere dich nicht*- oder Ballspiel ausfiel, weil ich über dem Computer brütete. Mein größter Dank gilt aber meiner Frau Melanie, die nicht nur akzeptiert, wenn ich mich vorübergehend von anderen Tätigkeiten zurückziehe. Sie organisiert auch das berufliche und private Leben in einer Weise, die Abtauchen und kreatives Arbeiten erst möglich macht. Sie ist die erste Leserin meiner Kapitelentwürfe und meine strengste und liebste Kritikerin. Für all das und dafür, dass sie seit fast 20 Jahren fest an meiner Seite ist, danke ich ihr von ganzem Herzen.

# LITERATUR

## Umfassende Werke


Abel, W.: Geschichte der deutschen Landwirtschaft. Verlag Eugen Ulmer, Stuttgart 1962

Bätzing, W.: Die Alpen – Geschichte und Zukunft einer europäischen Kulturlandschaft. Verlag C. H. Beck, München 2015

Beutler, A.: Die Großtierfauna Europas und ihr Einfluss auf Vegetation und Landschaft. Heft 6 der Reihe Landschaftsökologie Weihenstephan, Verlag Freunde der Landschaftsökologie Weihenstephan e. V., Freising 1992

Bunzel-Drüke, M. et al.: Naturnahe Beweidung und NATURA 2000 – Ganzjahresbeweidung im Management von Lebensraumtypen und Arten im europäischen Schutzgebietssystem NATURA 2000. Hrsg.: Arbeitskreis biologischer Umweltschutz (ABU), Bad Sassendorf-Lohne 2019

Idel, A.: Die Kuh ist kein Klimakiller. Wie die Agrarindustrie die Erde verwüstet und was wir dagegen tun können. Metropolis, Marburg 2010

Kästner, A., Jäger, E. J., Schubert, R.: Handbuch der Segetalpflanzen Mitteleuropas. Springer-Verlag, Wien 2001

Koenigswald, W. v.: Lebendige Eiszeit – Klima und Tierwelt im Wandel. Verlag Theiss, Stuttgart 2002

Küster, H.: Geschichte der Landschaft in Mitteleuropa. Verlag C. H. Beck, München 1995

Küster, H.: Geschichte des Waldes. Von der Urzeit bis zur Gegenwart. Verlag C. H. Beck, München 1998

Kurtén, B.: Pleistocene Mammals of Europe. Weidenfeld and Nicolson, London 1968

Lister, A. M., Bahn, P.: Mammuts – Die Riesen der Eiszeit. Thorbecke Verlag, Sigmaringen 1997

Mathieu, J.: Die Alpen. Raum – Kultur – Geschichte. Reclam Verlag, Stuttgart 2015

Müller-Karpe, H.: Handbuch der Vorgeschichte. Bd. 4 – Bronzezeit. Verlag C. H. Beck, München 1981

Nehring, S., Leuchs, H.: Neozoa (Makrozoobenthos) an der deutschen Nordseeküste – Eine Übersicht, pdf. Hrsg.: Bundesanstalt für Gewässerkunde (BfG), Bericht BfG-1200, BfG Koblenz 1999

Nickel, H.: The leafhoppers and planthoppers of Germany (Hemiptera, Auchenorrhyncha): patterns and strategies in a highly diverse group of phytophagous insects. Pensoft, Sofia 2003

Probst, E.: Deutschland in der Bronzezeit – Bauern, Bronzegießer und Burgherren zwischen Nordsee und Alpen. C. Bertelsmann Verlag, München 1996

Succow, M., Joosten, H. (Hrsg.): Landschaftsökologische Moorkunde. 2. Auflage. E. Schweitzerbart'sche Verlagsbuchhandlung, Stuttgart 2001

## Weiterführende Literatur und Links

Ackermann, W., Dröschmeister, R., Sukopp, U.: Indikatoren und Monitoring der biologischen Vielfalt in Deutschland. In: Meinel, G., Schumacher, U. (Hrsg.): Flächennutzungsmonitoring III. Erhebung – Analyse – Bewertung. Berlin: Rhombos, IÖR Schriften 58, 2011, pp. 149–161

Agam, A., Barkai, R.: Elephant and Mammoth Hunting during the Paleolithic: A Review of the Relevant Archaeological, Ethnographic and Ethno-Historical Records, pdf. Quartenary 2018 (1) 3, Hrsg.: MDPI, Basel 2018

Bakker, E., Olff, H., Gleichman, J.: Contrasting effects of large herbivore grazing on smaller herbivores. In: Basic and Applied Ecology 10 (2) 2009, pp. 141–150

Bätzing, W.: Die Alpen – Das Verschwinden einer Kulturlandschaft. Idylle in der Krise: Wie Massentourismus, Transitverkehr und Zersiedelung die Alpenwelt verändern. Verlag wbg Theiss, Stuttgart 2018

Bantelmann, A.: Das nordfriesische Wattenmeer – eine Kulturlandschaft der Vergangenheit; Sonderdruck aus: Westküste – Archiv für Forschung, Technik und Verwaltung in Marsch und Wattenmeer, 2. Jahrgang, Heft 1. Druckanstalt Boyens & Co., Heide (Holstein) 1939

Barnick, H.: Der Tourismus in den Alpen. In: Geowissenschaften, Heft 5/6, 12. Jahrgang: Die Alpen – Natur- und Kulturraum im Blickpunkt Europas. Weinheim 1994

Barnosky, A. D.: Taphonomy and herd structure of the extinct Irish Elk, Megaloceros giganteus. In: Science, vol. 228 (Issue 4697), pp. 340–344, April 1985

Bartsch, N., Röhrig E.: Waldökologie: Einführung für Mitteleuropa. Springer Verlag, Berlin–Heidelberg 2016

Bayerisches Staatsministerium für Ernährung, Landwirtschaft und Forsten (Hrsg.): Alm- und Alpwirtschaft in Bayern, Nr. 2010/07, pdf. Ref. Pflanzenbau, Ökologischer Landbau, Berglandwirtschaft, München 2010

Benzler, A., Fuchs, D., Hüning, C.: Methodik und erste Ergebnisse des Monitorings der Landwirtschaftsfläche mit hohem Naturwert in Deutschland – Beleg für aktuelle Biodiversitätsverluste in der Agrarlandschaft. In: Natur und Landschaft – Zeitschrift für Naturschutz und Landschaftspflege (90), Heft 7, pp. 309–316. Verlag W. Kohlhammer, Stuttgart 2015

Berlin-Brandenburgische Akademie der Wissenschaften: DWDS – Der deutsche Wortschatz von 1600 bis heute – Digitales Wörterbuch der deutschen Sprache. Berlin 2020. https://www.dwds.de/wb/Heide

Bobbink, R., Hicks, K., Galloway, J., Spranger, T., Alkemade, R., Ashmore, M., Bustamante, M., Cinderby, S., Davidson, E., Dentener, F., Emmett, B., Erisman, J. W., Fenn, M., Gilliam, F., Nordin, A., Pardo, L., De Vries, W.: Global assessment of nitrogen deposition effects on terrestrial plant diversity – A synthesis. In: Ecological Applications 20, pp. 30–59. Hrsg.: Ecological Society of America, Washington D. C. 2010

Boulbes, N., van Asperen, E. N.: Biostratigraphy and Palaeocology of European Equus. In: Frontiers in Ecology and Evolution – Palaeontology, Nr. 7, vol. 10, 2019, pp. 301, https://www.frontiersin.org/articles/10.3389/fevo.2019.00301/full

Breda, M.: Palaeoecology and Palaeoethology of the Plio-Pleistocene Genus Cervalces (Cervidae, Mammalia) in Eurasia. In: Journal of Vertebrate Paleontology, vol. 28 (3), 2008, pp. 886–899. Taylor & Francis, Ltd. 2008. https://www.jstor.org/stable/20491011

Briedermann, L., Still V.: Die Gemse des Elbsandsteingebietes. Rupicapra r. rupicapra. Die Neue Brehm-Bücherei, Bd. 493, 2. Auflage. Verlag Ziemsen, Wittenberg 1987

Bühler, M.: Bestiarium – Fantastisches aus Biologie, Paläontologie und Natur: Konkurrenz für den Riesenhirsch – Der Breitstirnelch Cervalces latifrons. Veröffentlicht am 2. Dezember 2014, https://bestiarium.kryptozoologie.net/artikel/konkurrenz-fuer-den-riesen hirsch-der-breitstirnelch-cervalces-latifrons/

Bundesamt für Naturschutz (BfN): Where have all the flowers gone? – Grünland im Umbruch, pdf. Hrsg.: BfN, Bonn 2009

Bundesamt für Naturschutz (BfN): Agrar-Report 2017 – Biologische Vielfalt in der Agrarlandschaft, pdf. Hrsg.: BfN, Bonn 2017

Bundesministerium für Ernährung und Landwirtschaft (BMEL, Hrsg.): Waldbericht der Bundesregierung 2017 – Langfassung pdf. Bonn 2017, https://www.bmel.de/SharedDocs/Downloads/DE/Bro schueren/Waldbericht2017.pdf?__blob=publicationFile&v=3

Bundesministerium für Ernährung und Landwirtschaft (BMEL, Hrsg.): Wald in Deutschland. Bonn 2020, https://www.bmel.de/DE/themen/wald/wald-in-deutschland/wald-in-deutschland_node.html

Bundesministerium für Umwelt, Naturschutz und Reaktorsicherheit (Hrsg.): Haben Wisente und Elche in Deutschland nur eine »Zookunft«? – Ergebnisse eines Seminars der NABU-Akademie Gut

Sunder vom 04.12. bis 05.12.2002, https://www.nabu-akademie.de/berichte/02_elch.htm

Buse, J., Herrmann, B., Roth, S.: Die Dungkäfer einer halboffenen Weidelandschaft mit einer Dauerbeweidung durch Rinder und Pferde. Mainzer naturwissenschaftliches Archiv 51, 2014, pp. 309–317

Bützler, W.: Rotwild – Biologie, Verhalten, Umwelt, Hege. BLV Verlag, München 2001

Clasen, C., Knoke, T.: Die finanziellen Auswirkungen überhöhter Wildbestände in Deutschland, pdf. Wissenschaftliche Studie, erstellt am Fachgebiet für Waldinventur und nachhaltige Nutzung der Technischen Universität München. Hrsg.: Zentrum Wald Forst Holz Weihenstephan, Technische Universität München (TUM), München 2013, https://mediatum.ub.tum.de/doc/1100538/file.pdf

Claussen, U. et al.: Eutrophierung in den deutschen Küstengewässern von Nord- und Ostsee – Handlungsempfehlungen zur Reduzierung der Belastung durch Eutrophierung gemäß WRRL, OSPAR & HELCOM im Kontext einer Europäischen Wasserpolitik. Hrsg.: Bund-/Ländermessprogramm (BLMP) AG EU-Wasserrahmenrichtlinie (WRRL), Bremen 2007, http://www.blmp-online.de/PDF/WRRL/Eutrophierung_in_den_deutschen_Kuestengewaessern.pdf

Cordes, H., Kaiser, T., van der Lancken, H.: Naturschutzgebiet Lüneburger Heide: Geschichte – Ökologie – Naturschutz. Verlag Hauschild, Bremen 1997

Cox, P. A., Laushman, R. H., Ruckleshaus, M. H.: Surface and submarine pollination in the seagrass Zostera marina L. In: Botanical Journal of the Linnean Society (109), London 1990, pp. 281–291

Deutsche Gesellschaft für Entomologie: Resolution zum Schutz der mitteleuropäischen Insektenfauna. In: Naturschutz und Landschaftsplanung – Zeitschrift für angewandte Ökologie (12), Heft 48, pp. 393–394. Verlag Eugen Ulmer, Stuttgart 2016

Deutsche Landwirtschaftsgesellschaft (DLG): Zukunft Landwirtschaft, Sonderheft DLG Mitteilungen (2019): Landwirte gestalten Artenvielfalt, pdf. Max-Eyth-Verlag, Frankfurt 2019, https://www.agrar.basf.de/Dokumente/Nachhaltigkeit/dlg-biodiversitaet-artenvielfalt.pdf

Deutsche Wildtierstiftung (Hrsg.): Gämse – Kletterkünstler in luftigen Höhen. Hamburg 2020, https://www.deutschewildtierstiftung.de/wildtiere/gams

Deutsche Wildtierstiftung (Hrsg.): Rotwildverbreitung. Hamburg 2020, https://www.rothirsch.org/wissen/rotwildverbreitung-in-deutschland/

Dittmer, E.: Der Mensch als geologischer Faktor an der Nordseeküste. E & G Quaternary Science Journal., 4/5, pp. 210–215. Husum 1954, https://issuu.com/geozon/docs/original_vol04-05_no1_a18/3

Drösler, M. et al.: Beitrag von Moorschutz- und Revitalisierungsmaßnahmen zum Klimaschutz am Beispiel von Naturschutzgroßprojekten. Natur und Landschaft – Zeitschrift für Naturschutz und Landschaftspflege (87. Jahrgang), Heft 2. Hrsg.: Bundesamt für Naturschutz (BfN), Bonn; Verlag W. Kohlhammer, Stuttgart 2012

Eisenmann, V.: Geographic distribution of an extinct equid (Equus hydruntinus: Mammalia, Equidae) revealed by morphological and genetical analyses of fossils, pdf In: Molecular Ecology 15, 2006, pp. 2083–2093. Blackwell Publishing Ltd. 2006, https://vera-eisenmann.com/IMG/pdf/149.Orlando-2006-MolEcol-hydruntinus.pdf

Ellenberg, H., Leuschner, C.: Vegetation Mitteleuropas mit den Alpen. 6. Auflage. Verlag Eugen Ulmer, Stuttgart 2010

Engelhard, H.: Nostoc – Multitalent mit bewegter Vergangenheit. Microbe des Jahres 2014, pdf. In: Biospektrum, 20. Jhrg. 02. 14, pp. 234–235. Springer Verlag 2014, https://pdfslide.net/documents/nostoc-multitalent-mit-bewegter-vergangenheit.html

Ewald, J., Pyttel, P.: Leitbilder, Möglichkeiten und Grenzen der De-Eutrophierung von Wäldern in Mitteleuropa. Natur und Landschaft 2016 (5), pp. 210–215

Finck, P., Heinze, S., Raths, U., Riecken, U., Ssymank, A.: Rote Liste der gefährdeten Biotoptypen Deutschlands – dritte fortgeschriebene Fassung 2017 (Naturschutz und Biologische Vielfalt). Hrsg.: Bundesamt für Naturschutz (BfN), Bonn 2017, https://www.bfn.de/fileadmin/BfN/landschaftsundbiotopschutz/Dokumente/RL_Biotope_Kurzliste_2017_deutsch_barrierefrei.pdf

Firbas, F.: Spät- und nacheiszeitliche Waldgeschichte Mitteleuropas nördlich der Alpen, Bd. 1 und 2. Gustav Fischer Verlag, Jena 1949

Foidl, D.: The European water Buffalo / water buffalo in Europe. In: The breeding-back Blog, Wednesday, 1 July 2015, http://breedingback.blogspot.com/2015/07/the-european-water-buffalo-water.html

Frank, G., Stein-Bachinger, K.: Landwirtschaft für Artenvielfalt – Ein Naturschutzstandard für ökologisch bewirtschaftete Betriebe. Hrsg.: Leibniz-Zentrum für Agrarlandschaftsforschung (ZALF) e. V., Müncheberg 2015, www.landwirtschaft-artenvielfalt.de

Fritze, M.-A., Muster, C.: Die Laufkäferfauna (Coleoptera: Carabidae) des Hohen Bretts (Nationalpark Berchtesgaden, Bayern, Deutschland). Veröff. d. Gesellschaft für Angewandte Carabidologie e. V. 12, Münster 2018, pp. 9–16, https://www.zobodat.at/pdf/Angewandte-Carabidologie_12_0009-0016.pdf

Froehlich-Schmitt, B.: Rheinlachs 2020. Hrsg.: Internationale Kommission zum Schutz des Rheins (IKSR), Koblenz 2020, https://www.wfbw.de/fileadmin/user_upload/WFBW-Files/Infothek-Berichte/Rhein-und_-Lachs-2020.pdf

Fuhrmann, M.: Mitteleuropäische Wälder als Primärlebensraum von Stechimmen (Hymenoptera, Aculeata). Linzer Biologische Beiträge 39 (2) 2007, pp. 901–917

Füllner, G., Pfeifer, M., Geisler, J., Kohlmann, K.: Der Elblachs – Ergebnisse der Wiedereinbürgerung in Sachsen. Hrsg.: Sächsische Landesamt für Umwelt, Landwirtschaft und Geologie, Dresden 2003, https://publikationen.sachsen.de/bdb/artikel/13551

Gauss, M., Nyiri, A., Klein, H.: Contribution of emissions from different countries and sectors to atmospheric nitrogen input to the Baltic Sea and its Sub-basins. Hrsg.: emep (Co-operative programme for monitoring and evaluation of the long-range transmission of air pollutants in Europe), Technical Report MSC-W 2/2020, https://emep.int/publ/reports/2020/MSCW_technical_2_2020.pdf

Gosselck, F., Darr, A., Jungbluth, J. H., Zettler, M. L.: Trivialnamen für Mollusken des Meeres und Brackwassers in Deutschland (Polyplacophora, Gastropoda, Bivalvia, Scaphopoda et Cephalopoda). In: Mollusca 27 (1) 2009, pp. 3–32, pdf. Hrsg.: Museum für Tierkunde Dresden, Dresden 2009, https://www.researchgate.net/publication/269988595_Trivialnamen_fur_Mollusken_des_Meeres_und_Brackwassers_in_Deutschland_Polyplacophora_Gastropoda_Bivalvia_Scaphopoda_et_Cephalopoda

Grewe, B.-S.: Das Ende der Nachhaltigkeit? Wald und Industrialisierung im 19. Jahrhundert. In: Archiv für Sozialgeschichte 43 (2003), pp. 61–79. Hrsg. Friedrich-Ebert-Stiftung, Bonn 2003

Grube, R.: Pflanzliche Nahrungsreste der fossilen Elefanten und Nashörner aus dem Interglazial von Neumark-Nord. In: Burdukiewicz, J. M., Fiedler, L., Heinrich, W.-D., Justus, A., Brühl, E. (Hrsg.): Erkenntnisjäger – Festschrift für Dietrich Mania, pp. 221–236, Veröffentlichungen des Landesmuseums für Vorgeschichte in Halle 57. Halle (Saale) 2003

Habel, J. H. et al.: Butterfly community shifts over 2 centuries, Conservation Biology – The Journal of the Society for Conservation Biology 30 (4) 2016, pp. 754–762, https://conbio.onlinelibrary.wiley.com/doi/pdf/10.1111/cobi.12656

Herzog, S. (2007): Rothirsch und Rothirschgebiete in Deutschland – Geschichte und politische Bedeutung. In: Münchhausen, H. v., Herrmann, M. J. K. (Hrsg.): Freiheit für den Rothirsch. Zur Zukunft der Rotwildgebiete in Deutschland. Tagungsband zum 3. Rotwildsymposium der Deutschen Wildtierstiftung in Berlin vom 08. bis 09. September 2006, pp. 43–62

Hessische Gesellschaft für Ornithologie und Naturschutz (HGON): Sonderheft Naturschutz in der Agrarlandschaft, Echzell 2016

Hughes, S., Hayden, J. H., Douady, C. J., Tougard, C., Germonpré, M., Stuart, A., Lbova, L., Carden, R. F., Hänni, C., Say, L.: Molecular phylogeny of the extinct giant deer, Megaloceros giganteus. In: Molecular Phylogenetics and Evolution, vol. 40, pp. 285, 2006

Irsigler, F. et al.: Flüsse und Flusstäler als Wirtschafts- und Kommunikationswege. In: Siedlungsforschung. Archäologie – Geschichte – Geografie 25, 2007, pdf. Hrsg.: Arbeitskreis für Kulturlandschaftsforschung in Mitteleuropa ARKUM e. V., Selbstverlag ARKUM e. V., Bonn 2007, https://www.kulturlandschaft.org/publikationen/siedlungsforschung/sf25-2007.pdf

Joosten, H.: Denken wie ein Hochmoor – Hydrologische Selbstregulation von Hochmooren und deren Bedeutung für Wiedervernässung und Restauration. In: Telma 23, pp. 95–115. Hrsg.: Deutsche Gesellschaft für Moor- und Torfkunde (DGMT), Hannover 1993

Käch, R.: Steinbock – König der Alpen. Verlag Ah Druck, Sarnen 2013

Kahlke, R.-D.: Der Saiga-Fund von Pahren – Ein Beitrag zur Kenntnis der paläarktischen Verbreitungsgeschichte der Gattung Saiga GRAY 1843 unter besonderer Berücksichtigung des Gebietes der DDR. In:

Eiszeitalter und Gegenwart, vol. 40, pp. 20–37, Hannover 1990, https://egqsj.copernicus.org/articles/40/20/1990/egqsj-40-20-1990.pdf

Kahlke, R.-D.: Die Entstehungs-, Entwicklungs- und Verbreitungsgeschichte des oberpleistozänen Mammuthus-Coelodonta-Faunenkomplexes in Eurasien (Großsäuger). In: Abhandlungen der Senckenbergischen Naturforschenden Gesellschaft, vol. 546, Frankfurt am Main 1994

Kathke, S., Johst, A.: Naturschutzrelevante Militärflächen in Mittel- und Osteuropa – Erstellung einer Datenbank als Basis der Flächensicherung für einen europäischen Biotopverbund. Abschlussbericht. Erfurt 2012

Kay, Q. O. N.: Nectar from willow catkins as a food source for Blue Tits, pdf. In: Bird Study (32) 1985, pp. 40–44, Taylor & Francis Group 1985, https://www.tandfonline.com/doi/pdf/10.1080/00063658509476853

Klink, R. v. et al.: Effects of large herbivores on grassland arthropod diversity: Large herbivores and arthropods. Biological Reviews 90(2), 2015, pp. 347–366

Koch, U.: Lebensraum Mammutsteppe. In: Joger, U. und Koch, U. (Hrsg.): Mammuts aus Sibirien, pp. 55–73, Darmstadt 1994

Kolfschoten, T. v.: The Eemian mammal fauna of central Europe. Netherlands Journal of Geosciences 79 (2/3) 2000, pp. 269–281, Hrsg.: Leiden University Netherlands – Faculty of Archaeology 2000

Krawczynski, R.: Die potentiell natürliche Megafauna Europas. In: Nationalpark-Jahrbuch Unteres Odertal 9, pp. 29–40, Hrsg.: Vössing, A., Nationalparkstiftung Unteres Odertal, Schloss Criewen, Schwedt 2012, https://www.researchgate.net/profile/Rene_Krawczynski/publication/259582027_Die_potentiell_naturliche_Megafauna_Europas/links/0deec52cc2abe8c044000000/Die-potentiell-natuerliche-Megafauna-Europas.pdf

Langer, H.: Die Biodiversität in der Kulturlandschaft – Natur ist Leben und Erleben. Hrsg.: Universität Hannover, Hannover, 2014

Laurence, B.: The larval inhabitants of cow pats. Journal of Animal Ecology 23 (2), 1954, pp. 234–260

Leuschner, C., Krause, B., Meyer, S., Bartels, M.: Strukturwandel im Acker- und Grünland Niedersachsens und Schleswig-Holsteins seit

1950. In: Natur und Landschaft (89), Heft 9/10, pp. 386–391. Verlag W. Kohlhammer, Stuttgart 2014

Loose, H.: Pleistocene Rhinocerotidae of W. Europe with reference to the recent two-horned species of Africa and S. E. Asia. In: Scripta Geologica, vol. 33, 1975, pp. 1–59

Luick R., Schuler H.-K.: Waldweide und forstrechtliche Aspekte, pdf. In: Berichte des Instituts für Landschafts- und Pflanzenökologie der Universität Hohenheim, Heft 17, 2007, pp. 149–164, Hrsg.: Universität Hohenheim, Stuttgart 2008, https://ecology.uni-hohenheim.de/fileadmin/einrichtungen/ecology/Dateien_Inst-Ber_17/9_NEU_Luick_149-164.pdf

Maier, U., Vogt, R.: Siedlungsarchäologie im Alpenvorland, Teil VI: Botanische und pedologische Untersuchungen zur Ufersiedlung Hornstaad-Hörnle. Theiss Verlag, Stuttgart 2001

Mania, D., Mai, D. H., Seifert-Eulen, M., Thomae, M. und Altermann, M: Der besondere Umwelt- und Klimacharakter der spätmittelpleistozänen Warmzeit von Neumark Nord (Geiseltal), pdf. In: Hercynia N. F. (43), 2010, pp. 203–256. Hrsg.: Univeritäts- und Landesbibliothek Sachsen-Anhalt, Martin-Luther-Universität Halle-Wittenberg, Wittenberg 2010, https://www.zobodat.at/pdf/Hercynia_43_0203-0256.pdf

Martin, T.: Jungpleistozäne und holozäne Skelettfunde von Bos primigenius und Bison priscus aus Deutschland und ihre Bedeutung für die Zuordnung isolierter Langknochen. Eiszeitalter und Gegenwart, vol. 40, 1990, pp. 1–19

Meinig, H., Buschmann, A., Reiners, T. E., Neukirchen, M., Balzer, S., Petermann, R.: Der Status des Feldhamsters (Cricetus cricetus) in Deutschland. In: Natur und Landschaft (89), Heft 8, pp. 338–343. Verlag W. Kohlhammer, Stuttgart 2014

Meyer, S., Wesche, K., Krause, B., Brütting, C., Hensen, I., Leuschner, C.: Diversitätsverluste und floristischer Wandel im Ackerland seit 1950. In: Natur und Landschaft (89), Heft 9, pp. 392 – 398. Verlag W. Kohlhammer, Stuttgart 2014

Meyer, S, Hilbig, W., Van Elsen, T., Illig, H., Kläge, H.-C., Leuschner, C.: Die Herausbildung der Ackerwildflora, ihre heutige Verarmung und Bestrebungen zum Schutz seltener und gefährdeter Ackerwildkräuter. In: Meyer, S., Leuschner, C. (Hrsg.), 100 Äcker für die Vielfalt – Initiativen zur Förderung der Ackerwildflora in Deutschland, pp. 8–39, pdf. Universitätsverlag Göttingen, Göttingen 2015

Meincke, L., Oldörp, M.: Die Entstehung der Heidelandschaft. Hrsg.: Stadt Land Studio#2, Hamburg 2018, https://stadtlandstudio.com/2018/05/31/die-entstehung-der-heidelandschaft/

Meyer, K.: Arznei im Tierkot setzt Insekten zu – Freiburger Wissenschaftler macht unter anderem Entwurmungsmittel für das Insektensterben mitverantwortlich. In: Badische Zeitung, 29. 10. 2019, Freiburg 2019, https://www.badische-zeitung.de/arznei-rueckstaende-in-kuhfladen-setzen-insekten-zu--178848348.html

Möller, K., Schultheiß, U., Wulf, S., Schimmelpfennig, S.: Düngung mit Gärresten – Eigenschaften – Ausbringung – Kosten, pdf. KTBL, Heft 126, Hrsg.: Kuratorium für Technik und Bauwesen in der Landwirtschaft e.V. (KTBL). Darmstadt 2019

Mosandl, R.: Geschichte der Wälder in Mitteleuropa im letzten Jahrtausend. Aktuelle Beiträge zum Verständnis der historischen Entwicklung. In: Bernd Herrmann (Hrsg.): Beiträge zum Göttinger Umwelthistorischen Kolloquium 2008–2009, pp. 91–114. Universitätsverlag Göttingen, Göttingen 2009

Mutke, J., Quandt, D.: Der deutsche Wald – seine Geschichte, seine Ökologie. Forschung und Lehre 8/18. Hrsg.: Nees-Institut für Biodiversität der Pflanzen an der Universität Bonn, Bonn 2018

Naturschutzbund Deutschland e. V. (NABU): Zur Zukunft der EU-Naturschutzfinanzierung – Ein Diskussionspapier des NABU, pdf. Hrsg.: NABU, Berlin 2015

Niedersächsischer Landesbetrieb für Wasserwirtschaft, Küsten- und Naturschutz (NLWKN): Niedersächsische Strategie zum Arten- und Biotopschutz – Vollzugshinweise zum Schutz der FFH-Lebensraumtypen sowie weiterer Biotoptypen mit landesweiter Bedeutung in Niedersachsen. Hrsg.: NLWKN, Hannover 2011, https://www.nlwkn.niedersachsen.de/vollzugshinweise-arten-lebensraumtypen/vollzugshinweise-fuer-arten-und-lebensraumtypen-46103.html

Niedersächsisches Ministerium für Umwelt, Energie und Klimaschutz: Unsere Nordsee – Meeresschutz in Niedersachsen, pdf. Hrsg.: Niedersächsisches Ministerium für Umwelt, Energie und Klimaschutz, Hannover 2016, https://studylibde.com/doc/6760042/unsere-nordsee---niedersachsen.de

Oppermann, R., Fried, A., Lepp, T., Lakner, S.: Fit, fair und nachhaltig – Vorschläge für eine neue EU-Agrarpolitik. Eine Studie im Auftrag des NABU-Bundesverbands. Hrsg.: Institut für Agrarökologie und Biodiversität, Ingenieurbüro für Naturschutz und Agrarökonomie, Mannheim & Göttingen 2016

OSPAR Commission 2020 (Hrsg.): Atmospheric Deposition of Nitrogen to the OSPAR Maritime Area in the period 1995–2014, London 2020, https://oap.ospar.org/en/ospar-assessments/committee-assessments/hazardous-substances-and-eutrophication/input/camp/atmospheric-deposition-nitrogen-1995-2014/

Oster, U. A.: Wege über die Alpen – Von der Frühzeit bis heute. Primus Verlag, Darmstadt 2006

Osterburg, B., Rühling, I., Runge, T., Schmidt, T., Seidel, K., Antony, F., Gödecke, B., Witt-Altefelder, P.: Kosteneffiziente Maßnahmenkombinationen nach Wasserrahmenrichtlinie zur Nitratreduktion in der Landwirtschaft. In: Sonderheft 307: Maßnahmen zur Reduzierung von Stickstoffeinträgen in Gewässer – eine wasserschutzorientierte Landwirtschaft zur Umsetzung der Wasserrahmenrichtlinie. Hrsg.: Landbauforschung Völkenrode – FAL Agricultural Research im Auftrag der Bundesforschungsanstalt für Landwirtschaft, Braunschweig 2007, https://literatur.thuenen.de/digbib_extern/bitv/dk038383.pdf

Ozinga, W., Römermann, C. et al.: Dispersal failure contributes to plant losses in NW Europe. In: Ecology Letters 12 (1), 2009, pp. 66–74

Pakeman, R.: Plant migration rates and seed dispersal mechanisms: seed dispersal and migration rates. In: Journal of Biogeography 28 (6), 2001, pp. 795–800

Pfeiffer, T.: Alces latifrons (Johnson 1874) (Cervidae, Mammalia) aus den jungpleistozänen Kiesen der Oberrheinebene – Alces latifrons (Johnson 1874) (Cervidae, Mammalia) from Late Pleistocene sediments of the Upper Rhine Valley (West Germany). In: Neues Jahrbuch für Geologie und Paläontologie – Abhandlungen Band 211, Heft 3, 1999, pp. 291–327

Pflug, A.: Die wirtschaftliche Erschließung der im Deutschen Reiche gelegenen Moorflächen. In: Zeitschrift für die gesamte Staatswissenschaft, Band 47, Heft 3, pp. 453–504. Verlag Mohr Siebeck, Tübingen 1891

Pucher, E.: Erstnachweis des Europäischen Wildesels (Equus hydruntinus Regalia, 1907) im Holozän Österreichs. Ann. Naturhist. Mus. Wien 92, 1991, pp. 31–48

Quest, M., Kuhlmann, M.: Stechimmenzönosen von Borkenkäferlücken im Nationalpark Bayerischer Wald (Hymenoptera, Aculeata). NachrBl. Bayer. Ent. 54 (1/2), 2005, pp. 30–38

Quirini-Jürgens, C., Kulbrock, P.: Zum Vorkommen bemerkenswerter Ackerwildkräuter auf Kalk-Äckern (Plänerkalkzug) am Südhang des Teutoburger Waldes im Kreis Gütersloh und der Stadt Bielefeld. Hrsg.: Berichte Naturwiss. Verein für Bielefeld und Umgegend 51, Bielefeld 2013, pp. 121–137

Rey, P., Küry, D., Weber, B., Ortlepp, J.: Neozoen im Hochrhein und im südlichen Oberrhein Nr. 509, pdf. Mitteilungen des badischen Landesverbandes für Naturkunde und Naturschutz, vol. 17–3, pp. 509–524. Freiburg im Breisgau 2000, https://www.researchgate.net/profile/Daniel-Kuery/publication/322009099_Neozoen_im_Hochrhein_und_sudlichen_Oberrhein/links/5a3d38d9458515f6b039bc4f/Neozoen-im-Hochrhein-und-suedlichen-Oberrhein.pdf

Riedel, T., Stümer, W., Hennig, P., Dunger, K., Bolte, A.: Waldökologie – Kohlenstoffinventur 2017: Wälder in Deutschland sind eine wichtige Kohlenstoffsenke. Hrsg.: Thünen Institut, Eberswalde 2017

Rosenthal, G., Schrautzer, J., Eichberg, C.: Low-intensity grazing with domestic herbivores: A tool for maintaining and restoring plant diversity in Temperate Europe. Tuexenia 32, 2012, pp. 167–205

Rupp, M.: Beweidete lichte Wälder – Genese, Bedeutung als Biotope, Stellenwert in der Landschaft und im Naturschutz in Baden-Württemberg (Vortrag, pdf). Hrsg.: Albert-Ludwigs-Universität Freiburg, Institut für Landespflege und Freiburg Stiftung Naturschutzfonds Baden-Württemberg, Freiburg 2011, https://lpv-augsburg.de/files/downloads/7_Rupp_Lichte-Waelder.pdf

Sandom, C., Ejrnaes, R. et al.: High herbivore density associated with vegetation diversity in interglacial ecosystems. In: Proceedings of the National Academy of Sciences 111 (11), 2014, pp. 162–167

Sandow, V., Krost, P.: Versetzungsexperimente mit Blasentang (Fucus vesiculosus) in der Kieler und Lübecker Bucht. RADOST-Berichtsreihe, Bericht Nr. 30, pdf. Kiel 2014, https://edoc.sub.uni-hamburg.de/klimawandel/frontdoor/index/index/docId/1062

Schenk, W.: Waldnutzung, Waldzustand und regionale Entwicklung in vorindustrieller Zeit im mittleren Deutschland – Historisch-geographische Beiträge zur Erforschung von Kulturlandschaften in Mainfranken und Nordhessen. Franz Steiner Verlag, Stuttgart 1996

Schertler, K.: Bedeutung von Saumstrukturen für die regionale Biodiversität der Vegetation in Agrarlandschaften, pdf. Diplomarbeit an der Carl von Ossietzky Universität Oldenburg, Diplomstudiengang Landschaftsökologie, Oldenburg 2008, https://uol.de/f/5/inst/biologie/ag/landeco/download/Teaching/Diplomarbeiten/Diplomarbeit.Katharina.Schertler.pdf

Schmidt, E. im Auftrag des Sachverständigenrats für Umweltfragen (SRU): Stickstoff – Lösungsstrategien für ein drängendes Umweltproblem. Sondergutachten. Hrsg.: SRU, Berlin 2015

Schmidt, U. E.: Der Wald in Deutschland im 18. und 19. Jahrhundert – Das Problem der Ressourcenknappheit, dargestellt am Beispiel der Waldressourcenknappheit in Deutschland im 18. und 19. Jahrhundert – eine historisch-politische Analyse. Conte Verlag, Saarbrücken 2002

Schneider, J.: Wiederansiedlung des Atlantischen Lachses (Salmo salar l.) im Mainzufluss Schwarzbach – Ergebnisse der Erfolgskontrolle 2013, pdf. Studie im Auftrag des Landes Hessen – Regierungspräsidium Darmstadt, Obere Fischereibehörde, Frankfurt a. M. 2013, https://rp-darmstadt.hessen.de/sites/rp-darmstadt.hessen.de/files/content-downloads/Projektbericht_Schwarzbach_2013.pdf

Seewald, F.: Über Regenwürmer in Höhlen – Die Einordnung der Regenwürmer in die Fauna der Höhlen, pdf. Die Höhle – Zeitschrift für Karst- und Höhlenkunde Heft 2, 33. Jhrg. 1982, pp. 41–47, Hrsg. Verband Österreichischer Höhlenforscher, Wien 1982, https://www.zobodat.at/pdf/Hoehle_033_0041-0047.pdf

Selle, K.: Neue »Heimat« – Notizen zu einem missbrauchsgefährdeten Wort. In: Identifikation. 13. Bielefelder Stadtentwicklungstage. Schrift zum Vortrag an den 13. Bielefelder Stadtentwicklungstagen, pp. 10–15, pdf. Bielefeld 2018, https://www.netzwerk-stadt.eu/Downloads/Publikationen/Heimat.pdf

Shoshani, J., Tassy, P., Hrsg.: The Proboscidea: Evolution and Palaeoecology of Elephants and Their Relatives. Oxford University Press, Oxford 1996.

Siefke, A., Stubbe, C.: Das Damwild. Verlag Neumann-Neudamm, Melsungen 2008

Statistisches Bundesamt (D-statis) 2020: Flächennutzung Bodenfläche insgesamt nach Nutzungsarten in Deutschland. Wiesbaden 2020, https://www.destatis.de/DE/Themen/Branchen-Unternehmen/Landwirtschaft-Forstwirtschaft-Fischerei/Flaechennutzung/Tabellen/bodenflaeche-insgesamt.html

Stein-Bachinger, K., Haub, A., Gottwald, F.: Biodiversität im Meer und an Land: Ökologische oder konventionelle Landwirtschaft – was ist besser für die Artenvielfalt? In: Earth System Knowledge Platform – Biodiversität im Meer und an Land, pdf. Hrsg.: Helmholtz-Zentrum, Deutsches GeoForschungsZentrum (GFZ), Potsdam 2020, https://gfzpublic.gfz-potsdam.de/rest/items/item_5000939_2/component/file_5000940/content

Stubbe, C., Rehwild: Biologie, Ökologie, Hege und Jagd. 5. Auflage, Verlag Franck-Kosmos, Stuttgart 2008

Stüwe, M., Nievergelt, B.: Recovery of Alpine ibex from near extinction: the result of effective protection, captive breeding, and reintroductions. In: Applied Animal Behaviour Science, vol. 29 (1–4), 1991, pp. 379–387

Tüxen, R.: Die Lüneburger Heide – Werden und Vergehen einer Landschaft. Springer Verlag, Heidelberg 1967

Umweltbundesamt (UBA): Überschreitung der Belastungsgrenzen für Versauerung. Hrsg.: UBA, Dessau-Roßlau 2018, http://www.umweltbundesamt.de/daten/bodenbelastung-land-oekosysteme/ueberschreitung-der-belastungsgrenzen-fuer

Umweltbundesamt (UBA): Überschreitung der Belastungsgrenzen für Eutrophierung. Hrsg.: UBA, Dessau-Roßlau 2018, http://www.umweltbundesamt.de/daten/bodenbelastung-land-oekosysteme/ueberschreitung-der-belastungsgrenzen-fuer-0

Umweltbundesamt (UBA): Umweltschutz in der Landwirtschaft, pdf. Hrsg.: UBA, Dessau-Roßlau 2017, https://www.umweltbundesamt.de/sites/default/files/medien/479/publikationen/170405_uba_fb_landwirtschaftumwelt_bf.pdf

Van der Made, J.: The rhinos from the Middle Pleistocene of Neumark-Nord (Saxony-Anhalt). Veröffentlichungen des Landesamtes für Denkmalpflege und Archäologie, Band 62, 2010, pp. 433–500

Veit, H.: Die Alpen – Geoökologie und Landschaftsentwicklung, 2. Auflage. Verlag UTB Ulmer, Stuttgart 2002

Vogel, G.: Where have all the insects gone? In: Science, vol. 356/6338, pp. 576–579. Hrsg.: American Association for the Advancement of Science, Washington 2017, https://science.sciencemag.org/content/356/6338/576

Wagenknecht, E.: Der Rothirsch. Die Neue Brehm-Bücherei, Bd. 129, Verlag Westarp Wissenschaften, Hohenwarsleben 1996

Wagner, A., Wagner, I.: Leitfaden der Niedermoorrenaturierung in Bayern. Hrsg.: Bayerisches Landesamt für Umwelt, Augsburg 2005

Waßmer, T.: Mistkäfer (Scarabaeoidea et Hydrophilidae) als Bioindikatoren für die naturschützerische Bewertung von Weidebiotopen. In: Zeitschrift für Ökologie und Naturschutz 3, 1995, pp. 135–142

Wegscheider, T.: Machbarkeitsstudie zur Stützung von Bartgeier (Gypaetus barbatus, Linneaus, 1758) und Gänsegeier (Gyps fulvus, Hablizl, 1783) in den Ostalpen durch Maßnahmen in Bayern. Hrsg.: Landesbund für Vogelschutz in Bayern e.V. (LBV), Schönau am Königssee 2019

Weinstock, J.: Osteometry as a source of refined demographic information: Sex-Ratios of Reindeer, hunting strategies, and herd control in the Late Glacial site of Stellmoor, Northern Germany. In: Journal of Archaeological Science, vol. 27 (12), 2000, pp. 1187–1195

Wokac, R. M.: Zur Nahrungsökologie rezenter und vorzeitlicher Pflanzenfresser – Gedanken zum natürlichen Landschaftscharakter Mitteleuropas. In: Holzner W. (Hrsg.): Kulturlandschaft – Natur in Menschenhand. Naturnahe Kulturlandschaften: Bedeutung, Schutz und Erhaltung bedrohter Lebensräume. Grüne Reihe des Bundesministeriums für Umwelt, Jugend und Familie, vol. 11, pp. 155–218, https://www.zobodat.at/pdf/Gruene-Reihe-Lebensministerium_11_0155-0218.pdf

# REGISTER

Nach DAS GRÜNE WUNDER – UNSER WALD
und DIE WIESE – EIN PARADIES NEBENAN
der neue Naturfilm von Jan Haft.

HEIMAT NATUR
ist eine bildgewaltige Reise durch unsere heimischen Lebensräume, von den Gipfeln der Alpen bis an die Küsten von Nord- und Ostsee. In außergewöhnlichen Bildern und erzählt von Benno Fürmann zeigt der Film, dass es eine der wichtigsten Aufgaben ist, unsere heimische Natur zu bewahren und wiederherzustellen.

Im Frühjahr 2021 im Kino und ab Herbst 2021
auf DVD und Blu-ray.
Best.-Nr.: 4006448 770877 (DVD) /
4006448 366308 (Blu-ray)
www.HeimatNatur-DerFilm.de

polyband
Das muss ich sehen.
www.polyband.de

greenprint*
klimapositiv gedruckt

MIX
Papier aus verantwortungsvollen Quellen
FSC® C005108

Penguin Random House Verlagsgruppe FSC® N001967

Höchster Standard für Ökoeffektivität.
Cradle to Cradle™ zertifizierte
Druckprodukte innovated by gugler*.
Bindung ausgenommen

Sollte diese Publikation Links auf Webseiten Dritter enthalten, so übernehmen wir für deren Inhalte keine Haftung, da wir uns diese nicht zu eigen machen, sondern lediglich auf deren Stand zum Zeitpunkt der Erstveröffentlichung verweisen.

2. Auflage
Copyright © 2021 by Penguin Verlag in der
Penguin Random House Verlagsgruppe GmbH,
Neumarkter Str. 28, 81673 München
Umschlaggestaltung: Favoritbuero, München
Umschlagabbildung: © Westend61 / GettyImages
Satz: Vornehm Mediengestaltung GmbH, München
Druck und Bindung: Gugler GmbH, 3900 Melk, Österreich
Printed in Austria
ISBN 978-3-328-60164-7
www.penguin-verlag.de

Dieses Buch ist auch als E-Book erhältlich.